江西红壤坡耕地水土流失规律及防治技术研究

杨 洁等 编著

科学出版社

北 京

内 容 简 介

坡耕地是我国南方红壤区重要的农业生产资源，也是该区域水土流失的主要策源地。坡耕地水土流失不仅导致土壤养分流失、土地生产力下降，还会污染水质、破坏水资源。本书通过定位观测、理论探讨、资料分析和数学模型计算等研究手段，对江西红壤坡耕地水土流失规律及防治技术进行了较为系统的研究，主要分析了红壤坡耕地水土流失现状与危害、水土流失特征与影响因素、水土流失防治技术与优化模式等，阐述了红壤坡耕地水土流失防治的蓄水保土效应、拦截养分效应和地力提升与作物增产效应等，并对典型区域红壤坡耕地水土流失防治效应进行了评价。

本书可供综合性大学、农业院校、林业院校以及相关研究单位从事水土保持、农学、环境保护、土地利用和水利工程等相关专业的科研、设计、规划和教学人员参考。

图书在版编目（CIP）数据

江西红壤坡耕地水土流失规律及防治技术研究/杨洁等编著. —北京：科学出版社，2017.3

ISBN 978-7-03-052283-2

Ⅰ．①江…　Ⅱ．①杨…　Ⅲ．①红壤-坡地-耕地-水土流失-防治-研究-江西　Ⅳ．①S157.1

中国版本图书馆 CIP 数据核字（2017）第 053072 号

责任编辑：朱　丽　杨新改/责任校对：韩　杨
责任印制：张　伟/封面设计：耕者设计工作室

科 学 出 版 社 出版
北京东黄城根北街 16 号
邮政编码：100717
http://www.sciencep.com

北京虎诚则铭印刷科技有限公司 印刷
科学出版社发行　各地新华书店经销

*

2017 年 3 月第 一 版　开本：720×1000　B5
2017 年 3 月第一次印刷　印张：14
字数：300 000

定价：88.00 元
（如有印装质量问题，我社负责调换）

前　言

　　坡耕地是我国耕地资源的重要组成部分，直接关系着国家粮食安全、生态安全和防洪安全。江西省处于我国红壤丘陵区的中心地带，是我国南方水土流失最严重的省份之一。目前全省水土流失面积达 2.65 万平方公里，占全省土地面积的 15.9 %。由于人多地少、复种指数高、耕作方式粗放等因素，占全省耕地面积 8.31% 的坡耕地已经成为水土流失的主要来源。由于坡耕地水土流失引起的土地生产力急剧下降，已经成为我国南方农业可持续发展的主要制约因子之一。

　　作者于 2009 年开始，针对江西红壤坡耕地开发利用面广量大、水土流失严重、生态与环境恶化，以及现有水土保持生态建设工程存在的主要技术瓶颈等问题，开展了一系列的红壤坡耕地水土流失规律及水土保持技术科学试验和研究工作。本书主要试验研究是在江西水土保持生态科技示范园完成的，它以水利部公益性行业科研专项经费项目"红壤侵蚀区坡面水土综合整治技术集成与示范"和"红壤坡耕地水土流失规律及调控技术研究示范"为依托，在弄清我国红壤坡耕地水土流失问题的基础上，分析了我国尤其是红壤坡耕地土壤侵蚀主要研究方法，开展了红壤坡耕地水土流失规律及其模拟研究，构建了红壤坡耕地水土流失防治技术与模式，阐明了红壤坡耕地水土流失防治技术效应并对其进行了动态评价。为保护培育红壤区耕地资源、提高土地生产力、保障区域和国家粮食安全、促进区域农村社会经济可持续发展、推动红壤区生态文明建设提供科技支撑。

　　本书是在系统总结上述研究成果的基础上提炼而成。全书共七章：第 1 章绪论，由杨洁、郑太辉执笔；第 2 章土壤侵蚀研究方法，由杨洁、黄鹏飞执笔；第 3 章红壤坡耕地水土流失规律及其模拟研究，由杨洁设计试验、陈晓安和涂安国执笔；第 4 章红壤坡耕地水土流失防治技术与模式，由杨洁、肖胜生、段剑执笔；第 5 章红壤坡耕地水土流失防治技术效应，由杨洁设计试验、陈晓安和郑海金执笔；第 6 章红壤坡耕地水土保持地力提升与作物增产效应，由杨洁设计试验、郑海金执笔；第 7 章基于斑块的红壤坡耕地水土流失治理成效分析，由杨洁、宋月君执笔；全书最后由杨洁统稿审定。

　　参加的主要研究人员还有汪邦稳、胡建民、方少文、谢颂华、叶川、黄欠如、钟义军、杨勤科、姚志宏、王凌云、万佳蕾等。在研究期间作者得到了江西省红壤研究所和江西水土保持生态科技示范园同仁们的大力支持，以及课题组全体研究人员的密切配合，圆满完成了研究任务。在此对他们的辛勤劳动表示诚挚的谢忱。

限于作者水平，加之时间仓促，书中难免存在欠妥或谬误之处，恳请读者批评指正。

作　者

2017 年 3 月 6 日

本书所涉及彩图及内容信息请扫描右侧二维码扩展阅读。

目　录

附图

第1章 绪 论

1.1 红壤坡耕地水土流失问题

1.1.1 坡耕地土地资源现状

坡耕地是指分布在山坡上地面平整度差、跑水跑肥跑土突出、作物产量低的旱地。水利部《全国坡耕地水土流失综合整治工程规划（2011—2020 年）》数据显示，我国现有坡耕地 2400 万 hm²，约占全国耕地总量的 1/5，涉及 30 个省（自治区、直辖市）的 2187 个县（市、区）。现有坡耕地坡度主要分布在 5°～25°，共有 2080 万 hm²，占坡耕地总面积的 87%（表 1-1），其中，5°～15°的坡耕地面积 1280 万 hm²，15°～25°坡耕地面积 800 万 hm²。

表 1-1 各类型区坡耕地情况表

类型区	耕地面积（hm²）	坡耕地面积(hm²)			
		小计	5°～15°	15°～25°	>25°
西北黄土高原区	1.15E+07	4.60E+06	2.72E+06	1.50E+06	3.79E+05
北方土石山区	1.58E+07	1.54E+06	1.14E+06	3.41E+05	6.07E+04
东北黑土区	2.47E+07	2.47E+06	2.15E+06	2.74E+05	4.75E+04
西南土石山区	2.19E+07	1.18E+07	4.33E+06	5.00E+06	2.44E+06
南方红壤丘陵区	2.52E+07	2.89E+06	1.98E+06	7.33E+05	1.81E+05
风沙区	6.21E+06	4.90E+05	4.12E+05	7.09E+04	7.73E+03
青藏高原冻融区	5.81E+05	1.82E+05	1.26E+05	4.45E+04	1.13E+04
合计	1.06E+08	2.40E+07	1.29E+07	7.97E+06	3.13E+06

注：数据来源于水利部《全国坡耕地水土流失综合整治工程规划（2011—2020 年）》

红壤坡耕地主要发布在长江中下游和珠江中下游的南方红壤丘陵区，包括福建、江西、广东、海南、湖南、浙江以及湖北、安徽、江苏、广西部分地区，总面积约 125.6 万 km²，水热资源丰沛，是我国粮食和名优特产品生产重要基地。该区域现有坡耕地面积 289 万 hm²，占全国坡耕地面积的 12%。其中 5°～15°的坡耕地面积 198 万 hm²，15°～25°坡耕地面积 73.3 万 hm²，>25°坡耕地面积 18.1 万 hm²，分别占该区域坡耕地总面积的 68.5%、25.2%和 6.3%（表 1-1）。

江西省地处中亚热带，属江南丘陵区，其典型的地带性土壤——红壤面积为 1080 万 hm²，占全省土地面积的 64.8%。从湖滨 20 m 以上的岗地到海拔 500～600 m 的高丘低山，均有分布，以海拔 300 m 以下的丘陵区面积最大。江西省耕地面积

283 万 hm²，坡耕地 23.5 万 hm²，占耕地面积的 8.31%，主要分布于全省 11 个地市 93 个县（市、区）。其中，南昌市坡耕地面积 1.82 万 hm²，占全省坡耕地面积的 7.74%；景德镇市坡耕地面积 0.69 万 hm²，占全省坡耕地面积的 2.93%；萍乡市坡耕地面积 0.52 万 hm²，占全省坡耕地面积的 2.21%；九江市坡耕地面积 6.68 万 hm²，占全省坡耕地面积的 28.40%；新余市坡耕地面积 0.85 万 hm²，占全省坡耕地面积的 3.61%；鹰潭市坡耕地面积 0.33 万 hm²，占全省坡耕地面积的 1.40%；赣州市坡耕地面积 1.60 万 hm²，占全省坡耕地面积的 6.80%；吉安市坡耕地面积 3.07 万 hm²，占全省坡耕地面积的 13.05%；宜春市坡耕地面积 2.97 万 hm²，占全省坡耕地面积的 12.63%；抚州市坡耕地面积 2.26 万 hm²，占全省坡耕地面积的 9.61%；上饶市坡耕地面积 2.73 万 hm²，占全省坡耕地面积的 11.62%。可见，坡耕地主要集中分布在赣北和赣中一带（详见图 1-1 和表 1-2）。坡耕地面积在 2 万亩[①]以上的有 54 个县，九江市、吉安市、宜春市坡耕地面积较大。坡耕地坡度主要在 25°以下，5°~15°坡耕地面积 13.4 万 hm²，占区域内坡耕地总面积的 56.80%；15°~25°坡耕地面积 7.32 万 hm²，占区域内坡耕地总面积的 31.12%；25°以上坡耕地面积 2.84 万 hm²，占区域内坡耕地总面积的 12.08%（详见表 1-3 和表 1-4）。江西省坡耕地种植农作物多为花生、油菜、大豆、棉花、红薯和芝麻，耕作方式以顺坡垄作为主。

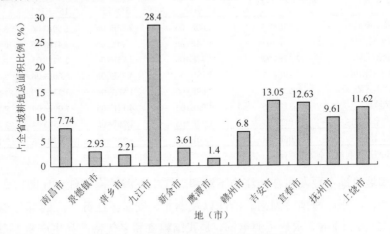

图 1-1　各地市占全省坡耕地总面积比例

① 亩为非法定单位，1 亩≈666.7m²。

表 1-2 坡耕地类型区分布表

地（市）	南方红壤区	
	面积（×10⁴ hm²）	占比（%）
南昌市	1.82	7.74
景德镇市	0.69	2.93
萍乡市	0.52	2.21
九江市	6.68	28.40
新余市	0.85	3.61
鹰潭市	0.33	1.40
赣州市	1.60	6.80
吉安市	3.07	13.05
宜春市	2.97	12.63
抚州市	2.26	9.61
上饶市	2.73	11.62
合计	23.52	100.00

注：依据国土部门二调资料综合分析

表 1-3 坡耕地坡度分布表

地（市）	合计	5°~15°		15°~25°		25°以上	
		面积（万 hm²）	占比（%）	面积（万 hm²）	占比（%）	面积（万 hm²）	占比（%）
南昌市	1.82	1.29	70.88	0.40	21.98	0.13	7.14
景德镇市	0.69	0.26	37.68	0.40	57.97	0.03	4.35
萍乡市	0.52	0.17	32.69	0.28	53.85	0.07	13.46
九江市	6.68	3.64	54.49	1.57	23.50	1.47	22.01
新余市	0.85	0.72	84.71	0.05	5.88	0.08	9.41
鹰潭市	0.33	0.13	39.39	0.16	48.49	0.04	12.12
赣州市	1.60	0.69	43.13	0.76	47.50	0.15	9.37
吉安市	3.07	1.58	51.47	1.42	46.25	0.07	2.28
宜春市	2.97	1.62	54.55	0.97	32.66	0.38	12.79
抚州市	2.26	1.36	60.18	0.81	35.84	0.09	3.98
上饶市	2.73	1.91	69.96	0.51	18.68	0.31	11.36
合计	23.52	13.36	56.80	7.32	31.12	2.84	12.08

注：依据国土部门二调资料综合分析

表 1-4 各地坡耕地情况表

地（市）	涉及坡耕地县数	耕地面积（万亩）	坡耕地面积（万亩）			
			小计	2 万亩以下	2~10 万亩	10 万亩以上
南昌市	6	26.08	1.82	0.05	0.96	0.81
景德镇市	2	8.44	0.69	0.12	0.57	
萍乡市	5	6.43	0.52	0.15	0.37	
九江市	12	29.53	6.68	0.08	2.36	4.24
新余市	2	8.18	0.85		0.85	
鹰潭市	2	8.83	0.33	0.07	0.26	
赣州市	18	36.94	1.60	0.86	0.74	
吉安市	13	42.06	3.07	0.35	2.72	
宜春市	10	47.08	2.97	0.19	2.78	
抚州市	11	31.44	2.26	0.41	1.85	
上饶市	12	37.91	2.73	0.25	2.48	
合计	93	282.91	23.52	2.53	15.94	5.05

注：依据国土部门二调资料综合分析

1.1.2　红壤坡耕地水土流失状况

江西地处亚热带季风气候区，具有雨量充沛、光照充足、四季分明等特点。多年平均降水量为 1350～1940 mm，降水主要集中在 4～6 月份，降水量约占全年降水量的 50%左右，7～9 月降水减少，约占全年的 25%，1～3 月、10～12 月降水极少。降水年内分配不均，是水力侵蚀发生的重要驱动力。

江西地形轮廓是"六山、一水、二分田"，全省以丘陵、岗地面积最大。然而，坡耕地是水土流失的重要区域，是产流汇流、产沙输沙的策源地，是水土流失发生、发展的主要地表单元。在我国，尽管坡耕地面积仅占水土流失的 6.7%，水土流失量却约占全国总量的 1/3，年均水土流失量达 15 亿 t。长期以来，传统的农事活动和顺坡垄作习惯导致坡耕地水土流失严重，土壤侵蚀模数一般为 4000～5000 t/（km²·a）。根据第一次全国水利普查水土保持专项普查以及全国水利普查江西省第一次水利普查公报，江西省现有水土流失面积 264.97 万 hm²，土壤侵蚀量 8177.43 万 t，其中坡耕地水土流失面积 23.50 万 hm²，占水土流失总面积的 8.87%；坡耕地土壤侵蚀量 1218.92 万 t，占总土壤侵蚀量的 14.91%（表 1-5）。

表 1-5　坡耕地水土流失现状表

地（市）	土地总面积（km²）	水土流失面积（km²）	土壤侵蚀量（万 t）	坡耕地水土流失面积（km²）	占总水土流失面积比（%）	坡耕地土壤侵蚀量（万 t）	占总土壤侵蚀量比（%）
南昌市	7194.61	490.20	141.42	180.93	36.91	78.76	55.69
景德镇市	5262.17	845.86	229.86	68.87	8.14	37.51	16.32
萍乡市	3831.01	481.50	143.49	51.73	10.74	32.13	22.39
九江市	19076.72	3008.83	854.77	668.40	22.21	397.54	46.51
新余市	3160.43	453.85	137.99	84.60	18.64	33.44	24.23
鹰潭市	3559.96	493.87	184.52	32.67	6.62	18.48	10.02
赣州市	39 362.96	7816.67	2578.64	159.73	2.04	87.73	3.40
吉安市	25 283.80	4107.62	1181.19	307.07	7.48	145.17	12.29
宜春市	18 669.03	2156.44	587.09	297.27	13.79	158.68	27.03
抚州市	18 798.43	2925.31	811.55	225.87	7.72	102.29	12.60
上饶市	22 737.25	3716.72	1326.91	273.20	7.35	127.19	9.59
合计	166 936.37	26 496.87	8177.43	2350.34	8.87	1218.92	14.91

红壤坡耕地水土流失主要有以下特点：

（1）以水力侵蚀为主。水力侵蚀是在降水、地表径流、地下径流的作用下，土壤、土体或其他地面组成物质被破坏、剥蚀、搬运和沉积的全部过程。它是南方红壤丘陵区土壤侵蚀的重要类型。

（2）水土流失随坡度、坡长的增加加剧。观测资料表明，随着坡度的增加，红壤区域土壤水土流失面积存在增大的趋势，坡度<8°的水土流失面积占总流失面积的 10.3%，8°～15°的水土流失面积占 20.7%，15°～25°的水土流失面积占

36.7%，>25°的水土流失面积占 32.3%（梁音等，2008）。根据江西水土保持生态科技示范园坡耕地水土流失量的定位观测，12°的坡耕地年最大土壤侵蚀强度变化范围为 2100～8900 t/km²；14°的坡耕地年最大土壤侵蚀强度达到 3300～18000 t/km²，呈现出随坡耕地坡度增大，单位面积土壤流失量增大。另外，坡耕地坡长越长，地表径流速度和流量越大，水土流失也越严重。

（3）流失强度与农事活动密切相关。频繁的农事活动包括翻耕、收割、除草等会对土壤结构、坡面植被覆盖等造成一定的影响，进而影响坡面水土流失强度。翻耕会导致土壤疏松，团粒结构破碎，影响土壤的抗冲抗蚀性能，在雨滴、径流的溅蚀和冲刷下造成严重的水土流失。而植被收割后，表层土壤暴露，受雨水击溅和冲刷作用易产生水土流失。此外，坡耕地耕作方式不同，对坡耕地微地形改变不同，产生的水土流失强度也不同。例如，顺坡垄作改成横坡垄作后，坡面径流方式发生变化，增加了降水入渗率，减少了地表径流和冲刷。据江西水土保持生态科技示范园实测数据，红壤坡耕地实施横坡垄作后，土壤侵蚀模数明显下降，由治理前的 45 000 t/(km²•a)下降到 1400 t/(km²•a)；采用等高植物篱措施后，土壤侵蚀模数下降到 900 t/(km²•a)。

1.1.3　红壤坡耕地水土流失危害

1.1.3.1　破坏耕地资源

水土资源是人类赖以生存的物质基础，是难于再生的宝贵资源。严重的水土流失使坡耕地土层变薄、养分耗竭，造成坡耕地生产能力低下，导致生态系统内土壤质量下降，严重阻碍了山区农业的可持续发展（李晓红等，2007）。据南方红壤区水土流失与生态安全综合科学考察结果可知，1984～2004 年期间红壤丘陵区（北纬 17°00'～34°38'、东经 109°35'～122°30'）耕地面积减少了 2.32 万 hm²，其中多数地区因水土流失导致耕地减少的比例在 10%左右，全区每年因水土流失而带走的氮、磷、钾总量约为 128 万 t，其中氮约 80 万 t。侵蚀红壤的有机质含量大多低于 5 g/kg，水解氮大多低于 50 mg/kg，速效磷大多低于 5 mg/kg，导致考察区内土壤数量减少、质量恶化，土地生产力降低（梁音等，2008）。

1.1.3.2　恶化生态环境

土壤是维护生态系统平衡和稳定的基础条件。严重的水土流失会导致土壤结构破坏，功能衰竭，进而影响生态系统平衡和稳定。坡耕地水土流失造成表土的大量流失，致使表层土壤变薄、保水能力减弱、肥力下降，最终导致坡耕地生产力下降。严重的水土流失不仅使坡耕地土壤肥力不断下降，而且导致化肥用量逐年升高，土壤肥力却又越来越低，从而形成恶性循环。坡耕地水土流失导致生态环境破坏，进而造成生物栖息地和生态系统多样性的退化。严重的水土流失导致坡耕地生态环境不断恶化，使适宜野生生物种栖息地急剧减少，野生物种分布范围日益缩小，从而导致生物多样性大幅降低。

1.1.3.3　制约经济发展

实践证明，坡耕地产量低而不稳，抵御自然灾害能力差。大量坡耕地的存在，造成农业基础设施薄弱，制约了山丘区现代农业发展、生产方式的转变和经济社会的发展，是山丘区贫困落后的根源。目前，我国坡耕地集中的地区多为"老、少、边、穷"地区。据统计，南方红壤丘陵考察区共有 48 个国家级贫困县，基本上都分布在水土流失严重的丘陵山区。这些地区的人们经常流传着"女人灶前愁，男人吃饭忧"之说，说明水土流失严重的地区，其"烧柴和吃饭"的问题没有得到根本的解决（梁音等，2008）。

1.1.3.4　危及防洪及饮水安全

坡耕地严重的水土流失，导致大量泥沙、农药化肥残存物及其他污染物进入江、河、湖、库，加剧洪涝灾害和面源污染，危及防洪和饮水安全。近 10 年来，由于泥沙淤积，福建、江西等省的内河航运缩短了 1/4。福建省淤积报废的山塘和水库总库容达 1550 万 m³ 以上，被泥沙淤塞的大小渠道长达 1.53 万 km，大大削弱了输水、灌溉与发电能力。广东省韩江上游梅江被泥沙淤高的河道达 379 段，1980～1985 年支流五华河、宁江河床已高出田面 0.5～1.0 m，成为地上河。湖南省长 5 km 以上的河流 5431 条，其中约 10%的河流淤积特别严重，有的已成为地上悬河。同时，坡耕地水土流失，将大量的氮磷钾元素、化肥、农药、有机质等带入江河湖库，引起湖泊富营养化，加剧了水环境污染，加重了水资源短缺程度，对工农业生产用水及城市居民生活用水构成严重威胁。

1.1.4　红壤坡耕地水土流失成因

1.1.4.1　自然因素

1）地形地貌

红壤丘陵区坡耕地多分布于丘陵、岗地，地面坡度一般为 5°～25°，部分坡面宽而长，地形破碎，高低悬殊，起伏显著，集雨面积大。这种地形地貌加强了地表径流对土壤的冲刷作用，形成并加剧了水土流失的发展。

2）降雨

红壤丘陵区位于亚热带季风气候区，降雨丰沛，多年平均降雨量 1200～2000 mm，远大于全国年均降雨量 630 mm。降雨量季节分配不均，降雨主要集中在 4~9 月，其中 4～6 月降雨量约占全年的 50.0%左右，且常以大雨、暴雨的形式出现。降雨量的相对集中，使得雨季下的土壤常处于湿润状态，为暴雨侵蚀创造了条件，从而造成严重的水土流失。

3）土壤

江西红壤坡耕地成土母质多为第四纪红黏土。由于风化淋溶作用强烈，土体中钙、镁等碱性物质大量流失，而铁、铝相对富集，土壤呈酸性反应，pH 为 4~6。红壤土质黏重，透水性差，雨时渍水，干时坚实成块，土壤有效含水量低，常常表现为"晴天一块铜、雨天一泡脓"的现象。长期以来，随着人口增长，受人类对土地的不合理开发利用和战争影响，地表植被受到严重破坏，植被覆盖率大幅降低，地表裸露，土壤遭受侵蚀，致使有机质及养分含量迅速降低，土壤团粒结构解体，影响了土壤的抗冲抗蚀性能，在雨滴、径流的溅蚀和冲刷下造成严重的水土流失。

4）植被

红壤丘陵区坡耕地主要种植作物为旱作物，如花生、大豆、红薯等。根据旱作物的生长规律和传统的耕作习惯，植被覆盖率变化规律表现为低覆盖—高覆盖—低覆盖。通常春季作物幼苗期正逢雨季，地表植被盖度低，极易发生严重的水土流失。秋季作物收割后地表暴露，如遇降雨径流冲刷，势必造成水土流失。

1.1.4.2　人为因素

1）不合理的耕作方式

江西省坡耕地多采用顺坡种植的耕作方式。春季翻耕播种后，表土松散，抗蚀、抗冲性下降，夏季遇上大雨甚至暴雨后，表土冲刷严重，产生大量的水土流失。

2）掠夺式的经营方式

突出表现为用地不养地、广种薄收、低标准的开发造成地表大面积翻动，增加土壤扰动次数，减少土壤抗蚀性，加剧水土流失。

3）陡坡开荒的增地方式

农村人口多，耕地资源少，为了解决粮食问题，农民常上山开垦，进行陡坡开荒，使地表失去林草植被保护，再加上多采用顺坡垄作的种植方式，遇到大雨，极易发生严重的水土流失现象。

1.2　红壤坡耕地水土流失防治的必要性

坡耕地既是山丘区群众赖以生存的基本生产用地，也是水土流失的重点区域。有效防治坡耕地水土流失，可以为促进粮食增产、农民增收和农村经济发展奠定基础，是一项重大的民生工程。近年来，党中央、国务院高度重视坡耕地综合治理。2009 年 8 月，胡锦涛总书记、温家宝总理和回良玉副总理分别作出重要批示，明确要求各级政府和部门要把坡耕地综合治理作为重大的农村基础设施工程进行规划和实施。最近 5 年的中央一号文件都对坡耕地综合治理作出安排。2011 年中央水利工作会议上，胡锦涛总书记和温家宝总理再次强调要加快推进坡耕地水土

流失综合治理。为贯彻 2011 年中央一号文件、中央水利工作会议精神和新修订的
《水土保持法》，落实胡锦涛总书记、温家宝总理和回良玉副总理的重要批示，2012
年水利部联合国家发改委，启动了《全国坡耕地水土流失综合治理规划》。

　　红壤作为中国南方最重要的土壤资源，是千万人赖以生存的宝贵财富。南方
红壤区地貌多为山地丘陵，加上该区域雨量充沛且季节分配不均，降雨主要集中
在 4～9 月，其中 4～6 月降雨量约占全年的 50.0%左右，且常以大雨、暴雨的形
式出现，造成红壤坡耕地严重的水土流失。加强红壤坡耕地水土流失的防治具有
极其重要的意义。

1.2.1　坡耕地综合治理是控制红壤地区水土流失、减少江河水患的关键举措

　　坡耕地既是山丘区群众赖以生存的基本生产用地，也是水土流失的重点区域。
坡耕地严重的水土流失，不仅是制约流失区经济社会发展的突出瓶颈，而且淤积
下游江河湖库，降低水利设施调蓄功能和天然河道泄流能力，影响水利设施效益
的发挥，加剧了洪涝灾害。实践证明，实施坡耕地综合治理，搞好坡改梯及其配
套工程建设，不但能够有效阻缓坡面径流，减轻水土流失，而且能够提高降雨拦
蓄能力，涵养水源，变害为利，一举多得。

1.2.2　坡耕地综合治理是促进红壤丘陵山区粮食生产、保障国家粮食安全的必然要求

　　坡耕地表土的流失，带走了大量的养分物质，使营养物质发生迁移，有机质
含量降低，导致坡耕地土层变薄，下垫面性质发生改变，土地退化加剧，对区域
粮食安全造成严重威胁。多年实践表明，实施坡耕地改造后亩均增产粮食约 70～
200 kg，一些地方采取地膜覆盖种植玉米，亩产可达上千斤。加强现有坡耕地改
造，可以保证红壤丘陵区粮食需求实现自给。因此，为确保红壤丘陵山区粮食安
全，对红壤丘陵山区现有坡耕地进行合理改造，有效降低坡耕地水土，巩固和提
高红壤丘陵山区粮食保障能力是非常必要的。

1.2.3　坡耕地综合治理是推进山区现代农业建设、实现全面小康的基础工程

　　坡耕地的土层普遍较薄，耕作层下面是没有养分、不能生长植被的成土母质。
处于坡面上的耕作层一旦流失，生产、生态基础就会遭到破坏，不仅产出水平极
低，更难以适应发展设施农业、现代农业的需求。实施坡耕地综合治理，小块并
大块、坡地变平地，同时配合灌排设施和田间道路建设，有利于改善农业生产条
件，大面积普及推广农业机械化生产，为发展特色产业、促进农业现代化创造更
加有利的条件。

1.2.4 坡耕地综合治理是促进退耕还林还草、建设生态文明的重要举措

长期以来,坡耕地生产方式粗放,广种薄收、陡坡开荒、破坏植被的问题相当严重,造成土地沙化、退化。近年来,国家高度重视生态安全问题,大力实施退耕还林还草等生态工程。要巩固好退耕还林还草成果,必须把坡耕地水土流失治理作为战略性措施,在不断提高土地质量等级的前提下,实行集约生产经营,优化优势资源配置,促进陡坡耕地退耕还林还草,推动大面积生态修复和植被恢复,促进生态环境的改善,确保退得下、还得上、稳得住、能致富。

1.3 红壤坡耕地水土流失研究概况

1.3.1 红壤坡耕地水土流失影响因素研究概况

1.3.1.1 地形条件

地形条件主要包括坡长和坡度两方面。坡度是影响坡面水土流失和土壤养分流失的重要因素,坡度影响着降雨入渗的时间,坡面径流的流速也与坡度有关,从而影响到坡面表层土壤颗粒起动、侵蚀方式和径流的携沙能力,进而影响养分的输出。迄今为止,针对坡度对红壤产流产沙和养分流失影响的研究较少。张会茹等(2009)通过室内模拟降雨试验,研究了地面坡度对红壤坡面产流过程和侵蚀过程的影响,结果表明:坡面总径流量随坡度的增大呈减小趋势,其中 25°坡面比 5°坡面的径流量减小 22.3%;随坡度的增加,坡面产流达到稳定的历时减少。红壤坡面坡度对侵蚀产沙量的影响存在着临界坡度,其值变化于 20°~25°之间。张会茹和郑粉莉(2011)通过室内模拟降雨试验,研究了不同降雨条件下地面坡度对红壤坡面产流过程和侵蚀过程的影响,结果表明,红壤坡面起始产流时间随坡度的增加有所提前,但不明显,坡面起始产流时间的早晚主要受降雨强度控制;红壤坡面土壤侵蚀量随坡度的增加,在 50 mm/h 小雨强时呈现先增加后减小的变化趋势,在坡度 20°左右存在临界坡度;在 75 mm/h 雨强下,侵蚀量随坡度增大而增大。侯旭蕾等(2013)通过室内模拟降雨试验,研究了坡度对红壤土坡面降雨侵蚀及水文过程的影响,结果表明,相同的降雨条件下,不同坡度红壤土坡面开始产流时间总体上随着坡度的增大逐渐推迟;不同坡度下的坡面产沙强度波动较大;产沙强度随坡度的增大先增大后减小,在坡度 15°~20°左右出现临界坡度。褚素贞和张乃明(2015)采用模拟降雨试验研究了土壤坡度对地表径流和亚地表径流中磷素浓度的影响,结果表明:在 0°~10°范围内,地表径流中总磷、水溶性磷和颗粒态磷浓度和亚地表径流中水溶性磷浓度都随土壤坡度的增加而增加。

坡长通过影响坡面径流、泥沙的运移规律以及侵蚀形态的演化过程来影响侵蚀产沙过程,其决定着坡面水流能量的沿程变化及水流泥沙的运移规律,是影响

坡面侵蚀和养分流失的重要因子（张宏鸣等，2012）。目前关于坡长对土壤侵蚀的影响主要有如下几种观点：大部分学者（Kara et al., 2010; Wischmerier and Smith，1978）认为从上坡到下坡侵蚀量随着坡长的延长而增加，但二者的关系尚无定论，有的学者指出短历时或小强度的模拟试验降雨，坡长的影响并不明显，随着降雨历时的延长或降雨强度的增加，坡长的影响会越来越大，侵蚀量与坡长基本呈指数关系（孔亚平等，2001），并且短坡条件下，坡面侵蚀量与上方来水量呈直线关系（孔亚平和张科利，2003），也有研究表明呈幂指数关系（Zingg，1940）；一些研究者指出随坡长的增加侵蚀反而减弱（Xu et al., 2009; 徐宪立等，2006），这可能与流量和坡度有一定的关系（丁文峰等，2003）；第 3 种观点认为，侵蚀量随坡长的增加呈波动起伏状态（郑粉莉等，1989），蔡强国等（1995；1989）研究表明，坡面土壤侵蚀量随坡长延长先增加，当坡长超过一定值时，又随着坡长的延长逐渐减小，说明当坡面径流量相同时，存在一个临界坡长值，在坡长侵蚀量达到最大值。

以上关于坡长对土壤侵蚀影响的研究大部分针对黄土高原区或紫色土区域，针对红壤丘陵区的研究较少；且坡长尺度、坡度、下垫面条件不同，得出的结论也有差别；而不同雨强条件下土壤侵蚀的机理不同，小雨强时以溅蚀为主，径流主要以搬运泥沙为主，雨强较大时，径流主要以冲刷侵蚀为主（付兴涛和张丽萍，2014）。付兴涛和张丽萍（2014）采用野外人工模拟降雨的方法，研究了南方红壤丘陵区作物覆盖坡耕地上不同雨强下坡长对其土壤侵蚀的影响，结果表明产沙量随坡长延长整体呈增大趋势，但存在一定的波动，二者的关系可用幂函数（决定系数>0.84）表示。付兴涛和张丽萍（2015）采用人工模拟降雨（雨强 30～150 mm/h）结合试验土槽等方法（坡长分别为 1 m、2 m、3 m、4 m、5 m，坡度 20°），研究了不同雨强下坡长对红壤侵蚀的影响，结果表明，产沙量随坡长的延长呈增大趋势，二者的关系可用幂函数（$R^2 > 0.80$）表示。

1.3.1.2　农事活动

人类的农耕活动，特别是对坡地的不合理开发利用会进一步加剧侵蚀，从而相应增加坡地养分等非点源污染物的输出风险（Zuazo and Pleguezuelo, 2008; Arnaez et al., 2007）。水土保持耕作措施是治理坡耕地水土和养分流失的重要措施之一，其主要通过减少耕作次数、增加地表覆盖和改变垄向来减少土壤侵蚀（辛艳等，2012）。水土保持耕作措施一般包括两类：一类是以改变地面微地形、增加地面粗糙度为主的耕作措施，如等高种植、沟垄种植、水平沟种植、横坡种植；另一类是以增加地面覆盖和改良土壤为主的耕作措施，如秸秆还田、植物篱、植被覆盖、少耕免耕、间套混复种和草田轮作等（谢颂华等，2010）。研究表明，传统的顺坡垄作方式造成的水土流失较严重，而免耕比传统耕作法相比，可减少超过 50%的总磷流失量（Blevins et al., 1990; Andraski et al., 1985）。袁东海等（2003）研究了 6 种农作方式红壤坡耕地土壤素流失特征，结果表明与传统的顺坡垄作相

比，其他不同农作措施均有控制和防治土壤素流失的作用，能减少流失总量
40.73%～84.70%，水平土埂、等高农作措施、休闲措施效果优于水平草带、水平
沟农作措施。付斌等（2009）通过天然降雨径流小区试验，动态监测降雨-径流过
程中坡耕地的水土流失量，研究了 4 种农作措施对云南红壤坡耕地水土流失的调
控作用。研究结果表明：径流量变异系数大小顺序为顺坡垄作＞横坡垄作+揭膜＞
横坡垄作+秸秆覆盖+揭膜＞横坡垄作；泥沙流失量变异系数大小顺序为顺坡垄作＞
横坡垄作＞横坡垄作+秸秆覆盖+揭膜＞横坡垄作+揭膜；横坡垄作+秸秆覆盖+揭
膜农作措施对径流流失和泥沙流失的调控效果最好。刘建香等（2009）通过野外
径流小区的实地观测发现等高种植能够显著降低云南红壤坡耕地钾素流失量。谢
颂华等（2010）采用野外标准径流小区试验方法对南方红壤旱地常见的顺坡间作、
横坡间作、果园清耕 3 种不同耕作方式下 5 a 时间水土保持蓄水保土效应进行了
研究。其研究结果表明，减沙效应优劣次序为横坡间作（80.57%）＞顺坡间作
（65.11%）＞果园清耕（38.08%），且 4～9 月的径流量占到全年径流量的 85%以
上，流失泥沙量占全年流失泥沙量的 90%以上，由此可见，套种作物增加果园覆
盖是防治果园水土流失的有效措施，且横坡间作优于顺坡间作。于兴修等（2011）
采用野外原位模拟降雨试验对比研究了横坡与顺坡垄作地表径流溶解态无机氮和
溶解态磷的输出特征。其研究结果表明，横坡垄作可有效地控制径流并减少径流
溶解态无机氮和溶解态磷的输出率；雨强增大时，横坡较顺坡垄作控制径流的效
果增强，其径流溶解态无机氮和溶解态磷的输出量也大幅度减少。张展羽等（2013）
通过野外径流小区试验，分析对比了在 3 种典型降雨下，南方红壤丘陵区的纵坡
间作（措施 1）、纵坡种植（措施 2）和横坡种植（措施 3）3 种耕作方式坡耕地的
产流、产沙及氮、磷流失特征。研究结果表明：随着降雨强度的增大，措施 3 截
流减沙优势明显；措施 3 在控制土壤养分流失方面优于其他两种耕作方式，各措
施氮、磷流失主要集中在产流初期，先增大后逐渐减小，后期趋于稳定。赵海东
等（2014）通过研究天然降雨条件下鄱阳湖区采取不同耕作措施的坡耕地土壤养
分流失情况发现，在不同水土保持措施下，氮、磷和有机质的流失均表现为横坡
垄作＜顺坡垄作＜植物篱＜顺坡垄作＜裸地，说明在坡耕地中水土保持措
施，特别是减少泥沙流失的措施对保护土壤养分效果明显。陈晓安等（2015）利
用赣北第四纪红壤区野外径流小区定位观测试验数据，分析了不同耕作措施下坡
耕地水土及氮、磷、有机质流失特征。其研究结果表明，地表产流产沙为裸露地
最高、顺坡垄作和顺坡+植物篱次之，横坡垄作最小；坡耕地径流携带的可溶性氮、
铵氮、硝态氮、可溶性磷的流失量都表现为裸地最大，横坡垄作最小；坡耕地泥
沙携带的全氮、全磷、碱解氮、速效磷的流失量表现为裸地最大，横坡耕作最小。

1.3.1.3 降雨特性

降雨条件对坡耕地水土流失、养分输出形态和输出负荷都有重要的作用，主
要包括雨强、降雨历时、雨滴动能、降雨量等，其中有关雨强对水土流失、养分

输出形态和输出负荷的研究较多。马琨等（2002）采用人工模拟降雨装置对不同雨强条件下红壤坡地养分流失特征进行了研究，结果表明，土壤养分流失量与雨强及泥沙流失量呈正相关关系。雨强较大情况下，土壤养分以泥沙形式随径流迁移；当雨强较小时，随径流迁移的可溶态养分流失量占流失泥沙养分量的比例较高。聂小东等（2013）运用模拟降雨试验研究了不同雨强条件下（0.64 mm/min、1.31 mm/min、1.69 mm/min）红壤坡耕地径流小区（2 m×5 m，坡度 10°）的泥沙流失及有机碳富集规律，结果表明，侵蚀作用下土壤流失量随着降雨强度的增大而增加，并与径流量呈显著的立方关系，径流量是坡耕地土壤流失的重要影响因素；土壤有机碳流失以泥沙结合态为主，泥沙态有机碳流失量占总有机碳流失量的 84%以上，最高达 97.6%；泥沙中有机碳富集比随着降雨强度的增大而减小，有机碳的选择性迁移在低强度降雨条件下表现更为明显。王全九等（1999）通过改变降雨高度方式，研究了有效雨滴动能对土壤钾随地表径流迁移的影响，结果表明随着有效雨滴动能的增加，土壤入渗量减少，径流量、土壤侵蚀量和养分流失量显著增加。秦伟等（2015）通过研究红壤裸露坡地次降雨土壤侵蚀规律发现，红壤裸露坡地土壤侵蚀主要受雨强和雨量共同影响：雨强的指标中以最大 30 min 雨强与其关系最为密切，是导致土壤侵蚀变化的直接因素；雨量则通过改变雨强产生一定的间接影响。土壤侵蚀强度随最大 30 min 雨强增大过程中，在 15 mm/h 处存在明显转折，最大 30 min 雨强小于该值前，侵蚀强度呈缓慢增大，大于该值后，侵蚀强度快速增大。土壤侵蚀与雨量整体呈同步增大，但不同雨型的单位雨量侵蚀能力表现为 A 雨型（高频次、短历时、小雨量、大雨强）＞B 雨型（中频次、中历时、中雨量、中雨强）＞C 雨型（低频次、长历时、大雨量、小雨强）。总而言之，较多的研究表明坡耕地水土和养分流失与雨强呈现明显的正相关性，即随着雨强的增加，坡耕地水土和养分流失的量也逐渐增大，并在初期流失风险最大。

1.3.1.4　植被覆盖

植被对降水具有一定的截留作用，可减小雨水对土壤的冲击力，降低土壤溅蚀，增强土壤抗冲性，减少泥沙量和径流量的流失（李勇等，1993），进而对土壤中非点源物质的输出起到一定的控制作用。水建国等（2001）在 8°～15°的红壤坡地上，对水土流失作了 14 年的定位观测，结果表明红壤坡地植被覆盖度每增加10%，可以成倍地递减土壤侵蚀量；当植被覆盖度达 60%以上时，土壤侵蚀可控制在 200 t/(km²·a)以下，二者之间呈极显著的负指数相关。李新虎等（2010）利用大型土壤渗漏装置（drainage lysimeter）对百喜草覆盖、百喜草敷盖、裸露三种生态措施的地下径流养分流失问题进行了研究，结果表明，养分随地下径流流失量敷盖最大、裸露对照最小。邢向欣等（2012）采用田间小区试验，研究了稻草编织物覆盖对红壤坡耕地土壤侵蚀和养分流失的控制作用，结果表明，稻草编织物覆盖能有效抑制土壤侵蚀和养分流失；稻草编织物覆盖比无覆盖处理土壤的径流量和侵蚀量分别降低了 38.40%和 75.36%。梁娟珠（2015）研究了红壤坡地不同生态措施下水土流失及养分流失规律，结果表明植被能较好地调控坡面地表径流和土壤侵蚀。不同植被措施下坡面产流、产沙分异规律明显，相对裸地，盖度高的乔灌草、灌草、草本等措施的水土流失量最小，水土保持效果最为明显。在不同的降雨量条件下，不同植被措施的坡面水土流失情况也表现出显著的差异。土壤覆盖可有效地减少土壤侵蚀和养分流失，主要是因为植被茎叶对降雨的截留作用、植被根系对土壤的固结作用和植被对径流传递的阻碍作用（Dillaha, 1989; Chaubey, 1985; Doyle et al., 1977）。

除覆盖度之外，植被覆盖质量也是影响坡地水土流失的重要因素之一（梁音等，2008）。目前南方 8 省在水土流失治理上存在的一个突出问题是"林下流"，很多经过治理的地区看上去树木虽然很茂密，但林下缺少灌草，土壤裸露程度很高，仍然会发生中度甚至强度以上的水土流失。导致"林下流"现象的原因有多种，其中最主要的是：①树种单一造成林下植被缺失。20 世纪 80 年代初期开始的绿化植树，在南方以马尾松或其他经济林木如桉树等为主，马尾松会加剧土壤的酸化，导致其他植物难以存活，而近年来由于经济效益高而发展迅猛的桉树由于生长很快，需水量很大，造成地表干旱，也影响到其他植被生长。②造林目的单调，造林方式存在一些问题。早期造林主要是考虑木材的蓄积和经济价值，没有统筹考虑生态环境效益，采用了方便植树的造林形式，如全垦造林等，不仅带来造林初期的水土流失，而且也造成了成熟林的林下水土流失问题。③经济林果树下，因锄草、翻耕和大量使用除草剂，造成地表植被覆盖度低甚至完全裸露，反而加剧了水土肥的流失（赵其国，2006）。

1.3.1.5　土壤特性

土壤特性也是影响坡地水土流失的重要因素之一。由于物理化学性质存在较大差异，不同土壤抵抗土壤侵蚀的能力即土壤可蚀性特征具有较明显的差异。红壤丘陵区水土流失主要发生在红壤、赤红壤、砖红壤、紫色土、石灰土上。梁音和史学亚（1996）的研究表明，土壤可蚀性 K 值由高至低依次为赤红壤性土（0.367）、紫色土（0.343）、黄红壤（0.244）、棕色石灰土（0.244）、红壤（0.231）、砖红壤（0.228）、红壤性土（0.227）和赤红壤（0.214），这些土均属于易侵蚀的土壤。史学正等（1997）利用标准径流小区测定了我国亚热带地区 5 种代表性土壤的 K 值，K 值由高至低依次为紫色土（0.440）、普通红壤（0.232～0.438）、黏淀红壤（0.277）、准红壤（0.256）、红色土（0.104），也说明了红壤和紫色土都属于可蚀性较高的土壤 。红壤比较疏松，而在有水的情况下部分红土会膨胀而具有黏性，但总体来说，红壤土质疏松，不利于保存水分和养分。

1.3.2　红壤坡耕地水土流失防治效应研究概况

1.3.2.1　蓄水保土效应

大量的研究表明，在红壤坡耕地上采用有效的水土保持措施可以起到显著的蓄水减流、保土减沙效应。水土保持植被措施主要通过对降雨的直接拦截、破碎、消能作用，阻止雨滴对土壤的直接打击破坏，达到保持水土的作用。张展羽等（2007）应用江西省水土保持生态科技园红壤坡地的观测资料，对不同水土保持措施的蓄水保土效应进行了系统研究。结果表明，采取不同水土保持措施的坡地保土效益的总体趋势是：百喜草全园覆盖坡地>百喜草带状覆盖坡地>狗牙根带状覆盖坡地>喜草带状覆盖+套种黄豆或萝卜坡地>狗牙根全园覆盖坡地>阔叶雀稗草全园覆盖坡地。可见，坡地采取百喜草全园覆盖的水土保持措施能大大提高坡地的保土效益，与坡地采取狗牙根带状覆盖的水土保持措施相比，其保土效益提高98.19%。等高种植、水平沟种植、沟垄种植、横坡种植等水土保持耕作措施通过改变坡耕地表层土壤的微地貌形态，阻断地表径流的累积通道、增加降雨入渗、减少径流对土壤的冲刷，达到保持水土的目的。谢颂华等（2010）采用野外标准径流小区试验方法对南方红壤坡地常见的顺坡间作、横坡间作、果园清耕 3 种不同耕作方式下 5 a 时间水土保持蓄水保土效应进行了研究。结果表明，与对照小区相比，各试验小区减流率优劣次序为：横坡间作小区（75.33%）>顺坡间作小区（59.56%）>果园清耕小区（21.73%）；减沙效应优劣次序为横坡间作（80.57%）>顺坡间作（65.11%）>果园清耕（38.08%），且 4～9 月的径流量占到全年径流量的 85%以上，流失泥沙量占全年流失泥沙量的 90%以上。研究表明，坡耕地改梯田后具有良好的蓄水保持效果。据张国华、胡建民等通过对江西水土保持生态科技示范园区不同类型的梯田果园产量和径流、泥沙的分析表明（张国华，2007；胡建民，2005），"前埂后沟"式梯田的蓄水保土效益明显高于水平梯田，其拦蓄径流和保持土壤泥沙的能力很强，与标准水平梯田相比，从 2001 年到 2004 年，其减少径流和侵蚀的效益分别达到 77.25%和 82.78%，可见前埂后沟式梯田在坡地果园的应用上具有很好的增加蓄水保土的效益，是红壤区坡地果园值得推广的梯田形式。

1.3.2.2　保肥增产效应

红壤坡耕地水土流失严重，而水土流失又导致土壤养分流失愈发严重，使得土壤肥力以及生产力进一步下降。采用一定的水土保持措施能够拦截水土，进而减少养分的流失量。袁东海等（2003）研究了 6 种不同农作措施下红壤坡耕地土壤磷素流失特征，结果表明，与传统的顺坡垄作的坡耕地利用方式相比，其他 5 种不同农作措施均有控制和防治土壤磷素流失的作用。能减少磷流失总量

40.73%～84.70%。水平土埂、等高农作措施、休闲措施效果优于水平草带、水平沟农作措施。陈晓安等（2015）研究了不同耕作条件下赣北第四纪红壤坡耕地氮磷流失特征，结果表明，与传统的顺坡垄作相比，横坡垄作可溶性氮、铵氮、硝态氮、可溶性磷分别相对减少 53.69%、50.84%、46.15%、57.47%；横坡垄作泥沙携带的全氮、全磷、碱解氮、速效磷分别相对减少 93.89%、89.33%、92.36%、94.74%。

1.3.3　红壤坡耕地水土流失对土壤质量和作物产量影响研究概况

1.3.3.1　水土流失对红壤坡地土壤物理化学质量的影响

国内外学者就水土流失对土壤物理化学性质的影响进行了广泛的研究。郑粉莉（1998）研究了黄土高原地区林地开垦后坡面侵蚀过程与土壤退化过程的关系及其机理。结果表明，土壤侵蚀使土壤中>1 mm 的团粒含量显著减少，且侵蚀强度和侵蚀方式对土壤团粒结构的退化产生重要影响；土壤中<0.01 mm 的细颗粒大量流失是土壤养分流失的根本原因；土壤中不同形态养分的退化程度随耕种年限增加呈指数衰减，且不同侵蚀分带中土壤养分衰减率各不相同。李裕元等（2003）采用野外天然降雨-径流小区试验法，初步研究了黄土高原黄绵土休闲坡耕地一次轻度侵蚀（侵蚀量 410～435 t/km²）降雨前后土壤质量的退化特征。结果表明，长期处于侵蚀环境的表层土壤的细颗粒与养分逐渐向坡下迁移，坡地土壤向质地沙化和肥力退化方向发展；降雨主要导致有效养分（AP）、<20 μm 细颗粒以及 20～2 μm 微团聚体在坡面的迁移与流失，这正是坡地土壤质量退化的主要原因。阎百兴和汤洁（2005）利用 ^{137}Cs 示踪法，研究了东北黑土耕作土壤的流失厚度和速率，探讨了水土流失对土壤机械组成、有机质、土壤水分、容重及其 N、P 含量的影响。结果表明，水土流失造成土壤质地粗化，从坡顶向坡底，耕层土壤有机质增加，容重变化不大，含水量增加，土壤养分的"贫化"现象明显。

迄今为止，学者就水土流失对黄壤土壤质量的影响研究较多，但针对水土流失对红壤坡地土壤质量的影响相对较少。相关研究表明，水土流失可造成红壤物理状况不佳、持水能力弱、养分含量下降、物理肥力下降、生物肥力退化等（孙波，2011；李忠佩等，2001；赵其国，1995）。陈永强（2002）对 6 个不同利用方式的坡地侵蚀红壤退化试验小区的理化、生物学性质进行了测定和分析，结果表明随着水土流失加剧，土壤容重增加，孔隙度减小，结构性变差，有机质、全氮、土壤微生物量及其酶活性也都随之下降。陈海滨（2011）以朱溪小流域为例，研究了侵蚀红壤小流域土壤养分空间变异与肥力质量评价，结果表明土壤肥力随水土流失强度的降低而呈现一定升高的趋势，肥力较好的土壤其侵蚀强度主要集中在微度和轻度侵蚀的范围内。陈志强和陈志彪（2013）以南方红壤侵蚀区典型区域福建省长汀县为研究区，将土壤肥力质量 10 个因子作为内部因子，坡度、植被覆盖度、水土流失强度等作为外部因子，构建土壤肥力质量演变的尖点突变模型，并分析土壤肥力质量演变分别与土壤肥力质量等级、水土流失强度、坡度和植被覆盖度的关系,结果表明水土流失强度对土壤肥力质量的影响最显著。

水土流失带走土壤表层物质,使土层厚度变薄,而表层土壤大量细粒级组分流失使得土壤砾石含量增高,造成土壤质地粗化及土壤结构恶化,蓄水能力降低。另外,由于水土流失带走的细粒级组分是土壤中质量最高的部分,由多种矿物、铁锰氧化物包裹在一起的有机固体以及有机质组成的复杂混合物,其有机质及养分含量丰富,比重较小,所以水土流失必然引起土壤容重的增加,土壤有机质和养分的大量流失(董广辉和夏正楷,2003)。土壤结构的破坏及化学性质的退化,进而影响与物理化学性质密切相关的、对土壤养分的转化起着至关重要作用的土壤生物,造成土壤微生物数量的减少(陈永强等,2001)和土壤酶活性的减弱(曹慧等,2002;陈永强等,2001)。

1.3.3.2　水土流失对红壤坡地土壤生物学质量的影响

土壤生物学特性具有高度的敏感性和较为全面的评价作用(孙波等,1997),可以较好地反映土壤质量的动态变化,其中土壤微生物特性、土壤酶活性、土壤微生物呼吸等被认为是衡量土壤质量最敏感的微生物学指标(刘占锋等,2006;Hu et al.,2002;Kandeler et al.,1999),并且已日渐受到国内外研究者的关注。

土壤微生物数量与生物量是研究和评价土壤微生物调控功能的重要参数(何友军等,2006;胡亚林等,2006),其数量、分布与组成在很大程度上影响并决定着土壤的生物活性,在有机质分解、腐殖质合成、土壤团聚体形成以及土壤养分转化等方面具有关键作用(徐惠风等,2004)。因此,土壤微生物量被认为是表征土壤质量变化最敏感、最有潜力的指标(孙波等,1997)。国内外众多学者对不同环境条件(土壤、植被、气候)、施肥和耕作措施等因素对土壤微生物量C、N、P以及土壤微生物即细菌、真菌和放线菌、纤维分解菌数量,土壤微生物活性如微生物熵、微生物呼吸、呼吸熵,土壤微生物群落功能多样性等微生物指标的影响及其对土壤肥力变化的预警与响应进行了研究(李倩等,2013;王利利等,2013;魏蔚等,2011;曹志平等,2006;孙瑞莲等,2004;Harris,2003;Srivastava et al.,1991),对果园等不同类型人工林、弃耕地等植被恢复群落以及侵蚀环境植被恢复过程中土壤微生物特性也有一些研究(闫靖华等;2013;薛萐等;2011;成毅等;2010;漆良华等;2009;何友军等,2006;Behera et al.,2003;刘满强等,2003),但不同水土流失背景下的红壤微生物特性变化鲜见报道。冯宏等(2009)对华南赤红壤丘陵坡地不同侵蚀部位土壤微生物主要生理类群进行了对比分析,结果表明,除解钾菌和纤维素分解菌外,芽孢杆菌、氨化细菌、解有机磷菌和解无机磷菌也都随着植被的减少、侵蚀程度的加剧,其数量显著下降;水土流失破坏了土壤微生物原有生理类群结构,减弱了微生物在维护与提高土壤质量中的作用。

土壤酶被认为是极具潜力的土壤质量指示者,主要来源于土壤微生物、植物根系分泌物和动植物残体腐解,参与土壤许多重要的生物化学过程和物质循环(周礼恺等,1983),并且与土壤碳、氮循环有密切关系(Von Mersi and Schinner,1991),能够反映土壤微生物活性和土壤生化反应的强度(Benitez et al.,2000)。大量研究表明:土壤酶活性是可能全面反映土壤生物学肥力质量变化的潜在指标。国内外有关土壤酶活性对不同耕作、施肥及覆盖措施的响应研究较多(仝少伟等,2013;殷瑞敬等,2009;陈蓓和张仁陟,2004;张成娥等,2001;Pankhurst et al.,1997;Naseby and Lynoh,1997;Alef et al.,1988),结论也较一致。主要表现为:土壤酶活性对耕作、种植制度和土地使用引起的土壤变化比较敏感,耕作覆盖结合可有效增加土壤的通透性,增强微生物活力,显著提高脲酶和蔗糖酶活性,有利于土壤碳氮转化;间伐、轮作、凋落物和施肥等均能提高土壤酶活性;土壤微生物数量、土壤肥力与土壤酶活性之间存在正相关关系。迄今为止,水土流失对土壤酶活性的影响相对缺乏。

在侵蚀坡地上,土壤呼吸主要是微生物参与下有机质分解的生物化学过程,而土壤中可供微生物呼吸消耗的有效底物量制约着 CO_2 的释放,所以土壤呼吸一方面可以表征土壤流向大气的碳通量,另一方面也反映出土壤本身的肥力水平。以往许多学者关注坡地水土流失的机理和影响机制(李洪丽等,2013;李广和黄高宝,2009),而对侵蚀坡地土壤呼吸的野外试验研究仅有个别报道(耿肖臣等;2012;黄懿梅等,2009),多为模型模拟研究(Gaiser et al.,2008;Jenerette and Lal,2007;Liu et al.,2003)。近年来,也有人对侵蚀泥沙样品和未受扰动的土壤样品在实验室培养条件下的土壤 CO_2 排放进行了研究(Mora et al.,2007;Jacinthe et al.,2002),并取得了一些进展;Jacinthe 等(2002)研究不仅证明 31%~37%的侵蚀碳可能矿化,还指出降雨强度是影响侵蚀碳矿化的重要因素;Mora 等(2007)在2007 年对自然降雨条件下的径流沉积物样品和土壤(0~5 cm)样品的实验室培养及 CO_2 排放监测证明,侵蚀沉积物中碳的矿化速率是土壤样品中碳矿化速率的2 倍;Polyakov 和 Lal(2008)的研究不仅证明沉积区的 CO_2 排放比参考点高 26%,侵蚀区的 CO_2 排放与参考点相同,还进一步指出沉积物粒径分布和停留时间是控制侵蚀土壤中 CO_2 排放的主要原因。但是,野外条件有很大的变异性,如温度、水分、生物活性等,这对土壤呼吸有很大影响,而实验室培养无法完全模拟野外的环境变化。尽管 Van Hemelryck 等(2010)研究指出了土壤 CO_2 排放野外实际监测的重要性,但目前与土壤侵蚀相关的土壤 CO_2 排放野外实际监测研究还很少(Van Hemelryck et al.,2011;李嵘等,2008;Bajracharya et al.,2000)。

1.3.3.3　水土流失红壤坡地对作物产量的影响

水土流失对红壤坡地土壤质量产生重要的影响,而土壤质量直接影响坡地作物生长和产量,因此,水土流失对红壤坡地作物产量具有重要的影响作用。研究表明,随着水土流失强度的增大,作物产量呈现明显减少的趋势(张兴义等,2006)。

采取有效的水土保持耕作措施可以防治水土流失、提高土壤的保水性（陈素英等，2002；赵聚宝等，1996；陈喜靖和水建国，1995）；提高土壤地力、改善土壤结构、提高土壤酶的活性（李春霞等，2006），进而提高作物产量。梁淑敏等（2010）采用长期定位试验的方法，通过 5 年对 5 个处理［CK:麦稻双旋（WRCT）、麦免+稻旋（WNRCT）、麦稻双免（WRNT）、麦稻垄作（WRRT）、麦免+稻旋+秋作（WNRCVNT）］的大田试验研究，系统分析了耕作模式对土壤性状和作物产量的影响。结果表明，双免使土壤的渗水速率增加，不利于水稻生长，但单免能促进水稻生长。与对照相比，单免和双免耕秸秆覆盖增加了土壤有机质，降低了 0～10 cm 土层的碱性，但增加了 10～20 cm 土层的碱性。双免耕定位 5 年，增加了小麦产量，但大幅降低了水稻的产量。与此相反，单免则有利于小麦和水稻共同增产。彭春瑞等（2011）通过江西典型旱地 4 a 定位试验，研究了秸秆覆盖还田对土壤质量演变及作物产量的影响，得出了红壤旱地作物行间秸秆覆盖还田有利于促进作物根系和地上部生长、提高作物产量。赵红香等（2013）研究了免耕、常规 2 种耕作方式和 4 种留茬高度的玉米秸秆还田处理，对麦-玉两熟农田土壤含水率、容重、孔隙度以及作物产量的影响。结果表明：在 0～40 cm 土层内，秸秆还田的集雨和保水效果显著，免耕留茬 0.5 m 还田处理的含水率比免耕无覆盖处理增加了 15.95%。秸秆还田量对 0～40 cm 内土壤贮水量的影响不同。耕作措施显著影响了土壤容重，小麦播种前常规留茬 1 m 还田、常规全量还田处理容重低至 1.0 g/cm³左右。秸秆还田能增加土壤总孔隙度、降低毛管与非毛管孔隙度的比值。单一免耕处理降低了作物产量，而免耕覆盖能增产，其留茬 1 m 还田处理比无还田处理增产 22.44%，比常规留茬 0.5 m 还田处理高 3.64%。刘连华等（2015）研究了华北平原免耕覆盖下 3 种质地土壤的水分特征与作物产量。结果表明，免耕覆盖措施在 3 种土质均具有较好的保水效果，但短期内没有表现出增产趋势。郑海金等（2016）开展了稻草覆盖和香根草篱控制红壤旱坡地水土流失的长期定位试验，研究了香根草篱、稻草覆盖、香根草篱+稻草覆盖 3 种类型的水土保持耕作措施和常规耕作对红壤旱坡地土壤物理学、化学、生物学特性和花生生长、产量的影响。结果表明，香根草篱+稻草覆盖和稻草覆盖措施实施 5 a 后仍能促进花生花荚期茎、叶、根、果生长发育，与常规耕作相比，花生增产明显，增产量为 460.65～761.11 kg/hm²，增产率为 6.19%～20.32%；香根草篱措施虽然没有明显地促进花生生长和产量，但其减流减蚀效果显著，综合效益仍优于常规耕作。

1.3.4　存在问题及发展方向

综上可知，国内外学者针对红壤坡地水蚀过程、水土流失防治技术开展了较多的研究，也取得了较大的研究成果。但总体还存在以下几个方面的问题。

1）红壤坡地水土流失规律还不够全面和明晰

目前，国内针对红壤地区坡面水蚀过程特征研究主要集中于地形、降雨特性等对红壤坡地水土流失规律的影响，而针对植被、农事活动和土壤特性对红壤坡地水土流失规律的影响研究还相对缺乏。

2）试验方法和手段相对单一

国内针对红壤地区坡面水蚀过程特征研究方面，短期的室内模拟降雨试验研究较多，长期的野外定位观测研究较少。

3）研究尺度较小，缺乏较大尺度的研究

研究以坡面为主，斑块/区域尺度少。

4）技术单一，亟须对技术进行整合

目前国内外学者提出的红壤坡耕地水土流失防治技术以单一技术为主，缺乏多种技术的综合运用。

参 考 文 献

蔡强国, 马绍嘉, 吴淑安, 等. 1994. 横厢耕作措施对红壤坡耕地水土流失影响的试验研究[J]. 水土保持通报, 14(1): 49-56.

蔡强国. 1989. 坡长在坡面侵蚀产沙过程中的作用[J]. 泥沙研究, (4): 84-91.

蔡强国. 1995. 黄土坡耕地上坡长对径流侵蚀产沙过程的影响. 水土流失规律与坡地改良利用[M]. 北京: 中国环境科学出版社: 50-58.

曹慧, 杨洁, 孙波, 等. 2002. 太湖流域丘陵地区土壤养分的空间变异[J]. 土壤, 34(4): 201-205.

曹志平, 胡诚, 叶钟年, 等. 2006. 不同土壤培肥措施对华北高产农田土壤微生物生物量碳的影响[J]. 生态学报, 26(5):1486-1493.

陈蓓, 张仁陟. 2004. 免耕与覆盖对土壤微生物数量及组成的影响[J]. 甘肃农业大学学报, 39(6): 634-638.

陈海滨. 2011. 侵蚀红壤小流域土壤养分空间变异与肥力质量评价——以朱溪小流域为例[D]. 福州: 福建师范大学硕士学位论文.

陈素英, 张喜英, 刘孟雨. 2002. 玉米秸秆覆盖麦田下的土壤温度和土壤水分动态规律[J]. 中国农业气象, 23(4): 34-37.

陈喜靖, 水建国. 1995. 红壤旱地秸秆覆盖的不同抗旱效果及原因分析[J]. 浙江农业学报, 7(5): 422-423.

陈晓安, 杨洁, 郑太辉, 等. 2015. 赣北第四纪红壤坡耕地水土及氮磷流失特征[J]. 农业工程学报, 31(17): 162-167.

陈永强. 2002. 侵蚀红壤肥力退化的特性研究[J]. 杭州师范学院学报: 自然科学版, (5): 50-53.

陈永强, 吕军. 柳云龙. 2001. 侵蚀红壤肥力退化评价指标体系研究[J]. 水土保持学报, 15(2): 72-75.

陈志强, 陈志彪. 2013. 南方红壤侵蚀区土壤肥力质量的突变——以福建省长汀县为例[J]. 生态学报, 33(10): 3002-3010.

成毅, 安韶山, 马云飞. 2010. 宁南山区不同坡位土壤微生物生物量和酶活性的分布特征[J]. 水土保持研究, 17(5): 148-153.

褚素贞, 张乃明. 2015. 坡度对云南红壤径流中磷素浓度的影响研究[J]. 中国农学通报. 31(28): 173-178.

崔键, 马友华, 董建军, 等. 2007. 水土流失对土壤资源数量和质量的影响[J]. 农业环境与发展, 24(2): 27-30.

丁文峰, 李占斌, 丁登山. 2003. 稀土元素示踪法在坡面侵蚀产沙垂直分布研究中的应用[J]. 农业工程学报, 19(2): 65-69.

董广辉, 夏正楷. 2003. 土壤侵蚀与土壤肥力[J]. 水土保持研究, 10(3):80-82.

董有浦, 严力蛟, 张庆国, 等. 2009. 长江三峡库区坡耕地侵蚀研究[J]. 济南大学学报, 23(1): 90-93.

冯宏, 张志红, 韦翔华, 等. 2009. 水土流失对赤红壤微生物主要生理功能类群的影响[J]. 亚热带水土保持, 21(4): 24-27.

付斌, 胡万里, 屈明, 等. 2009. 不同农作措施对云南红壤坡耕地径流调控研究[J]. 水土保持学报, 23(1): 17-20.

付兴涛, 张丽萍. 2014. 红壤丘陵区坡长对作物覆盖坡耕地土壤侵蚀的影响[J]. 农业工程学报, (5): 91-98.

付兴涛, 张丽萍. 2015. 坡长对红壤侵蚀影响人工降雨模拟研究[J]. 应用基础与工程科学学报, 03: 474-483.

耿肖臣, 李勇, 于寒青, 等. 2012. 坡耕地侵蚀区和堆积区初春土壤呼吸的变化[J]. 核农学报, 26(3):543-551.

何友军, 王清奎, 汪思龙, 等. 2006. 杉木人工林土壤微生物生物量碳氮特征及其与土壤养分的关系[J]. 应用生态学报, 17(12):2292-2296.

侯旭蕾, 吕殿青, 王辉, 等. 2013. 坡度对红壤土坡面降雨侵蚀及水文过程的影响[J]. 灌溉排水学报, 32(6): 118-121.

胡建民, 胡欣, 左长清. 2005. 红壤坡地改梯水土保持效应分析[J]. 水土保持研究, 12(4):271-273.

胡亚林, 汪思龙, 颜绍馗. 2006. 影响土壤微生物活性与群落结构因素研究进展[J]. 土壤通报, (1):170-176.

黄懿梅, 安韶山, 薛虹. 2009. 黄土丘陵区草地土壤微生物 C、N 及呼吸熵对植被恢复的响应[J]. 生态学报, 29(6):2811-2818.

靖彦, 陈效民, 刘祖香, 等. 2013. 生物黑炭与无机肥料配施对旱作红壤有效磷含量的影响[J]. 应用生态学报, 24(4): 989-994.

康玲玲, 魏义长. 1999. 不同雨强条件下黄土性土壤养分流失规律研究[J]. 土壤学报, 36(4): 536-543.

孔亚平, 张科利, 唐克丽. 2001. 坡长对侵蚀产沙过程影响的模拟研究[J]. 水土保持学报, 15(2): 17-20, 24.

孔亚平, 张科利. 2003. 黄土坡面侵蚀产沙沿程变化的模拟试验研究[J]. 泥沙研究, (1): 33-38.

李春霞, 陈阜, 王俊忠, 等. 2006. 秸秆还田与耕作方式对土壤酶活性动态变化的影响[J]. 河南农业科学, 35(11): 68-70.

李德明, 刘琼峰, 吴海勇, 等. 2009. 不同耕作方式对红壤旱地土壤理化性状及玉米产量的影响[J].生态环境学报, 18(4): 1522 - 1526.

李广, 黄高宝. 2009. 雨强和土地利用方式对黄土丘陵区水土流失的影响[J]. 农业工程学报, 25(11):85-90.

李洪丽, 韩兴, 张志丹, 等. 2013. 东北黑土区野外模拟降雨条件下产流产沙研究[J]. 水土保持学报, 27(4):49-52.

李辉信, 胡锋, 徐盛荣. 1996. 红壤丘陵区不同农业利用和管理方式对土壤肥力的影响[J]. 土壤通报, 27(3):114-116.

李会科, 张广军, 赵政阳, 等. 2007. 生草对黄土高原旱地苹果园土壤性状的影响[J]. 草业学报, 16(2): 32-39.

李建兴, 何丙辉, 梅雪梅, 等. 2013. 紫色土区坡耕地不同种植模式对土壤渗透性的影响[J]. 应用生态学报, 24(3) : 725-731

李其林, 魏朝富, 曾祥燕, 等. 2010. 自然降雨对紫色土坡耕地氮磷流失的影响[J]. 灌溉排水学报, 29(2): 76-80.

李倩, 诸葛玉平, 王建, 等. 2013. 几种高分子有机肥原料对土壤生物学性质的影响[J]. 水土保持学报, 27(4): 241-246.

李嵘, 李勇, 李俊杰, 等. 2008. 黄土丘陵侵蚀坡地土壤呼吸初步研究[J]. 中国农业气象, 29(2):123-126

李晓红, 韩勇, 郑阳华. 2007. 三峡库区坡耕地土壤侵蚀治理效益分析[J]. 重庆大学学报(自然科学版), 30(1): 134-235.

李新虎, 张展羽, 杨洁, 等. 2010. 红壤坡地不同生态措施地下径流养分流失研究[J]. 水资源与水工程学报, 21(2): 83-86.

李勇, 徐晓琴, 朱显谟, 等. 1993. 植物根系与土壤抗冲性[J]. 水土保持学报, (3):11-18.

李裕元, 邵明安, 郑纪勇. 2003. 黄绵土坡耕地磷素迁移与土壤退化研究[J].水土保持学报, 17(4):1-7.

李忠佩, 张桃林, 杨艳生, 等. 2001. 红壤丘陵区水土流失过程及综合治理技术[J]. 水土保持通报, 21(2): 12-17.

李忠佩, 唐永良, 石华等. 1998. 不同施肥制度下红壤稻田的养分循环和平衡规律[J]. 中国农业科学, 31(1): 46-54.

李子君, 于兴修. 2012. 冀北土石山区坡面尺度径流特征及其影响因素[J]. 农业工程学报, 28(17): 109-116.

梁娟珠. 2015. 南方红壤区不同植被措施坡面的水土流失特征[J]. 水土保持研究, 22(4): 95-99.

梁淑敏, 谢瑞芝, 汤永禄, 等. 2010. 成都平原不同耕作模式的农田效应研究 I .对土壤性状及作物产量的影响[J]. 中国农业科学, 43(19):3988-3996.

梁音, 史学正. 1999.长江以南东部丘陵山区土壤可蚀性 K 值研究[J]. 水土保持研究, 6(2):47-52.

梁音, 杨轩, 潘贤章, 等. 2008. 南方红壤丘陵区水土流失特点及防治对策[J]. 中国水土保持, (12): 50-53.

廖晓勇, 罗承德, 陈治谏, 等. 2006. 三峡库区植物篱技术对坡耕地土壤肥力的影响[J]. 水土保持通报, 26(6): 1-3.

林超文, 庞良玉, 陈一兵, 等. 2008. 牧草植物篱对紫色土坡耕地水土流失及土壤肥力空间分布的影响[J]. 生态环境, 17(4): 1630-1635.

刘方, 冯世江, 张雷一, 等. 2014. 生物质炭对于喀斯特山区连作蔬菜地土壤有效养分及水分的影响[J]. 北方园艺,

(7): 158-162.

刘建香, 贾秋鸿, 田树, 等. 2009. 不同农艺措施对云南红壤坡耕地钾素平衡和流失的影响[J]. 西南农业学报, (4): 1006-1010.

刘连华, 陈源泉, 杨静, 等. 2015. 免耕覆盖对不同质地土壤水分与作物产量的影响[J]. 生态学杂志, 34(2): 393-398.

刘满强, 胡锋, 何园球, 等. 2003. 退化红壤不同植被恢复下土壤微生物量季节动态及其指示意义[J]. 土壤学报, 40(6): 937-944.

刘占锋, 傅伯杰, 刘国华, 等. 2006. 土壤质量与土壤质量指标及其评价[J]. 生态学报, 26(3): 903-913.

刘子雄, 朱天辉, 张健. 2006. 两种不同退耕还林模式下的土壤微生物特性研究[J]. 水土保持学报, 20(3): 133-137.

鲁如坤. 1999. 土壤农业化学分析方法[M]. 北京: 中国农业科学技术出版社

鲁叶江, 王开运, 杨万勤. 2005. 缺苞箭竹群落密度对土壤养分库的影响[J]. 应用生态学报, 16(6): 996-1001.

罗世琼, 黄建国, 袁玲. 2014. 野生黄花蒿土壤的养分状况与微生物特征[J]. 土壤学报, 51(4): 868-879.

马琨, 王兆骞, 陈欣, 等. 2002. 不同雨强条件下红壤坡地养分流失特征研究[J]. 水土保持学报, 16(3):16-19.

马祥华, 焦菊英. 2005. 黄土丘陵沟壑区退耕地自然恢复植被特征及其与土壤环境的关系[J]. 中国水土保持科学, 3(2): 15-22.

聂小东, 李忠武, 王晓燕, 等. 2013. 雨强对红壤坡耕地泥沙流失及有机碳富集的影响规律研究[J]. 土壤学报, 50(5): 900-908.

彭春瑞, 陈先茂, 钱银飞. 2011. 秸秆覆盖对红壤旱地作物生长及土壤质量的影响[J]. 中国农业气象, 32(增刊): 51-54.

彭晚霞, 宋同清, 曾馥平, 等. 2010. 喀斯特常绿落叶阔叶混交林植物与土壤地形因子的耦合关系[J]. 生态学报, 30(13): 3472-3481.

漆良华, 张旭东, 周金星, 等. 2009. 湘西北小流域不同植被恢复区土壤微生物数量、生物量碳氮及其分形特征[J]. 林业科学, 45(8): 14-20.

秦伟, 左长清, 晏清洪. 2015. 红壤裸露坡地次降雨土壤侵蚀规律[J]. 农业工程学报, 31(2): 124-132.

沈萍, 范秀容, 李广武. 1999. 微生物学实验[M]. 北京: 高等教育出版社.

史德明, 韦启璠, 梁音. 1996. 关于侵蚀土壤退化及其机理[J]. 土壤, (3): 140-144.

史德明, 周伏建, 徐朋. 1993. 我国南方土壤侵蚀动态与水土保持发展趋势[J]. 福建水土保持, (3): 9-13.

史东梅, 卢喜平, 刘立志. 2005. 三峡库区紫色土坡地桑基植物篱水土保持作用研究[J].水土保持学报, 19(3): 75-79.

史晓梅, 史东梅, 文卓立. 2007. 紫色土丘陵区不同土地利用类型土壤抗蚀性特征研究[J]. 水土保持学报, 21(4): 63-66.

史学正, 于东升, 邢廷炎. 1997. 用田间实测法研究我国亚热带土壤的可蚀性 K 值[J]. 土壤学报, 34(4): 399-405.

水建国, 柴锡国, 张如良. 2001. 红壤坡地不同生态模式水土流失规律的研究[J]. 水土保持学报,15(2): 33-36.

孙波. 2011. 红壤退化阻控与生态修复[M]. 北京: 科学出版社.

孙波, 赵其国. 1999. 红壤退化中的土壤质量评价指标及评价方法[J]. 地理科学进展, 18(2): 118-128.

孙辉, 唐亚, 陈克明, 等. 1999. 固氮植物篱防治坡耕地土壤侵蚀效果研究[J]. 水土保持通报, 19(6): 1-6.

孙辉, 唐亚, 陈克明, 等. 2001. 等高固氮植物篱控制坡耕地地表径流的效果[J]. 水土保持通报, 21(2): 48-51.

孙瑞莲, 朱鲁生, 赵秉强, 等. 2004. 长期施肥对土壤微生物的影响及其在养分调控中的作用[J]. 应用生态学报, 15(10): 1907-1910.

汤文光, 肖小平, 唐海明, 等. 2015. 长期不同耕作与秸秆还田对土壤养分库容及重金属 Cd 的影响[J]. 应用生态学报, 26(1): 168-176.

唐亚, 谢嘉穗, 陈克明, 等. 2001. 等高固氮植物篱技术在坡耕地可持续耕作中的应用[J]. 水土保持研究, 8(1): 104-109.

仝少伟, 时连辉, 刘登民, 等. 2013. 不同有机废弃物堆肥对土壤有机碳库及酶活性的影响[J]. 水土保持学报, 29(3): 253-258.

涂仕华, 陈一兵, 朱青, 等. 2005.经济植物篱在防治长江上游坡耕地水土流失中的作用及效果[J]. 水土保持学报, 19(6): 1-5, 85.

万存绪, 张效勇.1991. 模糊数学在土壤质量评价中的应用[J]. 应用科学学报, 9(4): 359-365

汪瑞清, 肖运萍, 魏林根, 等. 2011. 土壤改良剂对红壤性低产地的应用效果比较研究[J]. 江西农业学报, 23(3):

75-77.

王伯仁, 李冬初, 周世伟, 等. 2015. 红壤质量演变与培肥技术[M]. 北京: 中国农业科学技术出版社.: 2-3.

王伯仁, 徐明岗, 文石林. 2005. 长期不同施肥对旱地红壤性质和作物生长的影响[J]. 水土保持学报, 19(1): 97-100

王宏武, 冯柱安, 胡钟胜, 等. 2012. 长期施用有机堆肥对土壤性状与烟叶质量的影响[J]. 中国烟草学报, 18(2):
6-11.

王建国, 杨林章, 单艳红. 2001. 模糊数学在土壤质量评价中的应用研究[J]. 土壤学报, 38(2): 176-183

王利利, 董民, 张璐, 等. 2013. 不同碳氮比有机肥对有机农业土壤微生物生物量的影响[J]. 中国生态农业学报,
21(9): 1073-1077.

王玲玲, 何丙辉, 李贞霞. 2003. 等高植物篱技术研究进展[J]. 中国生态农业学报, 11(3): 131-133.

王全九, 张江辉, 丁新利, 等. 1999. 黄土区土壤溶质径流迁移过程影响因素浅析[J]. 西北水资源与水工程, 10(1):
11-15.

王绍明. 2000. 不同施肥方式下紫色水稻土土壤肥力变化规律研究[J]. 农村生态环境, 16(3): 23-26.

王晓龙, 胡锋, 李辉信, 等. 2007. 侵蚀退化红壤自然恢复下土壤生物学质量演变特征[J]. 生态学报, 27(4):
1404-1411.

王燕, 宋凤斌, 刘阳. 2006. 等高植物篱种植模式一起应用中存在的问题[J]. 广西农业生物科学, 25(4): 369-374.

魏蔚, 李运生, 戴传超, 等. 2011. 不同耕作和施肥措施对潮土生物学特性的影响[J]. 土壤通报, (3):692-697.

谢颂华, 曾建雄, 杨洁, 等. 2010. 南方红壤坡地不同耕作措施的水土保持效应[J]. 农业工程学报, 26(9): 81-86.

辛树帜, 蒋德麒. 1982. 中国水土保持概论[M]. 北京: 中国农业出版社.

辛艳, 王瑄, 邱野, 等. 2012. 坡耕地不同耕作模式下土壤养分流失特征研究[J]. 沈阳农业大学学报, 43(3): 346-350.

邢向欣, 郑毅, 汤利. 2012. 稻草编织物覆盖对坡耕地红壤土壤侵蚀和养分流失的控制作用[J]. 土壤通报, (5):
1237-1241.

徐惠风, 刘兴土, 白军红. 2004. 长白山沟谷湿地乌拉苔草沼泽湿地土壤微生物动态及环境效应研究[J]. 水土保持
学报, 18(3):115-117.

徐宪立, 张科利, 庞玲, 等. 2006. 青藏公路路堤边坡产流产沙规律及影响因素分析[J]. 地理科学, 26(2): 211-216.

薛萐, 李鹏, 李占斌, 等. 2011. 不同海拔对干热河谷土壤微生物量及活性的影响[J]. 中国环境科学, 31(11):
1888-1895.

薛萐, 刘国彬, 张超, 等. 2011. 黄土高原丘陵区坡改梯后的土壤质量效应[J]. 农业工程学报, 27(4): 310-316.

闫靖华, 张凤华, 谭斌, 等. 2013. 不同恢复年限对土壤有机碳组分及团聚体稳定性的影响[J]. 土壤学报, 50(6):
1183-1190.

阎百兴, 汤洁. 2005. 黑土侵蚀速率及其对土壤质量的影响[J]. 地理研究, 24(4): 499-506.

殷瑞敬, 温晓霞, 廖允成, 等. 2009. 耕作和覆盖对苹果园土壤酶活性的影响[J]. 园艺学报, 36(5):717-722.

于兴修, 马骞, 刘前进, 等. 2011. 横坡与顺坡垄作径流氮磷输出及其富营养化风险对比研究[J]. 环境科学, 32(2):
428-436.

袁东海, 王兆骞, 陈欣. 2003. 不同农作方式下红壤坡耕地土壤磷素流失特征[J]. 应用生态学报, 14(10): 1661-1664.

张成娥, 杜社妮, 白岗栓, 等. 2001. 黄土塬区果园套种对土壤微生物及酶活性的影响[J]. 生态环境学报, 10(2):
121-123.

张国华, 张展羽, 左长清, 等. 2007. 红壤坡地不同类型梯田的水土保持效应[J]. 水利水电科技进展, 27(2):77-79.

张国爽, 金晓雯. 2011. 秦安县坡耕地水土流失综合治理浅析[J]. 中国水土保持, (1):16 - 17.

张宏鸣, 杨勤科, 李锐. 2012. 流域分布式侵蚀学坡长的估算方法研究[J]. 水利学报, 43(4): 437-444.

张会茹, 郑粉莉. 2011. 不同降雨强度下地面坡度对红壤坡面土壤侵蚀过程的影响[J]. 水土保持学报, 25(03): 40-43.

张会茹, 郑粉莉, 耿晓东. 2009. 地面坡度对红壤坡面土壤侵蚀过程的影响研究[J]. 水土保持研究, 16(04): 52-59.

张兴义, 刘晓冰, 隋跃宇, 等. 2006. 人为剥离黑土层对大豆干物质积累及产量的影响[J]. 大豆科学, (2): 123-126.

张展羽, 吴云聪, 杨洁, 等. 2013. 红壤坡耕地不同耕作方式径流及养分流失研究[J]. 河海大学学报: 自然科学版,
41(3): 241-246.

张展羽, 张国华, 左长清, 等. 2007. 红壤坡地不同覆盖措施的水土保持效益分析[J]. 河海大学学报(自然科学版),
35(1):1-4.

赵海东, 赵小敏, 方少文, 等. 2014. 鄱阳湖区坡耕地水土流失对土壤养分的影响[J]. 江西农业大学学报, 36(1): 225-229.

赵红香, 迟淑筠, 宁堂原, 等. 2013. 科学耕作与留茬改良小麦-玉米两熟农田土壤物理性状及增产效果[J]. 农业工程学报, 29(9):113-122.

赵聚宝, 梅旭荣, 薛军红. 1996. 秸秆覆盖对旱地作物水分利用效率的影响[J]. 中国农业科学, 29(2): 59-66.

赵其国. 1995. 我国红壤的退化问题[J]. 土壤, 27(6): 281-285.

赵其国. 2006. 闽西南及赣南地区水土流失治理问题的思考与建议[J].中国水土保持, (8):1-3.

郑粉莉. 1998. 坡面侵蚀分带侵蚀过程与降水-土壤水转化、土壤退化关系研究[J]. 土壤侵蚀与水土保持学报, 4(4): 92-95.

郑粉莉, 唐克丽, 周佩华. 1989. 坡耕地细沟侵蚀影响因素的研究[J]. 土壤学报, 26(2): 109-116.

郑海金, 杨洁, 黄鹏飞, 等. 2016. 覆盖和草篱对红壤坡耕地花生生长和土壤特性的影响[J]. 农业机械学报, 47(4): 119-126.

周礼恺. 1987. 土壤酶学[M]. 北京: 科学出版社.

周礼恺, 张志明, 曹承绵. 1983. 土壤酶活性的总体在评价土壤肥力水平中的作用[J]. 土壤学报, (4):413-418.

Alef K, Beck T, Zelles L. 1988. A comparison of methods to estimate microbial biomass and N-mineralization in agricultural and grassland soils[J]. Soil Biology & Biochemistry, 20(4):561-565.

Andraski B J, Mueller D H, Daniel T C, et al. 1985. Phosphorus losses in runoff as affected by tillage1[J]. Soil Science Society of America Journal, 49(6): 1523-1527.

Arnaez J, Lasanta T, Ruiz-Flano P, et al. 2007. Factors affecting runoff and erosion under simulated rainfall in *Mediterranean vineyards*[J]. Soil and Tillage Research, 93 (2): 324-334.

Arshad M A, Coen G M. 1992. Characterization of soil quality: Physical and chemical criteria. American Journal of Alternative Agriculture, 7: 25-31.

Bajracharya R M, Lal R, Kimble J M. 2000. Erosion effects on carbon dioxide concentration and carbon flux from an Ohio alfisol[J]. Soil Science Society of America Journal, 64(2):694-700.

Behera N, Sahani U. 2003. Soil microbial biomass and activity in response to *Eucalyptus* plantation and natural regeneration on tropical soil [J]. Forest Ecology Management, 174: 1-11.

Benitez E, Melgar R, Melgar H, et al. 2000. Enzyme activities in the rhizosphere of peper (*Capsicum annuum* L.) grown with olive cake mulches[J]. Soil Biology and Biochemistry, 32(13): 1829-1835.

Blevins R L, Frye W W, Baldwin P L, et al. 1990. Tillage effects on sediment and soluble nutrient losses from a Maury silt loam soil[J]. Journal of Environmental Quality, 19(4): 683-686.

Chaubey I. 1985. Effectiveness of VFS in controlling losses of surface applied poultry litters constituents[J]. Transactions of the American Society of Agricultural Engineers, 38(6): 1687-1692.

Dick R P. 1997. Soil enzyme activities as integrative indicators of soil health. In: Pankhurst C E, Doube B M, Gupta V V. Biological Indicators of Soil Health[A]. Wallingford, Oxon, UK:CAB International, 121-156.

Dillaha T A. 1989. Vegetative filter strips for agricultural non-point source pollution control[J]. Transactions of the American Society of Agricultural Engineers, 32: 513-519.

Doran J W, Parkin T B. 1994. Defining Soil Quality for a Sustainable Environment [M]. Madison, Wisconsin, USA:Soil Science Society of America, Inc., 3-21.

Doyle R C, Stanton G C, Wolf D C. 1977. Effectiveness of forest and grass filters in improving the water quality of manure polluted runoff[J]. Paper No. 77~2501. St. Joseph, Mich: ASAE.

Gaiser T, Stahr K, Billen N, et al. 2008. Modeling carbon sequestration under zero tillage at the regional scale. I. The effect of soil erosion[J]. Ecological Model, 218:110-120.

Harris J A. 2003. Measurements of the soil microbial community for estimating the success of restoration[J]. Europe Journal of Soil Science, 54: 801-808.

Hu Y L, Wu X F. 2002. Discussion on soil microbial Biomass as a bio-indicator of soil quality for latosol earth[J]. Journal of Central South Forestry Universithy, 22(3):51-53.

Islam K R, Weil R R. 2000. Soil quality indicator properties in mid-Atlantic soils as influenced by conservation management[J]. Journal of soil and Water Conservation, 50: 226-228.

Jacinthe P A, Lal R, Kimble J M. 2002. Carbon dioxide evolution in runoff from simulated rainfall on long-term no-till and plowed soils in southwestern Ohio[J]. Soil & Tillage Research, 66(1):23-33.

Jenerette G D, Lal R. 2007. Modeled carbon sequestration variation in a linked erosion-deposition system[J]. Ecological Modelling, 200(1-2):207-216.

Kandeler E, Stemmer M, Klimanek E M. 1999. Response of soil microbial biomass, urease and xylanase within particle size fractions to long-term soil management[J].Soil Biology & Biochemistry, 31(2):261-273.

Kang B T, Wilson G F, Sipkens L.1981. Alley cropping maize (*Zea mays*, L.) and leucaena (*Leucaena leucocephala* Lam de Wit) in southern Nigeria[J]. Plant and Soil, 63: 165-179.

Kara O, Sensoy H, Bolat I. 2010. Slope length effects on microbial biomass and activity of eroded sediments[J]. Journal of Soils and Sediments, 10(3): 434-439.

Kay B D. 1990. Rate of change of soil structure under different cropping systems[J]. Advances in Soil Science, (12): 1-52.

Liu J, Wang D, Lei R. 2003. Soil respiration and release of carbon dioxide from natural forest of pinus tabulaeformis and quercus aliena var. acuteserrata in qinling mountains[J]. Scientia Silvae Sinicae, 39(2):8-13.

Mersi W, Schinner F. 1991. An improved and accurate method for determining the dehydrogenase activity of soils with iodonitrotetrazoliumchloride[J]. Biology & Fertility of Soils, 11: 216-220.

Mora G, Raich J W. 2007. Carbon-isotopic composition of soil-respired carbon dioxide in static closed chambers at equilibrium[J]. Rapid Communications in Mass Spectrometry-RCM, 21(12):1866.

Naseby D C, Lynch J M. 1997. Rhizosphere soil enzymes as indicators of perturbations caused by enzyme substrate addition and inoculation of a genetically modified strains of pseudomonas fluorescent on wheat seed[J]. Soil Biology and Biochemistry, 29: 1353-1362.

Pankhurst C E, Doube B M, Gupta V V S R. 1997. Synthesis. In: Pankhurst C E, Doube B M, Gupta V V S R, eds. Biological indicators of soil health. Wallingford UK: CAB International, 419-435.

Polyakov V O, Lal R. 2008. Soil organic matter and CO_2 emission as affected by water erosion on field runoff plots[J]. Geoderma, 143(1):216-222.

Salako F K, Babalola O, Hauset S, et al. 1999. Soil macroaggregate stability under different fallow management systems and cropping intensities in south western Nigeria[J]. Geoderma, 91: 103-123.

Sanchez P A.1995.Science in Agroforestry[J]. Agroforestry Systems, 30: 5-55.

Srivastava S C, Singh J S, Microbial C. 1991. N and P in dry tropical forest soils: Effects of alternate land-uses and nutrient flux[J]. Soil Biology & Biochemistry, 23(2):117-124.

Van Hemelryck H, Govers G, Van Oost K, et al. 2011. Evaluating the impact of soil redistribution on the *in situ* mineralization of soil organic carbon[J]. Earth Surface Processes & Landforms, 36(4):427-438.

Von Mersi W, Schinner F. 1991. An improved and accurate method for determining the dehydrogenase activity of soil with iodonitrotetrazoliumchloride[J]. Biology and Fertility of Soils, 11: 216-220.

Wischmerier H H, Smith D D. 1978. Predicting Rainfall Erosion Losses: A Guide to Conservation Planning[M]. USDA.Agricultural Handbook, 537.

Xu X L, Liu W, Kong Y P, et al. 2009. Runoff and water erosion on road side-slopes: Effects of rainfall characteristics and slope length[J]. Transportation Research Part D: Transport and Environment, 14(7): 497-501.

Zingg A W. 1940.Degree and length of land slope as it affects soil loss in runoff[J]. Agricultural Engineering, 21(2): 59-64.

Zuazo V H, Pleguezuelo C R. 2008. Soil-erosion and runoff prevention by plant covers, a review[J]. Agronomy for Sustainable Development, 28(1) : 65-86.

第 2 章　土壤侵蚀研究方法

近几十年来，国内外关于土壤侵蚀的研究走过了从定性到半定量到定量，由单一方法、单一手段研究到多途径、多学科协同研究的道路。随着土壤侵蚀研究工作的深入开展，许多传统的研究方法在不断改进和提高的同时，也突显出了一些不足，因此，结合现代科学技术的发展，一些新技术和新方法，如 ^{137}Cs、^{7}Be、^{210}Pb 等放射性核素示踪法、稀土元素（REE）示踪法、土壤磁化率法和土壤理化性质指标法等应运而生，在土壤侵蚀研究中发挥着独特的作用。目前国内外普遍使用的土壤侵蚀研究方法包括野外调查研究、定位试验观测、人工模拟试验观测、核素地球化学示踪试验等（南秋菊和华珞，2003；张洪江和程金花，2014；郑永春等，2002）。

2.1　土壤侵蚀研究方法

2.1.1　野外调查法

调查研究是对已有的客观存在的事实进行调查分析，探索其规律的方法。广义上的调查研究方法包括询问、收集资料、全面详查、典型调查、按数理统计原理调查、遥感调查等，通过调查，可以对不同研究区域或流域的土壤侵蚀影响因素、侵蚀类型、侵蚀方式、侵蚀特征及其水土保持状况等进行全面的分析评价。土壤侵蚀野外调查的方法主要包括测量学方法、地貌学方法、遥感学方法、水文学方法、土壤学方法等（郭索彦，2010；唐小明和李长安，1999）。

2.1.1.1　测量学方法

此类方法通过研究每平方公里土壤侵蚀的总重量（常用侵蚀的土层厚度表示），来计算整个流域的侵蚀量。侵蚀土层的厚度可采用不同的测量学方法求取，根据测量手段的差异，可以分为高程实测法、航空摄影测量法、直接丈量法等（唐小明和李长安，1999）。

高程实测法是在区域内按一定密度的空间网格均匀布置观测点，确定合理的样本数（样本数要能够满足精度要求，能够代表研究区域真值的平均值的最少样本数），在一定的时间间隔的起止时间分别精确测量各个观测点的高程值，确定在此时间段内各个观测点高程的降低值，利用统计学的方法求得区域的平均土壤侵蚀厚度，再计算其侵蚀模数。航空摄影测量法是通过搭载精密摄影机的飞行器对地面进行相片拍摄，再利用专业的图像处理软件结合地理信息系统（GIS）等高新技术在室内进行数字建模，求取侵蚀模数。目前无人机航摄系统发展更加成熟，该技术相比于传统测量技术来说，具有机动灵活、快速高效、精细准确、安全、作业成本低等特点，在小区域、较大区域和飞行困难地区高分辨率影像快速获取方面具有明显优势。直接丈量法是用钢尺或皮尺等工具直接丈量的方法，其理论成熟，特别在人类可以涉足的地方，它是一种广泛适用的方法。在丈量沟头延伸速度、面蚀速度等研究中，它有其他方法不可比拟的优越性（唐小明和李长安，1999）。此类方法的不足之处在于，获得的侵蚀数据精度相对较低，研究周期较长，两次测量的时间间隔内的高度变化必须达到现有测量技术可以分辨的程度（郑永春等，2002）。

2.1.1.2　地貌学方法

土壤侵蚀的本质是地质作用的方式之一，地质运动使地表形态发生变化，因此，通过调查和测量地貌形态（地表起伏、裂点迁移、沟谷形态、沟谷密度与面积等），可以推测土壤侵蚀发生的状况。地貌学方法是通过野外观察，测量与土地侵蚀有关的各种地形数据，定性或半定量地确定土壤侵蚀强度。野外调查常用的地貌学方法有：侵蚀沟断面测量法、测针法、立体摄影法等（张洪江和程金花，2014）。

侵蚀沟断面测量法是在具有代表性的典型侵蚀沟谷，设置若干固定横断面和纵断面测量点，用经纬仪和水准仪，精确测量每一断面上密度很大的测点（固定点），然后绘制大比例尺断面图。每次暴雨后或汛期结束后，做同样精度测量，再在原来的断面图上点绘新变化断面，前后相比较可得到沟谷面积、沟头、纵断面的变化特征，以及沟谷不同部位的变化情况。测针法是在选定的具有代表性的坡面上，按照一定的间距将直径为 5 mm 的不锈钢钢钎布设在整个坡面上，钢钎上有刻度，一般以 0 为中心上下标出 5 cm 的刻度，最小刻度为 1 mm。将钢钎垂直插入地面，保持 0 刻度与地面平齐，在不同的时期读取钢钎读数，通过本次读数与上次读数的相减，得到土壤侵蚀量或者淤积量。该法简单方便，但测量精度不高。立体摄影法也称为数字近景摄影测量，其利用普通数码相机对相关物体进行近距离拍摄，获得影像资料，并采取一定的影像处理分析得到相应的三维立体图像及相应三维数据的一种技术。该方法具有影像信息量丰富，信息易存储，可重复使用信息，测量精度高，成本低，速度快，外业劳动强度小等特点，近年来在地质、水利、交通等领域获得普遍应用（郭索彦，2010；何秀国等，2007）。

2.1.1.3　遥感学方法

该方法利用遥感数据光谱特征，对地表植被覆盖度、地形地貌、土壤、地球化学异常等信息进行提取、分析与处理。与其他方法相比较，将地理信息系统

（geographic information system，GIS）、全球定位系统（global positioning system，GPS）、遥感技术（remote sensing technology，RS）等高新技术相结合进行土壤侵蚀的定性和定量研究，已经获得普遍应用。由于遥感研究法具有信息量大、覆盖面广、数据更新快等特征，其应用前景十分广泛。但就目前而言，遥感法要求的技术含量高、一次性投入较大，遥感图像的分辨率也还没有达到十分满意的程度，需要进一步研究（郑永春等，2002；唐小明和李长安，1999）。

2.1.1.4　水文学方法

水文学研究方法是建立在长期水文观测的基础之上的，它是通过测量断面控制范围内的侵蚀量来研究土壤侵蚀现状的。但是由于水文测量技术的不完善，往往漏测了通过断面的推移质泥沙，所以求得的往往是相对侵蚀量。同时，一个流域内排泄的总沉积物的特征组分可能发生在短暂的洪水事件中，因此准确估计沉积物的排泄量，需要长期的沉积物流量测定，如果要用某一流域内悬移质泥沙量来求该流域的侵蚀量，首先要解决泥沙输移比的问题（郑永春等，2002；唐小明和李长安，1999）。

2.1.1.5　土壤学方法

该方法是一种定性的研究方法，主要是将土壤剖面各层的现今厚度与原始厚度进行比较，进行侵蚀的强弱分类。史德明（1983）对我国南方土壤侵蚀强度进行了 5 级划分，表现为：土壤剖面完整；A 层保存厚度大于 50%；A 层全部流失或保存厚度小于 50%；B 层保存厚度小于 50%；C 层出露并受侵蚀，侵蚀分别对应极弱侵蚀、弱度侵蚀、中度侵蚀、强烈侵蚀、剧烈侵蚀（郑永春等，2002；唐小明和李长安，1999）。

2.1.2　定位试验法

长期定位试验观测是研究水土流失发生发展过程的重要途径和手段，是水土保持科学研究的重要基础性工作。通过定位试验观测能够获得大量可靠的观测数据，可以揭示不同类型区水土流失的发生发展过程及其机理，土壤流失与养分迁移的转化规律，土壤、降水、地形地貌和不同植被类型等对水土流失影响的综合性定量关系等。从研究的尺度出发，定位试验观测可以分为坡面径流场试验和小流域控制站试验等（郭索彦，2010；聂新山等，2009）。

2.1.2.1　坡面径流场试验

坡面径流场包括坡面径流小区和天然坡面径流场，其主要用于开展水土流失及其治理规律等方面的试验观测。径流小区可分为标准径流小区和非标准径流小区两类。标准径流小区是指小区坡长（水平投影长）为 20 m，宽 5 m，坡度 10°，连续休闲耕（至少撂荒 1 年），植被覆盖度小于 5%（即无植被覆盖）的坡面。非标准径流小区用于研究某一特定因素对土壤侵蚀的定量影响，其面积选取应根据小区建设目的要求进行，要充分考虑坡度、坡长级别，土地利用方式，耕作制度，水土保持措施等。天然坡面径流场的布设尺寸，需根据径流场的研究内容、自然坡面的尺寸大小和完整程度，以及径流场勘查数据等具体情况进行确定，一般常见的有 5 m×10 m、10 m×20 m、20 m×40 m、10 m×40 m 等多种规格。目前，世界各地仍将径流场作为土壤侵蚀领域中一种普遍而重要的研究方法（梁志权，2015；郭索彦，2010；张建军和朱金兆，2013）。

坡面径流小区是对不同农业耕作措施、不同植被覆盖类型以及坡长、坡度等单项因素条件下的水土流失规律进行定量分析的主要基础性设施。其主要目的是通过测定不同土地利用类型等条件下具有代表性的典型坡面的水土流失量，推算整个观测区域坡面的水土流失量（梁志权，2015；张建军和朱金兆，2013）。但是，由于径流小区面积小，坡度均一，径流形态和土壤侵蚀形态与自然坡面有很大的不同，所测定的产沙量仅是坡面部分侵蚀量（片蚀量和细沟侵蚀量之和），不能反映自然坡面土壤侵蚀的全部过程（郑粉莉等，1994）。

天然坡面径流场主要是用于观测在自然状况下试验坡面的径流量和土壤流失量，即研究坡面小地形（坡度、坡长、坡向、坡形等）、土地利用类型、植被状况等各种自然因素和人类生产活动等因素，以及这些因素综合作用对水土流失的影响（郭索彦，2010）。一般大型坡面径流场面积在几百甚至上千平方米左右，比坡面径流小区面积大。由于其坡面宽阔，径流易于集中，降雨产流后，坡面径流形态除少部分为薄层片流外，大多为股流，侵蚀形态既有片蚀和细沟侵蚀，也有浅沟侵蚀、谷坡侵蚀及重力侵蚀。其测定的土壤流失量代表了自然坡面的实际土壤流失量。这类小区反映了下垫面异质性相互作用后产生的土壤侵蚀状况，监测结果可以直接用于实际工作需要（郑粉莉等，1994）。

2.1.2.2　小流域控制站试验

小流域不仅是最基本的地貌单元和水文单元，更是一个生态经济系统，其面积一般小于 30 km²，最大不超过 50 km²。由于面积小，汇流迅速，所以其径流泥沙变化幅度比较大，一般通过在流域出口处建立控制站观测次降雨的河道水位，获得小流域次降雨径流资料，在观测径流同时，采集水沙样，进一步分析得到含沙量，得到小流域泥沙资料。在此基础上，经过资料汇总分析，得到该流域逐月、逐年的径流泥沙资料（郭索彦，2010；张建军和朱金兆，2013）。

水土保持是以小流域为单元开展的，因此小流域的水土流失试验观测是把握流域尺度水文、泥沙变化的根本，是评价水土保持效益的基础。小流域试验观测主要是对小流域的地质、地形、土壤、植被、降水、土地利用、水土流失、治理措施以及人类经济生产活动等进行长期观测，探索人类经济活动影响下小流域水土流失与综合治理措施之间的相互作用，为小流域水土保持措施优化设计及其土壤侵蚀预报模型的建立提供基础资料（郭索彦，2010；张洪江和程金花，2014；张建军和朱金兆，2013）。

小流域控制站建设时，其选址十分重要，基本要求是水流流动顺畅，无弯道和宽窄变化的沟道，沟道比降相对均一，保证水流流动时无明显的冲淤发生，岸边杂草不影响水流运动，控制站下游不回水。水土保持工作中，含沙量较小的河道采用的控制站多为薄壁堰型的量水堰，堰顶厚度变化对水舌影响不大，不影响水流流量。按照薄壁堰堰口的形状，常用的薄壁堰有三角形薄壁堰和矩形薄壁堰，通常用厚度为 3～5 mm 的钢板做成，并将切口向下游锉成锐缘。对于含沙量大的河道，常采用巴歇尔量水槽、矩形量水堰和三角形量水堰，堰体多由钢筋混凝土做成（郭索彦，2010）。

2.1.3　模拟试验法

野外长期定位试验观测研究周期长，耗资大，费人费力，加之天然降雨的随机性、不可控制性和时空分布的不均匀性，以及地表产汇流现象发生的介质条件、边界条件及影响因素的复杂性，短期内不易获得有效的资料，而要获得有规律的数据则至少需要几年甚至几十年的时间。随着试验模拟设备的改进、观测技术的发展和相关理论的完善，人工模拟试验成为科学研究必不可少的手段和重要组成部分。由于其具有人为地控制实验条件和参变量，突出主要矛盾和影响因子，缩短试验研究周期以及促使人们从物理角度理解现象等优点，目前已经成为土壤侵蚀与水土保持科学研究领域的重要支撑，发挥着越来越重要的作用（李书钦，2009）。目前水力侵蚀模拟试验方法包括人工模拟降雨试验、径流冲刷试验等（杨春霞等，2004）。

2.1.3.1　人工模拟降雨试验

美国早在 19 世纪 20 年代，就使用人工模拟降雨的方式对土壤侵蚀过程开展了试验研究，随后又采用人工模拟降雨进行了不同下垫面和农业管理措施等对坡面产流和土壤侵蚀的影响研究。相较而言，我国对人工模拟降雨试验的研究起步较晚，在 20 世纪 50 年代，我国水土保持工作者开始了人工模拟降雨试验研究，但真正用于野外试验的很少。直至 60 年代，我国开始将引进和自主研制的各类人工模拟降雨装置应用到室内及野外试验中。随着人工模拟降雨技术的不断发展，在 80 年代，中国科学院地理科学与资源研究所、山西省水土保持研究所、铁道科学院西南研究所等有关水保、水利、地理等科研机构研制了不同类型的人工降雨装置, 开始进行了大量的野外或室内降雨试验研究 (闵俊杰, 2012)。

人工模拟降雨试验具有非常显著的优势, 其可以实现从小雨到特大暴雨的模拟再现, 大大缩短了试验周期, 尤其在人为严格控制试验条件的情况下, 不仅可以进行重复试验, 而且对于观测研究土壤侵蚀的发生演变过程以及与各个影响因素之间的内在机理, 有很大的优越性, 且能够取得高质量的实验结果。特别是对于室内人工模拟降雨试验, 人为可以创造各种试验条件, 最大限度排除自然条件下存在的干扰因素, 进而保证试验的可行性和数据的可靠性 (刘淼, 2015; 程飞等, 2008; 周江红等, 2006)。由于人工模拟降雨装置的便利性, 其在农田水利、土木工程、矿业工程和土壤侵蚀等方面获得了广泛应用。然而, 人工模拟降雨与天然降雨的特征及其过程有较大不同, 坡面径流泥沙过程等存在较大的差异, 多次重复人工降雨试验时, 土壤湿度比天然条件下高 (周江红和雷廷武, 2006)。

目前, 用于模拟降雨试验的设备主要有喷嘴式、喷洒式、悬线式和针管式 4 种形式, 我国运用较多的有喷嘴式和针管式, 特别是喷嘴式降雨装置则运用更为普遍。喷嘴式的原理是将水从喷孔或喷嘴中喷出, 水流破碎形成不同大小的雨滴, 雨强可通过不同大小的孔径或供水压力来调节, 在空中分散成大小不一的水滴降落到地面, 这样的人工雨滴与天然降雨的雨滴比较相似。针管式的原理是水滴通过针头末端落到地面, 由于针头或细管的直径是均匀的, 所以产生的雨滴大小也基本一样, 与天然降雨雨滴差别过大 (闵俊杰, 2012)。根据试验目的、试验地点以及人工模拟降雨装置等不同, 人工模拟降雨试验又可分为野外模拟降雨试验和室内模拟降雨试验 (张洪江和程金花, 2014)。

2.1.3.2 径流冲刷试验

人工模拟降雨试验不能真实地反映坡面水沙关系的实际情况。以水蚀为主的坡面上, 其侵蚀的主要动力是坡面径流, 坡面越长, 径流量越大, 径流的侵蚀能力越大, 坡面水沙关系越接近实际情况, 要通过小区试验研究坡面水沙关系, 放水冲刷试验是比较简捷的方法。在进行小区冲刷模拟试验时, 要根据不同类型下垫面的真实条件, 考虑各类下垫面的实际汇水面积问题 (蔺明华, 2008)。径流冲刷试验不仅可用于研究径流冲刷力对土壤侵蚀的影响及土壤抗冲的动力学机制, 还可以揭示不同下垫面 (地形、土壤、水土保持措施) 条件下, 径流作用下坡面的水蚀过程及其动力学机理, 以及细沟侵蚀发生机理及其过程特征, 坡面土壤侵蚀方式 (片蚀、细沟、浅沟) 演变过程等 (吴普特, 1997; 张科利等, 1998)。

径流冲刷试验设备为不同尺寸的水流槽 (flume)、模拟层流或股流冲刷的试验设备及径流泥沙采集装置。水流槽主要用于室内试验, 而模拟层流或股流冲刷试验设备，既可用于室内，也可用于野外。放水流量的设计应由研究区次侵蚀性降雨量、降雨强度和降雨历时而确定。径流冲刷试验装置原理如图 2-1 所示。

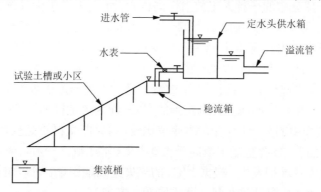

图 2-1　径流冲刷试验装置原理

2.1.4　元素示踪法

在土壤侵蚀研究中，由于研究手段的限制，致使土壤侵蚀过程中的沉积现象及侵蚀分异规律等方面很少有人涉及，这直接影响了土壤侵蚀机理及水土流失预测、预报的研究。因此探索投资少、周期短而又能测定天然状态下土壤侵蚀量的新方法成为土壤侵蚀研究工作者努力的重点方向。目前，国内外常用的示踪方法有放射性核素示踪法、稳定性同位素中子活化技术以及磁性示踪剂法等，各种方法各有其优缺点（马琨等，2002）。

2.1.4.1　核素地球化学示踪法

放射性核素的应用是从 20 世纪 60 年代初 Menzel 研究土壤侵蚀和放射性核素沉降运移的关系之后逐步发展起来的（Menzel，1960）。之后，核素地球化学示踪法在土壤侵蚀研究中得到广泛的应用，在众多示踪元素应用方面，^{7}Be、^{210}Pb 和 ^{137}Cs 得到了重要发展，其中尤以 ^{137}Cs 技术的理论研究最为透彻，技术较为成熟，应用也最为广泛。核素示踪法的原理是，随降雨或尘埃沉降到地面的放射性核素被土壤和有机质强烈吸附，在土壤表层聚集，并且难以被水淋溶。在非侵蚀地上沉降的核素输入量可以作为观测区的背景值，而在侵蚀地上，土壤剖面中的核素量小于该地区的背景值。在流域中有沉积的地方，核素总量或其分布深度则大于在非侵蚀地所观测的结果。这样通过测定核素在地表水平断面和垂直剖面上的空间分布形态，就可测定流域不同部位的土壤侵蚀率（马琨等，2002）。

放射性核素示踪法常用于估计在不同的空间尺度下的长期土壤侵蚀或沉积，小范围研究效果好，检测相对容易和准确，但数值的获得基本上依靠长期观测的平均值，而且需要有较好的参考剖面，只能用于研究泥沙的黏粒部分。另外，取样的时间以及检测放射性核素含量的时间对结果都有影响（肖元清和王钊，2005）。

2.1.4.2　^{137}Cs 示踪法

^{137}Cs 是全球分布的一种人工放射性同位素，主要来自于大气核试验和核泄漏事故，它的半衰期一般为 30.12 a。^{137}Cs 自大气沉降至地表后立即被表土中的有机和无机组分强烈吸附，基本上属于不可交换态，后期的化学和生物过程导致的 ^{137}Cs 运移十分有限。因此，^{137}Cs 在环境中的迁移主要是侵蚀、耕作、沉积等土粒物理搬运过程引起的。土壤中 ^{137}Cs 的流失量与土壤的流失数量密切相关，在没有侵蚀也没有沉积发生的地点，测定到的 ^{137}Cs 即为该地区的 ^{137}Cs 本底值。根据 ^{137}Cs 在土壤剖面中的分布量，并与本底值比较，可判断采样点是受侵蚀还是沉积。某一土壤剖面的 ^{137}Cs 含量低于或高于当地 ^{137}Cs 本底值，一般可表明该地区土壤剖面处有侵蚀或者堆积发生。根据 ^{137}Cs 的流失量或堆积量，可以定性分析或定量计算该处的土壤流失量或堆积量（张志刚等，2003）。

近几十年来，坡地耕作引起的土壤侵蚀定量研究日益引起学术界的重视，由于犁耕作用本身也是耕地土壤运移的重要组成部分，如坡地上部土壤因顺坡垄作逐渐下移，当然也引起 ^{137}Cs 的重新分布，这使得 ^{137}Cs 技术在耕作侵蚀和耕作位移的研究中发挥出独特作用。^{137}Cs 技术具有明显的优势。首先，环境中的 ^{137}Cs 需要 150 年以上的自然衰变才能使其值下降到初始沉降量的 3%，因而该技术可以长期应用；其次，^{137}Cs 可以进行较大面积的侵蚀研究，也不会对农民的耕作和农业生产产生不便，而且 ^{137}Cs 容易测量，技术简单；最后，^{137}Cs 仅凭一次野外采样就可以得到土壤侵蚀速率，可以为研究侵蚀和沉积的空间分布快速地积累大量信息（郑永春等，2002）。

2.1.4.3　^{210}Pb 示踪法

^{210}Pb 是 ^{238}U 衰变系列的一种自然产物，半衰期 22.26 a。其母体 ^{222}Rn 是惰性气体，土壤和岩石中的小部分 ^{222}Rn 沿土壤孔隙和岩石裂隙通过分子扩散输送至地表再逃逸至大气，在大气中通过 X 衰变成子体 ^{210}Pb，并很快被气溶胶吸附，参与大气混合和输送过程。^{210}Pb 在大气中的平均滞留时间为 5～10 d，然后通过干湿沉降到达地表，并被土壤颗粒所吸附。通过大气沉降并被土壤颗粒所吸附的 ^{210}Pb 通常称为非载体来源 ^{210}Pb（记为 ^{210}Pb$_{ex}$）；而土壤中未逃逸的那部分 ^{222}Rn 则为土壤基质所吸附，衰变成 ^{210}Pb，这部分 ^{210}Pb 称为补偿性 ^{210}Pb（记为 ^{210}Pb$_{sup}$）（王小雷等，2008）。

^{210}Pb 作为在自然界中广泛存在的天然放射性核素，对示踪百年时间尺度上的流域侵蚀速率、湖泊沉积速率及其与湖泊沉积耦合关系等具有重要示踪价值。其主要优点是，作为一种示踪元素，对于一个要研究的区域每年的大气沉降量可在未扰动的土壤中测得。在土壤侵蚀研究中，^{210}Pb 主要用在沉积速率的测定及沉积记年的示踪研究上（宋炜等，2003）。

2.1.4.4 ^{7}Be 示踪法

^{7}Be 是宇宙线作用于大气中氮、氧等靶核而产生的放射性核素。自大气向地表散落,具有稳定的输入来源和较短的半衰期(53.3 d),平均寿命 76.5 d。较短的半衰期为研究短期内或次降雨过程土壤侵蚀提供了便利,同时弥补了 ^{137}Cs、^{210}Pb 等核素只能示踪中长期土壤侵蚀平均速率的不足。近 20 年来,^{7}Be 开始逐渐应用于土壤侵蚀的研究,目前有关 ^{7}Be 在土壤侵蚀中的应用是基于 ^{7}Be 和 ^{137}Cs、^{210}Pb$_{ex}$ 具有相似的沉降-土壤吸附-运移规律。^{7}Be 主要通过连续性干湿沉降到达地表,并很快为表层土壤强烈吸附,随土壤颗粒运动发生机械性迁移,具有环境微粒示踪价值。土壤中 ^{7}Be 含量主要受纬度、季节、降雨条件及土壤理化性质等的影响,不同研究区域不尽相同,甚至相差很大。不同粒径的颗粒中 ^{7}Be 含量不同,研究发现随着土壤颗粒粒径变小,^{7}Be 含量增大。^{7}Be 一般分布在地表 0~20 mm 的土层内,沉积区域比较深,大于耕作土和未耕作土,其中地表 0~2 mm 处 ^{7}Be 含量最高,向下随深度增加呈指数递减,因此,能十分敏感地反映地表土壤侵蚀-沉积信息(张凤宝,2008;宋炜等,2003)。

^{7}Be 的连续来源、能被土壤强烈吸附和在土壤剖面中的分布特征及有较短的半衰期等特征,使其能够示踪短期内或次降雨过程中土壤侵蚀,并在示踪季节性土壤侵蚀及其与湖泊沉积的耦合关系方面具有特殊意义。大气散落到地表的 ^{7}Be 具有颗粒迁移的性质且来源单一,在一定区域范围内,^{7}Be 散落到地表的输入量近于常量,再加上 ^{7}Be 半衰期短,不存在长期累积效应,所以 ^{7}Be 具备季节性环境颗粒示踪的必要条件。目前,^{7}Be 已经在研究湖泊、海湾沉积物表层颗粒混合作用、坡面土壤侵蚀速率、侵蚀强度空间分异特征、侵蚀方式转变及不同侵蚀方式的贡献率等方面获得了广泛应用(张凤宝,2008;宋炜等,2003)。

2.1.4.5 REE 示踪法

稀土元素(rare earth elements,REE)-中子活化分析(INAA)应用于土壤侵蚀研究是一种新技术。1986 年,美国 Knaus 等首先利用稳定性稀土元素示踪和中子活化技术成功地在野外测定了沼泽地的演变。其基本原理为核分析技术在土壤侵蚀中开辟了新途径。稀土元素具有能被土壤颗粒强烈吸附,难溶于水,植物富集有限,且对生态环境无害,淋溶迁移不明显,有较低的土壤背景值,中子活化对其检测灵敏度高等特点,是较理想的稳定性示踪元素,并可同时用多种稀土元素示踪,能比较细微地研究不同地形部位的侵蚀过程和产沙特点。REE 示踪法可在不同的地形条件下施放不同的元素,可起到一次施放,多次观测的作用。与其他方法相比,有着更大的优越性,从而完成对泥沙分布的监测,细致地确定侵蚀产沙部位及类型(宋炜等,2003)。

室内模拟和野外试验均表明,REE 示踪法的监测误差小于 15%,可完全用来测定土壤侵蚀空间分布,能揭示土壤侵蚀过程中小区不同部位相对侵蚀量的变化趋势及小区泥沙输移过程中的沉积规律。目前，REE 示踪元素布样方法主要有断面法、条带法和点穴法 3 种。断面法，虽然其结果可靠，准确度与精确度高，但工作量大，野外操作困难；条带法，野外布设工作量较小，精度高，可行性强，但能否用于小流域泥沙来源研究尚不确定；点穴法，该法虽然施放简单，但点的定位选择较为困难，难以找到代表该类型平均侵蚀强度的点。虽然这些方法还存在一些问题，但国内学者已经就存在问题开展了一些工作，证明了稀土元素示踪法在土壤侵蚀时空分布研究中的适用性，以及在研究土壤侵蚀、泥沙运移、沉积及小流域泥沙来源中具有广阔的应用前景（宋炜等，2003；马琨等，2002）。

REE 示踪不仅可以准确地测定坡面不同地形部位相对侵蚀量，而且还可以客观地描述降雨侵蚀过程各地形部位相对侵蚀量的变化趋势，并可揭示不同地形部位侵蚀强度分布的变化趋势。总之，人工施放稀土元素，克服了核素空间分布差异性大的问题，加强了人为的目的性，提高了精确度和可信度，并且中子活化分析对大多数 REE 分析灵敏度高，特别对于研究次降雨侵蚀泥沙运移和沉积规律，REE 示踪法更可取。REE 法不足之处在于中子活化分析（INAA）需特殊的试验设备，且对于大区域或长时段的研究，REE 法因试验成本高而受到限制（宋炜等，2003；马琨等，2002）。

2.1.4.6　磁性示踪法

环境磁学是一门介于地球科学、环境科学和磁学之间的新兴边缘学科。自在 1954 年召开的第五次国际土壤学会代表大会上介绍了土壤磁性研究工作，环境磁学在古气候与古环境变化、湖泊沉积、土壤学和环境污染等方面的研究中得到了广泛应用，从而为在土壤侵蚀中的应用奠定了一定的基础。此后，随着环境磁学的发展，磁性示踪法在研究土壤发生分类、土壤肥力演变规律、土壤调查制图、植物营养诊断、生物磁性以及土壤改良等领域也获得了巨大发展。近年来，国内外学者利用不同利用方式土地中土壤磁化率的空间变异来研究土壤侵蚀的空间分布，相继取得一些进展（刘龙华等，2014；郑永春等，2002；董元杰等，2006；张凤宝等，2005）。

磁性示踪法早在 1986 年就有报道应用于土壤侵蚀研究坡面表层土壤颗粒的运动（Dearing，1986）。基于利用磁性示踪法能将土坡表层土和底层土区分开来，可以确定侵蚀土壤颗粒的运动模式以及讨论土坡可能的形成过程。磁性示踪法是通过磁化率仪测量土壤侵蚀前后磁化率的变化来确定土壤侵蚀或沉积。在磁性示踪剂分散的区域，磁化率下降，对应于该区域土壤被侵蚀；在磁性示踪剂沉积的区域，磁化率升高，对应于该区域土壤沉积。目前在土壤侵蚀物运移的追踪方面，主要有两种方法：一种方法是利用侵蚀物固有的天然磁性，通过定期测定沉积区内沉积物磁性的变化推测侵蚀物的运动规律；另一种方法是采用人为灼烧的土壤和沉积物作为示踪物，将示踪物布设在研究区内，用于研究侵蚀物的运动规律。磁性示踪法的优势在于测量无需破坏性地取样，可直接利用磁化率仪从土壤表面测得磁化率的值，不用扰动土壤，无放射性物质，而且试验快速、简单、方便，成本也很低，因此，逐渐得到广大科研工作者的重视（史衍玺，1992；董元杰等，2006；胡国庆等，2009）。

2.1.4.7　稳定同位素示踪法

同位素示踪技术，又称同位素示踪法、同位素标记等，是利用放射性或稳定示踪剂原子或化合物，研究示踪物质运动、转化规律的方法。常用的稳定同位素测定方法有质谱法、核磁共振法和光谱法，其中质谱法是稳定同位素分析中最通用、最精确的方法。稳定同位素质谱分析法是先使样品中的分子或原子电离，形成各同位素的相似离子，然后在电场、磁场的作用下，使不同质量与电荷之比的离子流分开进行检测。稳定同位素质谱仪不仅能用于气体，也可用于固体的研究，能用于几乎所有元素的稳定同位素分析。目前稳定同位素示踪技术在环境科学、农业面源污染、生物地球化学等诸多领域获得了广泛的应用（袁红朝等，2014）。

江西省水土保持科学研究院稳定同位素质谱实验室，建立于 2016 年。实验室采购的 DELTA V Advantage（ThermoFisher，USA）新一代同位素比质谱仪不仅具有高的灵敏度和更宽的质量范围，而且可以自动诊断系统的完整性，因此，仪器稳定而可靠的性能为不同学科试验样品中同位素的定量检测分析提供了坚实的基础平台。实验室可以分析植物、动物、土壤、沉积物、水样、气体等物质中的 C、N、H 和 O 的稳定同位素比值及其元素组成，为林学、农学、生态学、环境科学等领域的研究提供了新的技术与方法。详见图 2-2 和图 2-3。

图 2-2　综合实验楼　　　　　　　　　　图 2-3　稳定同位素质谱仪

2.2　红壤坡耕地土壤侵蚀研究方法

2.2.1　模拟降雨试验

模拟降雨试验是水土保持科学研究必不可少的重要组成部分，它可以人为地控制试验条件和参变量，缩短试验研究周期；可以实现不同降雨强度的模拟再现，进行重复试验；它对于观测研究土壤侵蚀的发生演变过程以及与各个影响因素之间的内在机理，有很大的优越性，并能够取得高质量的试验结果。其已经成为土壤侵蚀与水土保持科学研究领域的重要支撑。

2.2.1.1 室内人工模拟降雨设施

（1）人工模拟降雨系统

人工降雨模拟大厅是研究水土流失影响因素及其规律等的主要科研设施，作为其主要组成部分的人工模拟降雨系统装置，一般由控制系统（工控机、PLC 控制系统、继电器等）、供水系统（泵房、供水池、配电柜等）、降雨系统（喷头、供水管网、电池阀等）、遮雨系统（遮雨槽、汇水槽、电动机、控制传感器等）和显示系统（触控显示屏、LED 电子屏等）等几部分组成。

降雨模拟大厅多采用单跨度、单层高建筑，一般装备有独立的下喷式降雨装置或侧喷式降雨装置。如江西水土保持生态科技示范园区内的人工模拟降雨大厅，整体采用钢结构建设，建筑面积约 1776 m²，有效降雨高度为 18 m，降雨面积约 800 m²，是南方降雨面积最大的人工模拟降雨系统。降雨大厅分为 3 个下喷式降雨区和 1 个侧喷式降雨区，各降雨区相互独立运行。各区有效降雨长宽为 15.6 m×12.6 m，下喷式降雨区雨强变化范围为 10～200 mm/h，侧喷式降雨区为 30～300 mm/h，降雨调节精度为 7 mm/h，下喷式降雨区的降雨均匀度在 0.80 以上，侧喷式降雨区则在 0.75 以上。此外该降雨大厅供水室储水量达 150 m³，可以实现降雨试验的长时间持续进行。该降雨模拟大厅布局如图 2-4 所示。

图 2-4 人工模拟降雨大厅

（2）人工模拟降雨操作

人工模拟降雨试验对雨强、雨滴大小及组成、雨滴动能、雨量等降雨特征值的要求，可以通过选择单喷头或多喷头组合、喷头安置高度及控制供水压力等实现（张洪江和程金花，2014）。一般降雨模拟操作步骤为：

1）首先打开人工模拟降雨装置总电源，然后将遮雨槽、工控机等电源打开，启动计算机，最后用鼠标（触屏）打开降雨系统控制软件。

2）按照试验设计要求，选择适当的降雨喷头并打开，然后打开降雨器回水阀。启动水泵，通过手动控制或自动控制设定好目标雨强对应的压力值，待压力稳定至目标压力时，打开遮雨槽，降雨开始。

3）降雨结束时，首先关闭遮雨槽，依次关闭水泵，等待 3～5 min，关闭降雨器回水阀和喷头，然后将降雨系统控制软件关闭，关闭计算机，关闭工控机及遮雨槽等电源，最后将总控制电源关闭。

（3）下垫面模拟装置

人工模拟降雨试验的下垫面通常采用具有升降坡度功能的且由金属板制成的固定钢槽或活动钢槽。根据试验目的的不同，此类钢槽可设计为不同的尺寸，常见的有（长×宽×高）：2 m×1 m×0.4 m、2 m×0.5 m×0.4 m、3 m×1.5 m×0.5 m、5 m×1 m×0.5 m、6 m×2 m×0.5 m、8 m×3 m×0.4 m、10 m×3 m×0.4 m 等等，此外，试验下垫面还包括一些具有一定坡度的固定式砖砌水泥槽。目前，移动式液压升降试验钢槽的使用更加广泛。其基本不受场地的影响，可在室内和野外进行试验；不仅可以做植被种植、耕作处理、地形改造等水土保持措施研究，而且可以进行不同坡度的变坡试验，开展不同坡度坡面在不同降雨情况下土壤侵蚀汇流产沙规律等方面的研究。

2.2.1.2　野外人工模拟降雨设施

江西省水土保持科学研究院研制的移动式水土流失监测车是一种车载的、可移动并配置有发电机、供回水循环系统、侧喷和下喷式模拟降雨器和便携式水土流失自动监测系统的监测平台（图 2-5）。该平台克服了各种野外人工模拟降雨试验设备移动性差，组装拆卸复杂，试验费时、费力等缺点。其主要以中型载重汽车为基础平台，经过改装，使其成为移动式水土流失监测平台的动力系统，方便移动于不同的野外试验场地。该平台实现了全天候在不同地形地貌条件下进行试验研究的要求。平台配套的降雨系统由模拟降雨器、供回水系统、水箱组成。模拟降雨器分为下喷式和侧喷式两种。试验时，通过控制系统操作，水箱中的水由压力水泵及相配套的供水系统给降雨器，经手动或自动调节供回水电磁阀的开度来控制降雨强度，可以随时用于不同类型下垫面条件下的野外扰动或原状土壤试验。监测平台搭载的野外模拟降雨器的有效降雨面积一般较小，主要适用于野外微小型径流小区试验。供回水系统由水泵、不锈钢水箱、电池阀、压力表以及相配套的不锈钢水管等组成，水箱可由水泵直接在野外的水塘、水池、河流等补水，更加方便。水土流失监测系统由坡面径流及泥沙自动测量系统、数据采集管理器和 PC 机等组成，试验过程中坡面径流及泥沙自动测量系统通过对径流及泥沙含量进行自动监测，经数据采集管理器实时采集数据后传送到 PC 机，实现了径流泥沙实时曲线过程显示及数据存储（汤崇军等，2012；师哲等，2010）。

江西省水保所首台水土流失监测车　　　　　　　　车载数据自动接收设备

图 2-5　水土流失自动监测车

2.2.2　坡面径流场

2.2.2.1　研究区概况

（1）江西水土保持生态科技示范园

江西水土保持生态科技示范园地处江西省北部的德安县燕沟小流域、鄱阳湖水系博阳河西岸，位于东经 115°42′38″～115°43′06″、北纬 29°16′37″～29°17′40″之间，总面积 80 hm²。该园属亚热带季风气候区，气候温和，四季分明，雨量充沛，光照充足，且雨热基本同期。多年平均降雨量 1350.9 mm，因受季风影响而在季节分配上极不均匀，形成明显的干季和湿季。最大年降雨量为 1807.7 mm，最小年降雨量为 865.6 mm。多年平均气温 16.7℃，年日照时数 1650～2100 h，无霜期 245～260 d。

科技园区位于我国红壤的中心区域，属全国土壤侵蚀二级类型区的南方红壤区，在江西省和南方红壤丘陵区具有典型代表性。其地层为元古界板溪群泥质岩、新生界第四纪红黏土、近代冲积与残积物。地貌类型为浅丘岗地，海拔一般在 30～100 m 之间，坡度多在 5°～25°。土壤为发育于母质，主要是泥质岩类风化物、第四纪红黏土的红壤；土质类型主要为中壤土、重壤土和轻黏土；土壤呈酸性至微酸性，土壤中矿物营养元素缺乏，氮、磷、钾都少，尤其是磷更少。地带性植被类型为常绿阔叶林，植物种类繁多，植被类型多样，但由于长期不合理的采伐利用，造成地表植被遭到破坏，现存植被多为人工营造的针叶林、常绿阔叶林、竹林、针阔混交林、常绿落叶混交林、落叶阔叶林等。建园初期这里生态环境相当脆弱，水土流失十分严重，水土流失面积达 72.0 hm²，占土地总面积的 85.7%，其中：轻度流失 35.2 hm²，占流失面积的 48.9%；中度流失 7.5 hm²，占流失面积的 10.4%；强烈流失 29.3 hm²，占流失面积的 40.7%；年土壤侵蚀总量为 2122.6 t，土壤侵蚀模数为 2948 t/(km²·a)，土壤侵蚀类型以水力侵蚀为主。

（2）江西省红壤研究所试验基地

试验区位于进贤县张公镇的江西省红壤研究所试验基地（116°20′24″E，28°15′30″N）。属亚热带季风气候，天气温和，雨量充沛，日照充足，无霜期长。年均气温 17.5℃，1 月份平均气温为 5℃，7 月份平均气温为 29℃，平均无霜期为 282 d，平均日照时数为 1900～2000 h。降雨量为 1587 mm，多雨年可达 2326 mm，少雨年仅有 1079 mm，降雨时间集中在 4～7 月，而初夏 5～6 月最多，12 月最少，季节性干旱时有发生。地形为典型低丘（海拔 25～30 m），土壤为第四纪红黏土母质发育的红壤旱地，质地较黏重，肥力中等。

2.2.2.2　试验径流场设计

结合国家坡耕地水土流失综合治理试点工程，从南方红壤坡耕地水土流失规律入手，揭示不同水土流失背景下土壤环境质量变化规律以及对作物产量的影响，探索红壤坡耕地截流抗旱关键技术、红壤坡耕地土壤养库扩容关键技术，构建红壤坡耕地水土流失调控技术与水土资源优化配置保育模式并建立示范基地。为保证区域和国家粮食安全，实现区域可持续发展提供重要的科学依据和技术手段。

以江西水土保持生态科技示范园红壤坡耕地保护型耕作措施试验区为例介绍坡面径流小区建设方法（图 2-6、图 2-7）。

图 2-6　坡耕地保护型耕作措施试验区　　　图 2-7　坡耕地水量平衡试验示范径流小区

（1）径流小区规格

1）标准径流小区：小区坡长（水平投影长）为 20 m，宽 5 m，坡度 15°。

2）大坡面径流场：径流场坡长（水平投影长）为 45 m，宽 40 m，坡度 15°。

（2）径流小区设计依据

参照《水土保持监测技术规程》（SL 277—2002）、《水土保持监测设施通用技术条件》（SL 342—2006）和《灌溉与排水工程设计规范》（GB 50288—99）。

（3）径流小区建设

1）设计标准：防御暴雨标准采用 n 年一遇 m 小时最大降雨量 P 作为坡面径流量设计标准，如：设计 50 年一遇 24 h 降雨。

设计频率次降雨条件下坡面总径流深计算公式：

$$H = P \times \alpha$$

式中，H 为总径流深，mm；P 为降雨量，mm；α 为径流系数（根据当地相同或相似土地利用类型条件下多年次降雨径流系数确定，无量纲）。

设计频率次降雨条件下坡面总径流量计算公式：

$$Q_P = 0.001H \times F$$

式中，Q_P 为总径流量，m³；F 为集水区面积，m²。

2）径流小区组成：径流小区由围埂、集流槽、导流管、量水设备、保护带等几部分组成（图 2-8）。

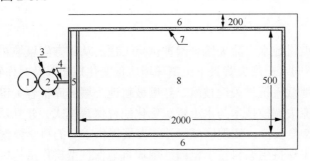

图 2-8　标准径流小区平面布置图（单位：cm）

1—分流桶；2—集流桶；3—分流管；4—导流管；5—集流槽；6—保护带；7—围埂；8—径流小区

① 围埂：设置在径流小区上缘和两侧用于防止小区内径流外流，也防止外部径流进入小区，将径流小区和保护带隔开并围成矩形的设施。围埂的修建材料要求为不渗水、不吸水的水泥板或金属板等。围埂应高出地表 10～20 cm，埋入地下 20～30 cm，上缘向小区外呈 60°倾斜，以防止降落在围埂上的雨水进入径流小区。

② 集流槽：设置在径流小区坡面下缘，垂直于径流流向，一般为矩形，用于承接径流小区产生的径流，并通过导流管将径流导入量水设备。集流槽可以由混凝土、砌砖水泥护面或铁皮等制成（保证不漏水），长度与径流小区宽度一致，其上缘与径流小区下缘等高，槽底向下及向中间倾斜，倾斜度以不产生泥沙沉积为准。集流槽上应加设盖板，且保证槽身表面光滑。集流槽尺寸采用试算法，通过以下公式计算。

设计洪水量计算公式：

$$Q = 0.278KIS$$

式中，Q 为设计洪水流量，m³/s；K 为径流系数（根据当地相同或相似土地利用类型条件下多年次降雨径流系数确定，无量纲）；I 为汇流历时内平均 1 小时降雨强度，mm/h；S 为沟渠汇水面积，km²。

设计洪水量条件下集流槽尺寸计算公式：

$$Q = \frac{1}{n} A i^{1/2} R^{2/3}$$

$$R = \frac{A}{x}$$

式中，n 为糙率；i 为比降（沟槽一般为 3%，导流管一般为 5%）；R 为水力半径，m；A 为沟槽断面面积，m^2（$A = bh$，b 为沟槽底宽，m；h 为沟槽水深，m）；x 为湿周，m，$x = b + 2h$。

③ 导流管：是连接集流槽与量水设备的管道，可用镀锌铁皮、金属管或 PVC 管等制作，通过导流管将坡面产生的径流和泥沙导入量水设备。设计时应根据最大洪峰流量确定导流管的管径大小。导流管尺寸设计参照集流槽计算公式。

④ 量水设备：用于收集和测量径流泥沙量的设施，最常用的量水设施是集流桶，一般可用厚度不小于 0.75 mm 的镀锌铁皮或薄钢板制作（如 1.2 mm 厚镀锌铁皮或 2～3 mm 厚钢板），主要为圆柱形，直径一般在 0.6～0.8 m 之间，高度在 0.8～1.0 m。设计规格应根据当地的降雨及产流情况而定，以一次降雨产流过程中不溢流为准，如产流量大，可采用一级或多级分流桶进行分流，分流孔的数量根据产流而定。常见的分流孔数目为单数（如 3、5、7、9 等）。一般分流孔多为 3～5 cm 的圆孔，间距在 10～15 cm，分流孔大小应一致，排列均匀，并在同一水平面上。集流桶或分流桶均应在顶部加盖及底部开孔。此外，安装时，集流桶和分流桶的桶底应保证水平。一般径流小区量水设备采用集流桶+分流桶+…+分流桶形式，且各分流桶的分流孔数均相同，其计算公式为

$$\pi r^2 h_0 + \alpha \pi r^2 h_1 + \alpha^2 \pi r^2 h_2 + \cdots + \alpha^{n-1} \pi r^2 h_{n-1} + \alpha^n \pi r^2 h_n = Q_P$$

式中，r 为分流桶和集流桶半径，m；h_0 为集流桶进水孔高度，m；h_n 为 n 级分流箱分流孔高度，m，（$n=1，2，3，4，\cdots$）；α 为分流桶的分流孔数（取 3、5、7、9，…）。集流桶及分流桶的直径和高度一般取 0.8～1.2 m 为宜。

⑤ 保护带：是布设在径流小区上方及其两侧用于防止外来径流侵入径流小区的区域。保护带的宽度和深度视具体地形而定，必须保证上方来水和两侧径流不会进入径流小区。同时需要保证周围环境中的植物根系、树冠等不会影响到径流小区。保护带可以设计成用于管理人员通行的道路，且在保护带内须设置排水渠，也可设计成山边沟、排水沟、草沟以及栽植草本等。

2.2.2.3　坡耕地试验设计与处理

（1）江西水土保持生态科技示范园试验区

1）坡耕地保护型耕作措施试验区

① 试验措施布设

试验径流小区修建于 2011 年（图 2-9）。在土层厚度均匀、土壤理化特性较一致、坡度较均一的同一坡面上，经人工修整后，共布设 12 个长宽 20 m ×5 m 标准径流小区，小区编号为 1～12，水平投影面积 100 m^2，坡度均为 10°。依据当地坡

耕地的农作物特点，试验设计种植花生作物，分 5 种处理，每个处理 2～3 个重复。同时布设了 3 个长 45 m×宽 40 m 的大坡面试验区，坡度均为 10°，编号为 13～15 小区。15 个保护型耕作措施试验小区措施设置详见表 2-1。为阻止地表径流进出，在试验小区周边设置围埂，拦挡外部径流。小区下面修筑横向集流槽，承接小区径流及泥沙，并通过 PVC 塑胶管引入径流桶。

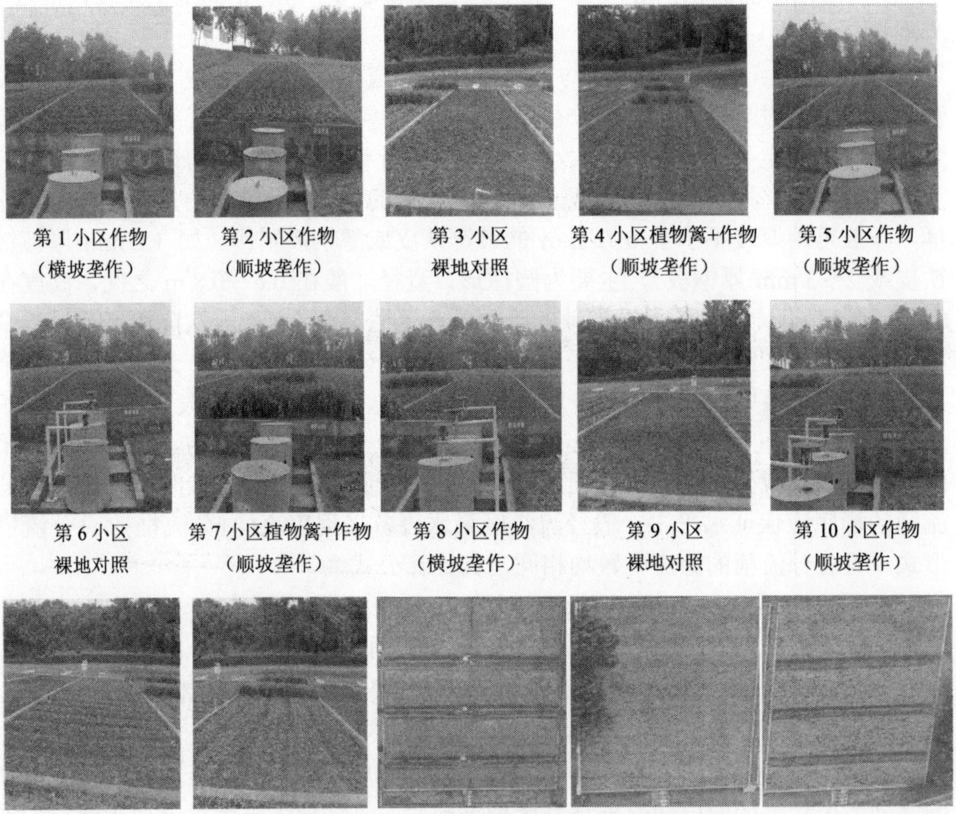

第 1 小区作物（横坡垄作）　第 2 小区作物（顺坡垄作）　第 3 小区裸地对照　第 4 小区植物篱+作物（顺坡垄作）　第 5 小区作物（顺坡垄作）

第 6 小区裸地对照　第 7 小区植物篱+作物（顺坡垄作）　第 8 小区作物（横坡垄作）　第 9 小区裸地对照　第 10 小区作物（顺坡垄作）

第 11 小区作物（横坡垄作）　第 12 小区植物篱+作物（顺坡垄作）　第 13 小区生态路渠+蓄水池+作物（常规耕作）　第 14 小区作物（常规耕作）　第 15 小区生态路渠+作物（常规耕作）

图 2-9　坡耕地保护型耕作径流小区

表 2-1　坡耕地试验区

小区编号	措施	种植方式
1	横坡垄作	花生+油菜轮作
2	顺坡垄作	花生+油菜轮作
3	裸地对照	花生+油菜轮作
4	顺坡+植物篱	花生+油菜轮作
5	顺坡垄作	花生+油菜轮作

小区编号	措施	种植方式
6	裸地对照	花生+油菜轮作
7	顺坡垄作+植物篱	花生+油菜轮作
8	横坡垄作	花生+油菜轮作
9	裸地对照	花生+油菜轮作
10	顺坡垄作	花生+油菜轮作
11	横坡垄作	花生+油菜轮作
12	顺坡垄作+植物篱	花生+油菜轮作
13	生态路渠+蓄水池+常规耕作	花生+油菜轮作
14	常规耕作	花生+油菜轮作
15	生态路渠+常规耕作	花生+油菜轮作

径流桶根据当地可能发生的最大暴雨和径流量设计成 A、B、C 3 个径流桶，径流桶是用 2 mm 的白铁皮制成，每个桶的规格是直径 80 cm、高 100 cm；同时，A 桶在距底 60 cm 处的桶壁上设有 7 孔分流法的分流孔，有 6 孔排出外面，1 孔排进 B 桶，B 桶与 A 桶一样，6 孔排出，1 孔排进 C 桶，径流桶内壁正面均安装有水尺，桶底安装有放水阀门。

② 试验处理

12 个坡耕地标准径流小区（编号为 1~12）分为 4 个处理，措施 1：横坡垄作（编号 1、8、11）；措施 2：顺坡垄作（编号 2、5、10）；措施 3：顺坡垄作+植物篱（编号为 4、7、12）；CK：裸露对照（编号为 3、6、9）；每个处理重复 2~3 次，随机排列。13~15 号小区的措施分别为生态路渠+蓄水池+常规耕作、常规耕作（CK）、生态路渠+常规耕作。除了对照小区外，每个小区于每年 4 月底~5 月初播种花生，8 月上旬~中旬收获，生长期 4 个月。横坡垄作小区，按照等高线方向起垄，每个小区 20 个横垄，垄宽 70 cm，垄高 20 cm，垄间沟宽 30cm。顺坡垄作小区，按垂直等高线的方向起垄，垄长与小区长相等，每个小区 5 垄，垄宽 70 cm，垄高 20 cm，垄间沟宽 30 cm。常规耕作+稻草覆盖小区，整地时不起垄，翻耕后直接整平，按 1kg 干稻草/m² 于花生出苗后覆盖。顺坡垄作+植物篱小区，按照垂直等高线的方向起垄，每个小区 5 垄，从小区上坡顶部起算，每隔 5 m 等高线布设 0.3 m 的黄花菜植物篱，总共布置 4 个植物篱，把顺坡垄作分成 4 带。垄作小区的花生采取一垄双行、株行距为 20 cm×30 cm 种植；常规耕作小区的花生除不起垄外，其他与顺坡垄作小区相同；花生播种前，利用均匀撒施的方式，每个小区施磷肥 7.5 kg、复合肥 3.75 kg。

2）坡耕地水量平衡试验区

试验径流小区修建于 2012 年。共 20 个标准径流小区，宽度为 5 m，水平投影长 20 m，其中，坡面坡度为 8° 的径流小区 12 个，坡度为 15° 的径流小区 8 个，坡向为东西向。径流小区混凝土底板分别采用和坡面坡度平行以及递增 2° 两种情况进行配对设计。坡面和混凝土底板均为 8° 的径流小区 6 个，坡面坡度为 8°、混凝土底板为 10°的径流小区 6 个，分别编为 A 区、B 区；坡面坡度为 15°的径流小区为 C 区，其中 4 个小区的底板 15°，4 个小区的底板 17°。

　　每个径流小区由测坑、观测区（廊道）、控制室三部分组成（图 2-10），并搭载负压计、TDR 探头、温度探头、地下水位传感器等以及地表径流、壤中流和地下径流的收集装臵等试验设备，可以精确分析测坑内土壤水分溶质垂向和沿坡向二维运移路径，并可对地表径流和泥沙进行测量。该试验装置可用于研究坡地降雨-入渗-径流关系、径流与溶质耦合关系以及坡地水土流失与养分流失过程模型等。具体如下所述。

图 2-10　坡耕地水量平衡径流小区

　　① 测坑：将试验小区的周围及底板用钢筋混凝土浇筑，坡脚修筑梯形钢筋混凝土挡土墙，形成一个封闭排水式土壤入渗装臵（lysimeter）。为阻止水分进出小区，周边的钢筋混凝土竖板高出土体地表 30 cm。小区沿长度方向布设 8 个观测剖面（每间隔 2.5 m 均匀布设 1 个观测剖面），根据土壤发育结构和物理性状，每个剖面从距地表 20 cm、40 cm、60 cm、80 cm、130 cm、180 cm、230 cm 布设 7 个水平监测管孔安装探头，在每个小区的所有剖面和深度都安装美国 Campbell 公司生产的 TDR 土壤水分传感器、武汉大学的陶瓷头取水样器；在各小区的第 1、3、4、6 剖面所有深度埋设温度传感器。在 A 区 1~6 号小区的第 2、5、7、8 剖面安装德国进口的高负压水势传感器——Tensionmark 水势传感器；在 B2、B4 小区（土壤坡度 8°，底板 10°），C1、C3 小区（土壤坡度 15°，底板 15°），C5、C7 小区（土壤坡度 15°，底板 17°），在 2、7 号剖面所有深度安装德国进口的高负压水势传感器——Tensionmark 水势传感器。

　　② 观测区（廊道）：用于人工对各土壤剖面管孔安装试验仪器设备，并对土壤水分、土壤水势、土壤温度以及土壤水样等指标进行取样及观测。

　　③ 控制室：布设有地表径流泥沙、壤中流、地下径流等径流泥沙收集装置。大厅内的挡土墙自上而下共设置 4 个集流口，最上部为地表径流集流口，依次向下分别为土深 30 cm、60 cm、90 cm 的壤中流及地下径流集流口。每个径流池均配置有自记水位计（HCJ1 型）和电磁流量计，可全天候记录径流和渗漏的动态过程。中央控制室布设有数据采集系统，可对小区土壤温度、土壤含水量、土壤水

势等数据进行动态采集。

每个径流小区填装的土壤为第四纪红黏土发育的红壤，在吉泰盆地的泰和、吉水，环鄱阳湖区的进贤、高安和德安地区第四纪红黏土发育的红壤进行了野外勘探和取样试验。每个勘探线分坡顶、上坡、中坡和下坡进行钻孔取样，取样深度为 3 m，总共勘探了 54 个钻孔，取回 588 土样，测试岩土力学、物理学、化学指标。通过统计分析土壤的典型性和代表性，最后确定取土点为德安县。为了保持坡地水量平衡小区填筑土壤与自然土体相近，采用分层开挖和分层回填工艺施工。根据土壤成土分层特点和土壤干密度垂直分布特点将回填土壤分为 4 层：A、B、Bv 上、Bv 下，并严格按照野外土体相应土层干密度回填，每次回填厚度为10 cm，回填过程施工单位和业主都进行采样测试土壤干密度，每层所有取样点干密度都达到要求后，刨毛处理后回填下一层土壤。

3）坡地生态果园试验区

① 试验措施布设

试验径流小区（图 2-11）修建于 1999 年底。在土层厚度均匀、坡度较均一、土壤理化特性较一致的同一坡面上，建有 15 个径流试验小区，小区宽 5 m（与等高线平行），长 20 m（水平投影），其水平投影面积为 100 m²，坡度均为 12°。小区设置三大类别的水土保持措施：水土保持植物措施、工程措施、复合措施。为阻止地表径流进出，在每个试验小区周边设置围埝，拦挡外部径流。试验小区下面修筑集水槽承接小区径流和泥沙，并通过 PVC 塑胶管引入径流池。

第 1 小区 柑橘+百喜草全园覆盖　　第 2 小区 柑橘+百喜草等高条带　　第 3 小区 柑橘+百喜草与经济作物等高条带　　第 4 小区 全裸对照　　第 5 小区 柑橘+阔叶雀稗草全园覆盖

第 6 小区 柑橘+狗牙根条带（水平等高）　　第 7 小区 柑橘+狗牙根（全园覆盖）　　第 8 小区 柑橘+作物（横坡垄作）　　第 9 小区 柑橘+作物（顺坡垄作）　　第 10 小区 柑橘（清耕）

| 第 11 小区 | 第 12 小区 | 第 13 小区 | 第 14 小区 | 第 15 小区 |
| 柑橘+内沟外埂梯田（梯壁植草） | 柑橘+普通水平梯田（梯壁植草） | 柑橘+普通水平梯田（梯壁裸露） | 柑橘+内斜式梯田（梯壁植草内斜 5°） | 柑橘+外斜式梯田（梯壁植草外斜 5°） |

图 2-11　坡地生态果园径流小区

径流池根据当地可能发生 24 小时 50 年一遇的最大暴雨和径流量设计成 A、B、C 三池。A 池按 1.0 m×1.2 m×1.0 m、B 和 C 池按 1.0 m×1.2 m×0.8 m 方柱形构筑，为钢筋混凝土结构现浇而成。A 池在墙壁两侧 0.75 m 处、B 池在墙壁两侧 0.55 m 处设有五分法 "V" 形三角分流堰，其中：A 池正面 4 份排出，内侧 1 份流入 B 池；B 池与 A 池一样。三角分流堰板采用不锈钢材料，堰角均为 60°。径流池内壁正面均安装有搪瓷量水尺，率定后可直接读数计算地表径流量。

② 试验处理

15 个径流小区分为四个试验区组，即裸露对照区组一个（第 4 小区）、柑橘+牧草模式区组（牧草区组）六个（第 1、2、3、5、6、7 小区）、柑橘+耕作模式区组 2 个（第 8、9 小区）、柑橘清耕模式区组一个（第 10 小区）和柑橘+梯田模式区组五个（第 11~15 小区）。除对照区外，每个小区栽植 2 年生柑橘 12 株，由上至下种植 6 行，行距 3.0 m，每行 2 株，株距 2.5 m。套种黄豆和萝卜的小区，在每年 4 月中旬~8 月中旬种植黄豆，8 月中旬~次年 3 月中旬种植萝卜；带状覆盖小区，带宽 1.0 m，带状间隔 1.10 m。梯田措施区组每个小区均设 3 个台面，梯角 75°，梯区平面 6 m×5 m。其中：前埂后沟梯田小区，埂坎高 0.3 m，顶宽 0.3 m，排水沟位于梯面内侧，沟深 0.3 m，宽 0.2 m；内斜式梯田小区，梯面内斜，内斜坡度 5°；外斜式梯田小区，梯面外斜，外斜坡度 5°。各试验小区设计及处理情况详见表 2-2。

表 2-2　现代生态果园径流小区设计和处理情况

小区编号	小区介绍
1	柑橘+百喜草全园覆盖，常年复种指数为 1.20（柑橘 0.20，百喜草 1.0），植被覆盖度 100%
2	柑橘+百喜草带状覆盖，百喜草带状间隔 1.10 m，植被覆盖度 70%
3	柑橘+百喜草带状覆盖+间种黄豆，植被覆盖度 70%~85%（其中，百喜草 50%，柑橘 20%，黄豆 15%）
4	全园裸露区，植被覆盖度 0%
5	柑橘+阔叶雀稗草全园覆盖，覆盖度 100%
6	柑橘+狗牙根带状覆盖，覆盖度 100%

续表

小区编号	小区介绍
7	柑橘+狗牙根全园覆盖，植被结构：草，覆盖度100%
8	柑橘+横坡间种农作物，每年4月12日~8月10日种黄豆，8月12~3月12日种萝卜，植被覆盖度60%
9	柑橘+纵坡间种农作物，每年4月12日~8月10日种黄豆，8月12日~3月12日种萝卜，植被覆盖度60%
10	柑橘净耕区，植被覆盖度20%
11	水平梯田区+前埂后沟+梯壁植草，梯面种柑橘
12	普通水平梯田+梯壁植百喜草，梯面种柑橘
13	普通水平梯田+柑橘净耕区
14	内斜式梯田+梯壁植百喜草，梯面种柑橘
15	外斜式梯田+梯壁植百喜草，梯面种柑橘

（2）江西省红壤研究所试验区

1）红壤坡耕地水-土-养分流失阻控试验区

① 试验措施布设

在土层厚度均匀、土壤理化特性较一致、坡度较均一的同一坡面上，经人工修整后，共布设 12 个水平投影面积为 120 m²（宽 5 m、长 24 m）的径流试验小区，坡度 5.6°。12 个小区分 4 个处理，每个处理 3 种重复，具体见图 2-12。在各小区周边设置混凝土砖砌围埂，围埂高出地表 30 cm、埋深地下 45 cm，以拦挡小区外部径流。各小区下部修筑横向集流槽，并通过 PVC 塑胶管引入径流池，以承接径流泥沙。径流池根据当地可能发生的最大暴雨和径流量设计成 A、B 2 个径流池，A 径流池规格为 80 cm×80 cm×70 cm，B 径流池规格为 150 cm×100 cm×80 cm，A 池在距底 60 cm 处的壁上设有 4 孔分流法的分流孔，有 3 孔排出外面，1 孔排进 B 池。A、B 径流池内壁正面均安装有水尺，池底安装有放水阀门。

1 小区—香根草篱

2 小区—稻草敷盖+香根草篱

3 小区—常耕对照（CK）

4 小区—稻草敷盖

5 小区—香根草篱

6 小区—常耕对照（CK）

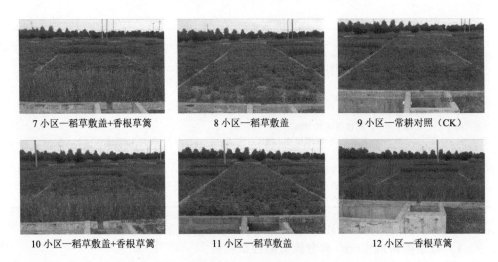

| 7 小区—稻草敷盖+香根草篱 | 8 小区—稻草敷盖 | 9 小区—常耕对照（CK） |

| 10 小区—稻草敷盖+香根草篱 | 11 小区—稻草敷盖 | 12 小区—香根草篱 |

图 2-12　江西省红壤研究所保护性种植措施试验小区

② 试验处理

选择种植红壤旱坡地主栽作物——花生，供试品种为粤油"991"，设置 4 个处理：①常耕对照（分别为 3、6、9 小区），翻耕后等高种植花生 72 行，株行距为 20 cm ×32 cm。②花生+稻草敷盖（分别 4、8、11 小区）：稻草敷盖，在处理①的基础上，均匀敷盖干稻草 4500 kg/hm²。③花生+香根草篱（分别为 1、5、12 小区），翻耕后等高种植花生 66 行（其余 6 行为草篱），株行距为 20 cm ×32 cm。香根草（Vetiveria zizanioiaes）篱每隔 8 m 双行种植，株行距为 50 cm×50 cm。④花生+稻草敷盖+香根草篱（分别为 2、7、10 小区）：在处理③的基础上，均匀敷盖干稻草 4500 kg/hm²。每种处理设置 3 个重复，完全随机排列。采用人工翻地，翻耕深度为 20 cm。各处理基础肥力、花生种植方式和农事操作相同。花生 4 月上旬播种，8 月上旬收获，生长期 4 个月。花生播种前，利用均匀撒施的方式，每个小区施 5.5 kg 复合肥，25 kg 石灰、5.5 kg 磷肥；种后喷洒除草剂；5 月 22 日每个小区追施尿素 1 kg，其他农事管理按当地常规方法进行。

2）农林复合植物措施试验小区

① 试验措施布设

在地形、土壤理化性质等条件基本一致的同一坡面上，经人工修整后，共布设 12 个水平投影面积为 64 m²（宽 8 m、长 8 m）的径流试验小区，坡度均设置为 5°。12 个小区分 4 个处理，每个处理 3 种重复，具体见图 2-13。各径流小区的地表径流通过径流池收集（参考"红壤坡耕地水-土-养分流失阻控试验区"小节）。

② 试验处理

试验小区的 4 个处理分别为：花生常规耕作（编号 1、2、5）、柑橘+花生（编号 3、6、7）、撂荒地（CK）（编号 4、8、11）、柑橘清耕（编号 9、10、12）。花

| 1、2、5号小区 | 3、6、7小区 | 9、10、12小区 | 4、8、11小区 |
| 花生+常规耕作（纯农） | 花生+柑橘（农-林） | 柑橘（纯林） | 撂荒地（CK） |

图 2-13　江西省红壤研究所农林复合植物措施试验小区

生农艺种植方式同"红壤坡耕地水-土-养分流失阻控试验区"小节。

3）红壤坡耕地长期施肥定位试验区

该试验区（图 2-14）位于江西省南昌市进贤县张公镇的江西省红壤研究所试验基地，建立于 1986 年。

试验区共设 10 个施肥处理：①不施肥处理（CK）；②施用氮肥（N）；③施用磷肥（P）；④施用钾肥（K）；⑤施用氮、磷肥（NP）；⑥施用氮、钾肥（NK）；⑦施用氮、磷、钾肥（NPK）；⑧施用 2 倍的氮、磷、钾肥（2NPK）；⑨施用氮、磷、钾肥同时施新鲜猪粪（NPKOM）；⑩施新鲜猪粪（OM）。小区面积 22.22 m²，坡度 2.4°，每个处理 3 个重复，采用随机区组排列，种植制度采用早玉米—晚玉米—冬闲制。肥料种类是尿素、钙镁磷肥、氯化钾和新鲜猪粪，其中磷肥、钾肥和猪粪作为基肥，氮肥用量的 2/3 为基肥，1/3 为追肥，肥料分两季施用。施肥量为：纯氮 8 kg/亩，P_2O_5 4 kg/亩，K_2O 8 kg/亩，鲜猪粪或农家肥用量 500 kg/亩，或商品有机肥 50 kg/亩。施肥方式：有机肥和磷钾肥作基肥一次性施入，氮肥按 6（7）∶4（3）的比例分两次施入，分别为基肥、追肥，有机肥根据其腐熟程度或易腐烂程度在播种前 2～7 天施入耕翻一次。辅助措施：根据田间土壤酸化程度，配合施用生石灰 50～100 kg/亩。

4）红壤坡耕地降酸调湿技术研究区

① 试验措施布设

红壤坡耕地降酸调湿技术研究区（图 2-15）采用完全方案设计，随机区组排列，共设 9 个处理，3 个重复，共 27 个小区，小区面积 3.5×6=21(m²)，坡度为 2°。

② 试验处理

试验设置生物质炭用量 758 kg/hm² 和 1515 kg/hm² 2 个水平、过氧化钙用量 61 kg/hm² 和 121 kg/hm² 2 个水平。每个小区施尿素 630 g，钙镁磷肥（P_2O_5 12.5%）787 g，KCl（K_2O 60%）630 g。种植方式为一年两季，采用红薯-油菜轮作，田间管理按常规进行，每年先种红薯（苏薯 8 号），收获后，种植油菜（粤油"555"）。

图 2-14　长期施肥定位试验研究基地　　图 2-15　红壤坡耕地降酸调湿技术研究示范基地

2.2.2.4　试验观测方法

（1）降雨观测

根据《降水量观测规范》（SL 21—2006）的规定，在试验场地内，布设自记雨量计或自动雨量计一台，观测降雨过程；布设雨量筒一台，观测降雨量；布设激光雨滴谱仪一台，观测瞬时降雨强度、瞬时雨滴速度、降水粒子总数、降水粒子分类等。

（2）径流观测

采用雷达自计水位计对各径流小区的径流过程进行观测（图 2-16）。江西省水土保持科学研究院研发的水文气象自动监测系统可以实时对坡耕地径流小区的降雨径流过程数据进行监测，观测精度为±3mm，实现了数据的远程传输监控与计算。

图 2-16　径流泥沙自动监测设备

（3）泥沙观测

准备好观测取样工具，取样前先将径流桶中的水位数据在表中进行记录，再在每个径流桶中采集 2～3 个重复泥水样，以避免系统误差，含沙量采用烘干法测量。取样方法主要采用搅拌舀水取样和分层取样。

1）搅拌舀水取样：人工用木棍等工具搅拌径流桶中的浑水，使径流桶中的水沙充分混合达到均匀，用勺子取部分浑水样，并将舀出的泥水样品全部装入取样瓶中，在表中记录采样瓶号，用于测量含沙量。当桶中径流深较小时，一般含沙量也低，采用该方法。

2）分层取样：当桶内泥水量过多时，采取分层采样方法。将桶内上层清水虹吸掉，然后将桶中的泥沙搅拌均匀，使底层粗沙与上层细沙充分混合，测量泥沙厚度。用环刀取泥沙样，测定环刀内单位体积含沙量，一般取 3 个重复样。通过计算，获得次降雨过程中径流小区的总侵蚀量。

（4）土壤理化性质观测

对每个径流小区，每半年应进行一次有机质含量、渗透率、土壤导水率、土壤黏结力、入渗率、蒸散发、饱和导水率、田间持水量等的测定。按旬观测径流小区的土壤水分，在降水事件前后各观测一次，土壤水分观测方法有 TDR 速测法、采样烘干法等。

（5）植被调查

分别在土地翻耕期、整地播种期、苗期、成熟到收获期及收获以后等不同农作期采用布设样方的方法，观测植株高度、覆盖度、密度、胸径、生物量、枯落物、叶面积指数等。

具体试验观测项目或指标应根据实验目的和内容进行确定。

2.2.3　小流域控制站试验

2.2.3.1　控制站布设注意事项

（1）径流控制站布置要求

在试验小流域、对比小流域出口附近，设置径流控制站，用于观测流域输出的径流泥沙量。测验沟道的顺直长度不宜小于洪水时主槽沟宽的 3～5 倍；测验河段的长度应大于最大断面均流速的 30～50 倍。沟道或河段应顺直无急弯、无塌岸、无支流汇水、无严重漫滩、无冲淤变化、水流集中等，以便于布设测验设施，当不能满足上述要求时，应进行人工整修。野外小流域控制站参见图 2-17。

图 2-17　小流域控制站（左：宁都还安小流域卡口站；右：于都左马小流域卡口站）

（2）雨量点布置要求

流域基本雨量点的布设数量，应以能控制流域内平面和垂直方向雨量变化为原则。雨量的分布，除受地形影响外，在微面上呈波状起伏，梯度变化也较大。

雨量点的布设，在面积小、地形复杂的流域，密度应大一些；面积大、地形变化不大的流域，密度可小一些。流域面积在 50 km²以下，每 1～2 km²布设一个雨量点；流域面积超过 50 km²的每 3～6 km²布设一个雨量点。

（3）径流场布置要求

在具有代表性的不同类型的坡地上布设土壤侵蚀观测场，用于观测不同类型土地产生的侵蚀量。一般布设自然坡面径流场，既观测径流量，也观测土壤冲刷量，每个试验小流域在每种类型的坡地上布设 2～3 个。

（4）侵蚀沟观测要求

应选择沟道侵蚀有代表性的支沟 2～3 条，从沟口至沟头，按侵蚀轻重，划分成 2～3 段（如果侵蚀情况复杂，亦可增加段数），测定固定断面 2～3 个，测引水准高程于固定处，设置永久水准标志。每次洪水之后和汛期终了，测绘断面变化，比较计算沟道冲淤土方。

（5）地下水观测要求

对地下水进行观测，主要用于了解试验小流域实施水土保持治理过程中水位的变化趋势，及其可能对重力侵蚀造成的影响。测井的布设，宜沿着沟道轴线和垂直沟道轴线各两排。每排数量，按流域面积大小确定，有 2～3 个即可。但应均匀分布。井的深度，应低于地下最低水位 2 m。如果在布设的测井线上或附近，有群众吃水或灌溉用井，或有泉水露头，则应充分利用，并相应减少测井个数。径流实验场中心，应布设重点测井，重点观测。

2.2.3.2　监测实施与设备

小流域径流与泥沙的观测常用量水建筑物法。常用的量水建筑物有多种，设计前需要对测验河段的自然特征、水文特性、水力条件等进行详细调查了解和实地勘测，然后开展建堰槽的可行性研究和选择，并编写勘测研究报告。一般当洪水流量和枯水流量小，泥沙较少时，宜选用量水堰；当洪水流量和枯水流量较大，泥沙较多，宜选用量水槽。水土保持工作中常用的量水建筑物有巴歇尔量水槽、三角形堰和矩形堰等，修建量水建筑物可参照《水工建筑物与堰槽测流规范》（SL 537—2011）。

试验观测方法如下所述。

1）降水和水位观测

江西省水土保持科学研究院研制的野外水文气象自动监测系统，通过在赣南左马、还安和凹背小流域进行推广应用，实现了对小流域卡口站的降雨和水位数据的实时监测，并实现了数据的远程传输管理与计算。该系统的数据观测精度为±3 mm，并可通过设置数据采集步长，系统每间隔 1 min 或 2 min 或 5 min 采集一次降雨和水位数据，并将数据自动存储在终端机和远程监控平台，保证了数据的完整性。采集的数据通过系统自动计算，可以获得各流域次降雨量和时段径流量。

2）泥沙观测

小流域泥沙观测包括悬移质观测和推移质观测。

悬移质观测目前主要有人工观测和自动观测两种。人工观测更为常用，其是在径流过程中按一定时间间隔用采样瓶人工取浑水样，利用烘干法等测量含沙量，计算流域产沙量。取样瓶体积一般为 500～1000 mL。

推移质采集常用的采样器有沙质采样器和卵石采样器两类，具体采样过程参照《河流推移质泥沙及床沙测验规程》（SL 43—1992）。此外，推移质观测还有坑测法。该法是在河床断面上埋设测坑，上沿与河床齐平，坑长与测流断面宽一致，坑宽约为最大粒径的 100～200 倍，容积要能容纳一次观测期的全部推移质。上面加盖，留有一定器口，使推移质能进入坑内，又不影响河底水流。一次洪水过后，用挖掘法取出沙样。坑测法是目前直接施测推移质最准确的方法。

参 考 文 献

程飞, 徐向舟, 高吉惠, 薛燕妮. 2008. 用于土壤侵蚀试验的降雨模拟器研究进展[J]. 中国水土保持科学, 02:107-112.

董元杰. 2006. 基于磁测的坡面土壤侵蚀空间分异特征及其过程研究[D]. 泰安: 山东农业大学博士学位论文.

郭索彦. 2010. 水土保持监测理论与方法[M]. 北京: 中国水利水电出版社.

何秀国, 武吉军, 高何利. 2007. Lensphoto 摄影测量系统在水布垭溢洪道中的应用[J]. 人民长江, (10): 28-29.

胡国庆, 董元杰, 史衍玺, 邱现奎, 王艳华. 2009. 土壤侵蚀磁性示踪剂两种布设方式下示踪效果的研究[J]. 水土保持学报, 02:37-41.

李建伟, 陈浩生. 2014. 水土保持监测技术[M]. 北京: 中国水利水电出版社.

李书钦. 2009. 黄土坡面水力侵蚀比尺模拟试验研究[D]. 杨凌: 中国科学院研究生院(教育部水土保持与生态环境研究中心)硕士学位论文.

梁志权. 2015. 径流小区分流装置的误差分析及校正试验[D]. 广州: 中国科学院研究生院(广州地球化学研究所)硕士学位论文.

蔺明华. 2008. 开发建设项目新增水土流失研究[M]. 郑州: 黄河水利出版社.

刘龙华, 李凤全, 王天阳, 等. 2014. 黄壤坡面表土磁化率变化特征分析[J]. 水土保持学报, 04:330-333+336.

刘淼. 2015. 黄土坡面细沟与细沟间侵蚀比率变化规律研究[D]. 杨凌: 中国科学院研究生院(教育部水土保持与生态环境研究中心)硕士学位论文.

刘震. 2004. 水土保持监测技术[M]. 北京: 中国大地出版社.

马琨, 王兆骞, 陈欣. 2002. 土壤侵蚀示踪方法研究综述[J]. 水土保持研究, 04: 90-95.

闵俊杰. 2012. 不同植被格局下人工模拟降雨对坡面侵蚀的影响[D]. 南京: 南京林业大学硕士学位论文.

南秋菊, 华珞. 2003. 国内外土壤侵蚀研究进展[J]. 首都师范大学学报(自然科学版), 02: 86-95.

聂新山, 花永辉, 韩俊. 2009. 我国水土保持长期定位观测研究现状与对策[J]. 人民黄河, 06: 91-92.

师哲, 赵健, 张平仓. 2010. 可移动水土流失实验室系统的原理及特点[J]. 水土保持通报, 02: 207-211.

史德明, 杨艳生, 姚宗虞. 1983. 土壤侵蚀调查方法中的侵蚀分类和侵蚀制图问题[J]. 中国水土保持, (05):35-39.

史衍玺. 1992. 山东省主要土壤磁化率的研究[J]. 山东农业大学学报, 04: 387-392.

宋炜, 刘普灵, 杨明义. 2003a. 核素示踪技术在土壤侵蚀研究中的应用进展[J]. 核农学报, 03: 236-238.

宋炜, 刘普灵, 杨明义, 薛亚洲. 2003b. 坡面侵蚀形态转变过程的 REE 示踪法研究[J]. 中国稀土学报, 06: 711-715.

汤崇军, 杨洁, 汪邦稳. 2012. 自动监测系统在江西红壤坡地水土流失监测中的试验应用[J]. 中国水土保持, 04:

48-50.

唐小明, 李长安. 1999. 土壤侵蚀速率研究方法综述[J]. 地球科学进展, 03: 63-67.

王小雷, 杨浩, 张明礼, 等. 2008. $^{210}Pb_{ex}$ 示踪法应用于非耕作土壤侵蚀的研究探讨[J]. 安徽农业科学, 28: 12350-12352.

吴普特. 1997. 黄土坡地放水冲刷试验产流过程研究. Ⅰ. 试验设计与产流机理[J]. 水土保持研究, S1: 67-73.

肖元清, 王钊. 2005. 磁性示踪技术在土壤侵蚀中的应用[J]. 西部探矿工程, 11: 123-126.

杨春霞, 吴卿, 肖培青, 等. 2004. 人工模拟降雨与径流冲刷试验在水土流失预测中的应用探讨[J]. 水土保持研究, 03: 229-230.

袁红朝, 李春勇, 简燕, 等. 2014. 稳定同位素分析技术在农田生态系统土壤碳循环中的应用[J]. 同位素, 03: 170-178.

张风宝, 杨明义, 赵晓光, 刘普灵. 2005. 磁性示踪在土壤侵蚀研究中的应用进展[J]. 地球科学进展, 07: 751-756.

张风宝. 2008. ^{7}Be 沉降在地表分配规律及在示踪坡面侵蚀过程中的应用研究[D]. 杨凌: 西北农林科技大学博士学位论文.

张洪江, 程金花. 2014. 土壤侵蚀原理(第三版)[M]. 北京: 科学出版社.

张建军, 朱金兆. 2013. 水土保持监测指标的观测方法[M]. 北京: 中国林业出版社.

张科利, 秋吉康弘, 张兴奇. 1998. 坡面径流冲刷及泥沙输移特征的试验研究[J]. 地理研究, 02: 52-59.

张志刚, 华路, 冯琰, 等. 2003. 土壤侵蚀 ^{137}Cs 法研究进展[J]. 首都师范大学学报(自然科学版), 04: 82-87.

郑粉莉, 唐克丽, 白红英. 1994. 标准小区和大型坡面径流场径流泥沙监测方法分析[J]. 人民黄河, 07: 19-22+61-62.

郑永春, 王世杰, 欧阳自远. 2002. 地球化学示踪在现代土壤侵蚀研究中的应用[J]. 地理科学进展, 05: 507-516.

周江红, 雷廷武. 2006. 流域土壤侵蚀研究方法与预报模型的发展[J]. 东北农业大学学报, 01: 125-129.

中华人民共和国水利部. 2016. 灌溉与排水工程设计规范(GB 50288—99). http://www.doc88.com/p-9167175350878.html.

中华人民共和国水利部. 2016. 河流流量测验规范(GB 50179—2015). http://www.renrendoc.com/p-711988.html.

中华人民共和国水利部. 2016. 河流推移质泥沙及床沙测验规程(SL 43—1992). http://www.docin.com/p-455245351.html.

中华人民共和国水利部. 2016. 河流悬移质泥沙测验规范(GB 50159—1992). http://www.doc88.com/p-70684633774.html.

中华人民共和国水利部. 2016. 降水量观测规范(SL 21—2006). http://www.docin.com/p-92491728.html.

中华人民共和国水利部. 2016. 水工建筑物与堰槽测流规范(SL 537—2011). http://www.doc88.com/p-1827101307642.html.

中华人民共和国水利部. 2016. 水土保持监测技术规程(SL 277—2002). http://www.docin.com/p-92881028.html.

中华人民共和国水利部. 2016. 水土保持监测设施通用技术条件(SL 342—2006). http://www.docin.com/p-80769055.html.

中华人民共和国水利部. 2016. 水土保持试验规程(SL 419—2007). http://www.docin.com/p-506920792.html.

Dearing J A, Morton R I, Price T W, Foster I D L. 1986. Tracing movements of topsoil by magnetic measurements: Two case studies[J]. Phys. Earth Planet. Inter., 42, 93-104.

Menzel R G. 1960. Transport of ^{90}Sr in runoff [J]. Science, 131: 499.

第 3 章 红壤坡耕地水土流失规律及其模拟研究

由于受到区域自然因素和人为因素的影响，导致红壤坡耕地水土流失严重。其中，自然因素包括降雨特性、地形条件（坡度和坡长）、植被覆盖（作物生长期）、土壤特性等，人为因素主要为种植方式等农事活动。因此，从自然和人为因素研究红壤坡耕地水土流失特征及其影响因素，对于阐明红壤坡耕地规律及其模拟具有重要意义。红壤坡耕地水土流失规律为坡耕地水土流失防治提供理论支撑，水土流失模拟为红壤坡耕地水土流失预测预报提供基础。

3.1 数据来源与方法

坡耕地产流产沙特征中数据来源于江西水土保持生态科技示范园坡地生态果园试验区和保护型耕作措施试验区。坡地生态果园试验区修建于 1999 年底，本次选择的是 1、2、4、8、9、10 号径流小区以及百喜草全园覆盖地 2012～2015 年数据；保护型耕作措施试验区修建于 2011 年，本次选择的是 1～12 号径流小区 2012～2015 年观测数据。

作物种类与水土流失关系的数据来源于江西红壤研究所试验站的不同农作物试验区，样地坡度为 10°，小区面积 207 m²（18 m×11.5 m），各处理小区的地表径流出水口用塑胶管连接到分水堰，每个小区连接 4 个水桶，上面加盖防护。设置 2 个处理，分别是顺坡花生和顺坡苎麻。作物品种：花生选用进贤多粒土花生，苎麻选用赣苎三号。种植密度：花生为 40 cm×15 cm，苎麻为 50 cm×30 cm。花生于 4 月 11 日播种，8 月 13 日收获。苎麻于 3 月 25 日移栽定植，8 月 7 日收获。

3.2 坡耕地水土流失特征

坡耕地由于表土层长期受到人类耕作活动的扰动以及农作物生长季节变化的影响，其水土流失不同于林地草地，为此本节采用德安坡耕地试验项目区和果园径流小区数据，通过裸地、坡耕地、农林复合、林地、草地、林草地径流深、土壤侵蚀模数分析坡耕地水土流失特征。同时，利用 2009 年进贤江西省红壤研究所不同种类作物径流小区的径流泥沙资料，分析作物类型对坡耕地产流产沙的影响，进一步揭示红壤坡耕地水土流失特征。

3.2.1 坡耕地产流产沙特征

由表 3-1 可知，不同土地利用类型产流差异明显，产流量从大到小依次为裸地对照＞坡耕地＞纵坡间作的农林复合＞林地＞横坡间作的农林复合＞林草混合＞草地。坡耕地产流量仅次于裸地对照，年平均径流深高达 318.46 mm，是林地径流深的 3.03 倍，纵坡间作农林复合的 2.48 倍，横坡间作农林复合的 5.04 倍，林草混合的 14.31 倍，草地的 37.12 倍，说明坡耕地产流量大，其产流量远高于林地、农林复合、草地等其他土地利用类型。坡耕地盖度年内变化大，播种期、苗期覆盖度低，另外坡耕地土壤受到耕作扰动，地表土壤松散，容易冲刷形成汇流沟，大大增加了地表产流量。

表 3-1　不同土地利用类型产流对比

不同利用类型		径流深（mm）
裸地	坡耕地试验区裸地	354.98
坡耕地	顺坡垄作	318.46
林地	柑橘净耕	105.24
农林复合	纵坡间作	128.35
	横坡间作	63.22
林草混合	柑橘+百喜草	22.26
草地	百喜草	8.58

　　由表 3-2 可知，不同土地利用类型土壤侵蚀模数差异明显，土壤侵蚀模数从大到小依次为裸地对照＞坡耕地＞纵坡间作的农林复合＞林地＞横坡间作的农林复合＞林草混合=草地。裸地对照小区土壤侵蚀模数为 13 208 t/(km²·a)，处于极强度侵蚀等级，顺坡垄作的坡耕地土壤侵蚀模数达到 4628 t/(km²·a)，坡耕地土壤侵蚀处于中度侵蚀等级，接近强度侵蚀级别。坡耕地土壤侵蚀模数是纵坡间作的农林复合 4.55 倍，是柑橘净耕的 12.66 倍，是横坡间作农林复合的 16.41 倍，是林草混合地的 1154.11 倍，是草地的 1598.50 倍。林草混合、草地年均土壤侵蚀模数甚至达不到 10 t/km²，处于微度侵蚀等级，柑橘净耕、横坡间作年均土壤侵蚀都低于 500 t/km²，土壤侵蚀亦处于微度侵蚀等级。上述分析说明坡耕地土壤侵蚀非常严重，坡耕地土壤侵蚀明显高于其他土地利用类型，坡耕地覆盖度要低于林地、草地等土地利用类型，另外受到农事活动扰动的影响土壤松散，容易被雨滴击溅和径流冲刷，因此其土壤侵蚀模数大。

表 3-2　不同土地利用类型产沙对比

不同利用类型		土壤侵蚀模数[t/(km²·a)]	侵蚀等级
裸地	坡耕地试验区裸地	13 208	极强度
坡耕地	顺坡垄作	4628	中度
林地	柑橘净耕	366	微度
农林复合	纵坡间作	1018	轻度
	横坡间作	282	微度
林草混合	柑橘+百喜草	4	微度
草地	百喜草	3	微度

3.2.2　坡耕地产流产沙时间分配特征

从图 3-1 和表 3-3 可知，裸地产流随月份的变化规律与侵蚀性降雨量的月变化规律一致，从 1 月到 7 月依次增大，8 月减小，9 月增加，10 月减小，11 月增大，12 月减小，即降雨量越大产流量越大，说明红壤坡地产流量受降雨量的影响。果园试验区林地产流随月变化关系与裸地一致，草地产流与降雨的关系整体上与月份降雨量关系一致，但与林地不同，6 月相对 5 月份减小，百喜草 6 月生长最旺盛，植被覆盖度大，截流作用强，因此 6 月份比 5 月份产流有减小，说明植被覆盖变化影响红壤坡面产流，柑橘园林地植被覆盖度年内无明显变化，因此柑橘园林地产流量随月份的关系与裸地一致，草地受到草本植物生长的影响改变了产流月分配关系。坡耕地产流量不同于裸地、林地、草地，产流量在 1～3 月依次增大，3～5 月依次减小，5～7 月依次增大，6 月产流量全年位列第二，7 月产流量全年最大，8 月产流骤减，9 月产流增大，10～12 月减小。坡耕地的产流量除受到降雨和作物覆盖的影响，还受农事活动的影响，1～3 月随降雨量的增加，产流量增大，4 月油菜生长迅速，植被覆盖度大，因此 4 月产流减小。4 月 29～30 日翻耕，而后种植花生，5 月份由于受到翻耕的影响，土壤入渗性强，5 月产流非常小，通过 5 月的雨滴打击，土壤板结入渗减小。6 月花生处于苗期植被覆盖度小时期，因此 6 月产流增大，位列全年第二。8 月花生覆盖度约 100%，并且 8 月降雨少，因此 8 月坡耕地产流非常小。8 月底花生收割，9 月份坡耕地植被覆盖度为 0，因此 9 月坡耕地产流增大。

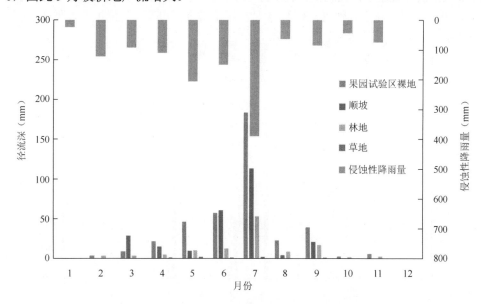

图 3-1　2014 年不同土地利用类型产流月分配特征

表 3-3　2014 年各月侵蚀降雨、不同土地利用产流分别占全年的百分比

不同土地利用	1 月	2 月	3 月	4 月	5 月	6 月	7 月	8 月	9 月	10 月	11 月	12 月
果园试验区裸地	0.09	0.94	2.37	5.63	11.78	14.54	46.53	5.75	10.04	0.80	1.50	0.00
坡耕地（顺作）	0.03	0.08	11.25	5.99	3.77	23.51	44.35	1.85	8.37	0.42	0.38	0.00
林地	0.34	3.20	3.18	4.25	8.76	10.54	43.59	7.58	14.50	1.90	2.18	0.00
草地	2.55	3.21	7.10	9.92	17.54	9.51	19.21	5.22	13.83	5.70	6.21	0.00
侵蚀性降雨量	1.82	9.04	6.74	8.11	15.08	11.05	28.53	4.72	6.22	3.29	5.39	0.00

上述分析表明，坡耕地产流年内分配除受到各月降雨的影响外，很大程度上受到作物覆盖度和农事活动的影响。以江西坡耕地花生油菜轮作为列，油菜 10～4 月植被覆盖度不断增大，特别是开春后油菜生长旺盛，植被覆盖度增加迅速，改变了原有降雨产流的关系。4 月土壤翻耕对产流影响很大，5 月花生处于苗期，6～7 月花生生长迅速，7 月底 8 月初花生地表覆盖最大，8 月下旬花生收割，植被覆盖度迅速降为 0，由于上述农事活动和作物生长改变了原有降雨和径流的关系。

由图 3-2 可知，果园试验区裸地月产沙量与侵蚀性降雨量关系一致，但是由于受到降雨雨型的影响略有变化。林地、草地的月侵蚀产沙与侵蚀性降雨关系整体一致，但受到雨型、植物生长影响略有影响。坡耕地侵蚀产沙表现为 6 月最大，9 月其次，7 月第三，5 月第四，其他月都很低，其他月总产沙量占全年不到 5%。6 月份虽然侵蚀性降雨量要低于 7 月，但是 6 月花生植被覆盖度低，因此其侵蚀产沙要明显大于 7 月。8 月底花生收割，9 月植被覆盖度为 0，并且花生收割对地表土壤扰动较大，容易导致侵蚀产沙，9 月侵蚀产沙量位列第二。5 月土地刚翻耕后，入渗性大，植被覆盖小，径流少，6 月短历时暴雨多，因此，5 月侵蚀产沙小于 6 月、7 月、9 月，但是高于其他月。3 月、4 月油菜植被覆盖度高，其侵蚀产沙低于 5 月。

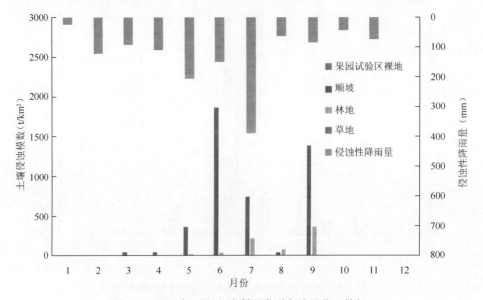

图 3-2　2014 年不同土地利用类型产沙月分配特征

上述分析表明，坡耕地侵蚀产沙不仅受到侵蚀性降雨的影响，而且很大程度上受到农事活动、作物生长期的影响，表明出特有的月尺度分配规律。

3.2.3 不同作物类型及农事活动下水土流失特征

3.2.3.1 不同作物种类与水土流失特征

花生是江西省的主要经济作物和油料作物之一，是继水稻、油菜之后的第三大作物，具有耐旱、耐酸、耐瘠的特点，且产品利用率高，综合效益显著。在保障食用油安全，提高农民收入，增加农业效益，调整种植业结构，发展生态农业和循环经济中具有重要作用（陈志才，2010）。苎麻产品是江西省的特色产品，江西省的苎麻生产与加工历史悠久，苎麻常年产量约 1.7 万 t，占全国的 12%左右，且品质好、单产高，是全国苎麻种植适宜生态区之一（吕江南，2003）。江西省现有坡耕地面积 40 多万 hm²，为特色农作物栽培提供了平台。基于此，结合江西省坡耕地特点和主要作物耕作类型，选择花生顺坡、苎麻顺坡两种耕作方式进行径流泥沙定位观测，根据花生和苎麻的农艺耕作习惯，试验于 2009 年 4 月开始，7 月底观测结束。

由图 3-3 可知，花生和苎麻在作物生长期间其产流差异明显，4 月处于种植初期的花生和苎麻产流差异不大，但从 5 月到 7 月初，苎麻每次产流均小于花生，7 月底收割后差异不明显。整个生长期花生地产流量达 19 182.5 m³/hm²，苎麻产流量达 9471 m³/hm²，花生产流量是苎麻产流量的 2.03 倍。上述分析说明，坡耕地相同生长季不同农作物类型对产流影响很大。

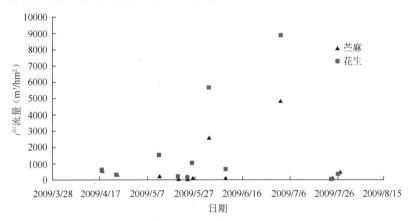

图 3-3　不同农作物类型不同生长期产流

由图 3-4 可知，坡耕地花生和苎麻在生长期内侵蚀产沙差异明显，除 4 月 18 日种植初期，在整个生长期内花生坡耕地的产沙量明显高于苎麻坡耕地。整个生长期内花生坡耕地产沙量高达 32 326.7 t/hm²，苎麻坡耕地侵蚀产沙量为 4011.7

t/hm²，整个生长期内花生坡耕地侵蚀产沙总量是苎麻地的 8.06 倍，说明不同农作物间土壤侵蚀产沙差异明显。

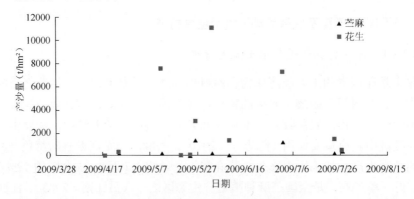

图 3-4　不同农作物类型不同生长期产沙

花生种植小区的径流量和泥沙流失量分别是苎麻种植小区的 2.03 倍和 8.06 倍（$P<0.05$）。苎麻种植小区与花生种植小区的泥沙流失量存在显著性差异。这与苎麻的生长特性有关，在作物生长期间，苎麻覆盖度明显大于花生覆盖度，且覆盖期较长，苎麻多年生，花生一年生，花生每次种植需要翻耕整地扰动土壤，因此苎麻地径流、泥沙明显小于花生。

由表 3-4 可知，在花生、苎麻覆盖度达到 100% 之前，苎麻的覆盖度一直高于花生。5 月份花生植被覆盖度一直在 45% 以下，整体覆盖度低，而苎麻 5 月 11 日的植被覆盖就达到 52.8%，并且在 5 月份生长迅速，从 5 月 11～20 日仅 9 天的时间植被覆盖度增加 22.86%，增加到 75.66%，5 月底的时候苎麻植被覆盖度近 90%。由于植被覆盖度与产流产沙成负指数相关，特别是当植被覆盖度达到 70% 以后，植被控制水土流失作用显著。上述花生和苎麻植被覆盖度差异是花生坡耕地比苎麻坡耕地产流产沙大的原因。

表 3-4　不同农作物植被覆盖随时间的变化

观测时间	覆盖度（%）	
	苎麻	花生
2009-5-11	52.80	32.59
2009-5-20	75.66	36.79
2009-5-24	81.86	39.66
2009-5-26	87.70	42.52
2009-6-17	99.00	85.60
2009-7-5	100	100

为了更好地比较苎麻与花生的产流差异，分别从两种作物的植被截留量和土壤入渗率进行分析，可看出（如表 3-5 所示），各时期苎麻种植的冠层截留量较花

生种植的高 22.9%～908.3%，整个观测期内苎麻截留量达 2.65 mm，花生截留量达 0.75 mm，苎麻截留总量是花生截留总量的 3.56 倍，达到了极显著水平（$P<0.01$）差异。其原因主要是由于苎麻覆盖度明显大于花生，并且苎麻株高明显高于花生，可以层层截留，不但在数量上减少了枝下降雨量，并减免、削弱了雨滴对土壤的溅击侵蚀力，延缓了冠下降雨和产流的时间，缩短了土壤的侵蚀过程，减小了地表产流量。另外，在同一时期，苎麻的植被覆盖度要高于花生植被覆盖度。

表 3-5　两种作物的植被截留量变化（mm）

日期	2009-5-14	2009-5-22	2009-5-27	2009-6-4	2009-6-17	2009-6-24	2009-7-7	2009-7-15
苎麻	0.24052	0.55698	0.06438	0.12104	0.4816	0.46162	0.44671	0.27851
花生	0.0304	0.02748	0.0652	0.01241	0.17764	0.07211	0.13344	0.22666

不同农作物土壤入渗率见表 3-6，苎麻种植区土壤入渗率较花生种植区高 16.2%～157.7%，整个生长期苎麻地土壤平均入渗率为 18.12 mm/min，花生地土壤平均入渗率为 13.65 mm/min，苎麻地土壤平均入渗率是花生地的 1.33 倍。这与苎麻的根系膨大有关；此外，苎麻枯落物比较多，由于枯落物的存在，增加了土壤有机质，提高了土壤的入渗性。由于苎麻和花生地土壤入渗性的差异，这亦是影响其产流产沙差异的重要原因。

表 3-6　两种作物的土壤入渗率变化（mm/min）

日期	2009-4-13	2009-4-30	2009-5-14	2009-5-22	2009-6-4	2009-7-8	2009-7-15	2009-7-23
苎麻	3.43	4.8	17.86	12.4	14.8	31.67	40.8	19.17
花生	4.9	9.57	13.75	10.67	15	24.67	15.83	14.84

3.2.3.2　不同种植方式下水土流失特征

利用江西水土保持生态科技示范园扰动裸地（坡耕地 6、9 号裸地）、非扰动裸地（生态果园区 4 号裸地）、花生油菜轮作（坡耕地 2、5、10 号顺坡垄作）2012～2015 年四年径流深和土壤侵蚀模数数据，花生不轮作（顺坡）数据是利用花生油菜轮作小区未种植油菜时期的数据与坡耕地试验区裸地油菜生长期数据的和，通过不同农事活动对 2012～2015 年数据进行了分析。由表 3-7 可知，不同种植方式对径流深影响差异明显，不同措施间地表径流深从大到小依次为非扰动裸地＞扰动裸地＞花生不轮作（顺坡）＞花生油菜轮作（顺坡）；扰动裸地比非扰动裸地减少径流深 74.60 mm，说明翻耕整地作用可以减少地表减流，减流效益达 17.37%；花生油菜轮作（顺坡）径流深比扰动裸地减少 36.52 mm，说明种植农作物后可以起到明显的减流作用，减流效益达 10.29%；花生油菜轮作（顺坡）比花生不轮作（顺坡）减少径流 2.56 mm，说明花生油菜轮作方式比不轮作的花生地具有减流效益。

由表 3-7 可知，不同农事活动对土壤侵蚀模数影响有差异。不同措施间土壤侵蚀模数从大到小依次为扰动裸地＞花生不轮作（顺坡）＞花生油菜轮作（顺坡）＞

非扰动裸地。扰动裸地比非扰动裸地土壤侵蚀模数高达 10 982 t/(km²•a)，翻耕扰动可以显著增加土壤侵蚀量，由于翻耕扰动增大的土壤侵蚀量是不翻耕地的 4.93 倍。花生不轮作（顺坡）比扰动裸地土壤侵蚀模数减少 6172 t/(km²•a)，减沙效益达 46.72%，花生油菜轮作（顺坡）比扰动裸地侵蚀模数减少 8580 t/(km²•a)，减沙效益达 64.96%，说明种植农作物后比扰动裸地减沙效益显著，农作物的生长可以起到明显减沙作用。花生不轮作（顺坡）和花生油菜轮作土壤侵蚀模数都大于非扰动裸地，说明随着农作物生长后可以减少土壤侵蚀量，但是由于翻耕导致增加的土壤侵蚀要大于植物生长减少的土壤侵蚀，说明坡耕地土壤侵蚀量大主要是由翻耕扰动引起的。花生油菜轮作（顺坡）土壤侵蚀模数比花生不轮作（顺坡）土壤侵蚀模数要减小 2408 t/(km²•a)，减沙效益达 34.22%，说明花生油菜轮作比只种植一季花生土壤侵蚀量要明显减少，不同的种植方式对土壤侵蚀量影响明显。

表 3-7　不同措施水土流失

不同措施	年均径流深（mm）	土壤侵蚀模数[t/(km²•a)]	侵蚀等级
扰动裸地	354.98	13208	极强度
非扰动裸地	429.58	2226	轻度
花生油菜轮作（顺坡）	318.46	4628	中度
花生不轮作（顺坡）	321.02	7036	强度

3.3　坡耕地水土流失影响因素

3.3.1　雨强对红壤坡耕地水土流失的影响

降雨是坡面侵蚀的动力来源，雨强直接决定降雨动能的大小。本书通过人工模拟降雨试验，研究降雨对红壤坡耕地水土流失的影响。土槽规格宽（1.5 m）×长（3 m）×高（0.5 m），土槽底部填筑 10 cm 厚度的粗砂，粗砂上覆盖一层土工布，再填筑 40 cm 厚的第四纪红黏土，20~40 cm 土壤填筑容重控制在 1.3 g/cm³，0~20 cm 土壤容重控制在 1.15 g/cm³，模拟耕作土壤，种植花生前与野外花生地一样翻耕 0~20 cm 深度土壤。土槽坡度可以调节，调节范围是 0~45°，本试验坡度为 5°。农作物采用的是红壤丘陵区坡耕地最主要的作物花生，按照当地正常种植方式播种花生，株行距为 30 cm×30 cm。降雨系统为下喷式降雨系统，降雨高度为 17 m，雨强变化范围为 10~200 mm/h。本试验雨强分别为 30 mm/h、60 mm/h、90 mm/h，降雨历时 60 min，观测产流开始时间、产流结束时间，产流后每隔 3 min 采集一次地表径流泥沙和壤中流过程样品。

3.3.1.1　雨强对红壤坡耕地地表径流的影响

由图 3-5 可知，红壤坡耕地在不同雨强降雨作用下地表产流时间差异明显，产流时间从大到小依次为 30 mm/h＞60 mm/h＞90 mm/h。30 mm/h 雨强降雨 32.4 min 才出现产流，到 60 mm/h 雨强时产流时间骤减仅 2.93 min，随着降雨强度的增大，产流时间不断减短，但差异越来越小。由于坡耕地表层土壤进行了翻耕，土壤入渗率大，在小降雨下入渗大于雨强很难产流，因此，在 30 mm/h 雨强时前期土壤入渗率大于雨强，随着土壤吸水饱和土壤入渗率减小，雨强大于入渗出现产流，在该雨强下产流时间很长。但雨强达到 60 mm/h 时，雨强大于初始非饱和土壤入渗率，因此迅速产流。随着雨强的进一步增大，产流时间不断减小，但是坡面水流汇流时间差异不大，因此产流时间差异值越来越小。

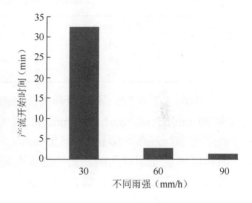

图 3-5　不同雨强下地表产流开始时间

由图 3-6 可知，不同雨强下红壤坡耕地地表产流量都是先增大后趋于稳定，产流开始时间从 30 mm/h 到 90 mm/h 依次减小，单位时间产流量整体上表现为 90 mm/h＞60 mm/h＞30 mm/h。雨强越大，相同时间内的降雨量越大，因此产流量越大。

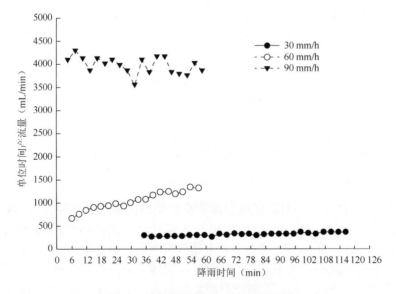

图 3-6　不同雨强地表径流产流过程

由表 3-8 可知，一个小时的模拟降雨，不同雨强地表产流总量从大到小依次为 90 mm/h＞60 mm/h＞30 mm/h，60 mm/h 的降雨总地表产流量是 30 mm/h 的 7.78 倍，90 mm/h 的降雨总地表产流量是 30 mm/h 的 29.42 倍。由此可见随着降雨强度的增大，地表总产流量增大，并且径流增大的倍数大于雨强增大的倍数。

表 3-8　不同雨强 1 h 降雨总产流量

雨强（mm/h）	总产流量（L）
30	7.7
60	59.91
90	226.5

由图 3-7 可知，不同雨强累计降雨量与累计径流量的折线斜率从大到小依次为 90 mm/h＞60 mm/h＞30 mm/h，表明即使相同的降雨量不同雨强地表产流量亦表现出 90 mm/h＞60 mm/h＞30 mm/h，说明不同降雨强度对地表径流的影响一方面是降雨量差别导致的，另一方面是降雨速率导致的。小雨强达到大雨强相同的降雨量所需时间更多，那么向土壤中入渗的时间就越长，入渗量就越大。

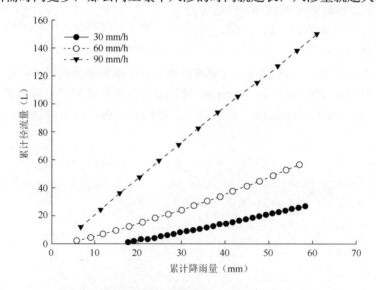

图 3-7　不同雨强累计降雨量与累计径流量的关系

3.3.1.2　雨强对红壤坡耕地壤中流的影响

由表 3-9 可知，不同雨强壤中流产流开始时间从大到小依次为 30 mm/h＞60 mm/h＞90 mm/h，各壤中流比相应的地表径流产流滞后时间为 60 mm/h 与 90 mm/h 的接近，30 mm/h 的最小。上述分析表明，随着降雨强度的增大，壤中流开始产流时间减小，壤中流开始产流时间比地表径流滞后时间随着雨强增大而增大，即大雨强下壤中流比地表产流滞后时间长，小雨强下壤中流与地表产流时间接近。

表 3-9　不同雨强壤中流产流开始时间

雨强(mm/h)	产流开始时间(min)	比地表径流滞后（min）
30	32.85	0.45
60	16.13	13.20
90	14.67	13.13

由图 3-8 可知，不同雨强下红壤坡耕地壤中流产流都是先增大，当雨停后，5 min 内达到峰值，随后开始减小，不同雨强下壤中流峰值相近；60 mm/h 与 90 mm/h 的壤中流产流过程曲线非常接近，两个雨强下峰值前增加速度和峰值后减小速度都接近；30 mm/h 雨强壤中流前期增速较缓，90 min 后继续降雨，壤中流增速才迅速上升。壤中流的产流很大程度上取决于土壤的入渗性，当雨强足够大时，可以为入渗提供充足的水源，因此，壤中流的大小很大程度取决于土壤性质，因此 60 mm/h 与 90 mm/h 的壤中流产流过程曲线非常接近；30 mm/h 雨强较小，提供入渗水源较少，降雨初期土壤处于非饱和状态，土壤入渗性强，甚至出现雨水全部入渗，而当土壤全部饱和后土壤入渗率稳定，并且小于非饱和土壤入渗率，因此在降雨作用下，一定时间后壤中流才迅速上升。

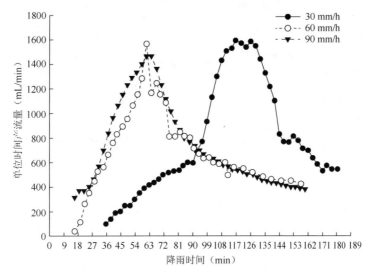

图 3-8　不同雨强下壤中流产流过程线

3.3.1.3　雨强对红壤坡耕地侵蚀产沙的影响

由图 3-9 可知，不同雨强影响红壤坡耕地的土壤侵蚀产沙浓度。不同雨强下土壤侵蚀产沙浓度都表现出初始产沙浓度大，随后减小并趋于稳定，稳定土壤侵蚀产沙浓度从大到小依次为 60 mm/h＞90 mm/h＞30 mm/h。30 mm/h、60 mm/h、90 mm/h 雨强的平均土壤侵蚀产沙浓度分别为 0.53 g/L、6.67 g/L、4.15 g/L，30 mm/h

到 60 mm/h 土壤侵蚀产沙浓度增加到 12.61 倍，60 mm/h 到 90 mm/h 土壤侵蚀产沙浓度减小 37.73%。上述分析表明，土壤侵蚀产沙浓度随雨强增大，先增大后减小。30 mm/h 雨强较小，雨滴击溅地表土壤能量较小，另外坡面径流小，流速慢，搬运泥沙能力小，因此，土壤侵蚀泥沙浓度很低。雨强增大到 60 mm/h，雨滴击溅地表能量大，另外坡面径流能量较大，搬运泥沙能力强，因此泥沙浓度随土壤侵蚀产沙浓度迅速上升，增加倍数远大于雨强的增大倍数。雨强从 60 mm/h 增加到 90 mm/h 后，径流增加很大，搬运泥沙能力增大，但是红壤坡耕地土槽试验中主要是面蚀，雨滴击溅提供沙源，本身径流冲刷侵蚀泥沙的能力较弱，虽然雨滴动能增大，但是坡面径流深增大，又起到削弱减蚀的作用，由于从雨强 60 mm/h 增加到 90 mm/h 后径流量增大倍数大，可以起到稀释泥沙浓度的作用，因此泥沙浓度反而减小。

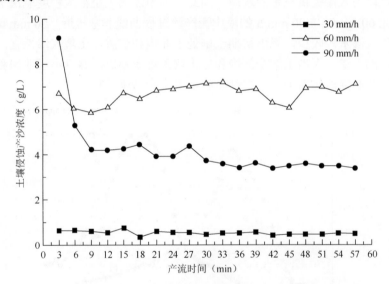

图 3-9　不同雨强红壤坡耕地土壤侵蚀产沙浓度过程线

　　由图 3-10 可知，不同雨强影响红壤坡面侵蚀产沙，整个产沙全程，单位时间内土壤侵蚀产沙量从大到小依次为 90 mm/h＞60 mm/h＞30 mm/h。30 mm/h 的降雨强度时，稳定产沙强度仅 0.15 g/min，土壤侵蚀速率非常低；60 mm/h 的降雨强度时，土壤侵蚀速率稳定值为 8.35 g/min，相比 30 mm/h 雨强增加高达 55.41 倍；降雨强度增大到 90 mm/h 降雨时，土壤侵蚀速率稳定值为 13.04 g/min，相比 60 mm/h 降雨增大 56.69%，说明小雨强时，随着雨强增大，侵蚀泥沙浓度和径流量均增大，导致土壤侵蚀产沙速率迅速增大；大雨强时，随着雨强增大，一方面泥沙浓度减小，另一方面径流量增大，致使土壤侵蚀速率增加变缓。

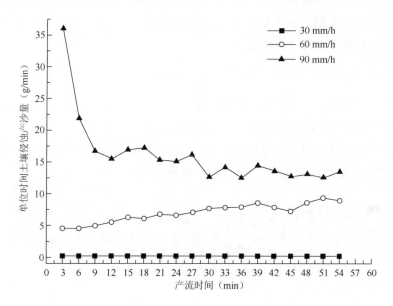

图 3-10　不同雨强红壤坡耕地土壤侵蚀产沙量过程线

由表 3-10 可知，不同雨强 1 h 中土壤总侵蚀产沙量从大到小依次为 90 mm/h＞ 60 mm/h＞30 mm/h，60 mm/h 雨强总侵蚀产沙量是 30 mm/h 雨强的 44.37 倍，90 mm/h 雨强总侵蚀产沙量是 30 mm/h 雨强 103.23 倍。

表 3-10　不同雨强 1 h 降雨总侵蚀产沙量

雨强（mm/h）	总侵蚀产沙量（g）
30	9.04
60	401.20
90	933.38

3.3.2　坡度对红壤坡耕地水土流失的影响

坡度是影响坡面水土流失的重要因素。本小节通过人工模拟降雨试验研究坡度对红壤坡耕地水土流失的影响。土槽规格宽（1.5 m）×长（3 m）×高（0.5 m），土槽底部填筑 10 cm 厚度的粗砂，粗砂上覆盖一层土工布，再填筑 40 cm 厚的第四纪红黏土，20～40 cm 土壤填筑容重控制在 1.3 g/cm³，0～20 cm 土壤容重控制在 1.15 g/cm³，模拟耕作土壤，种植花生前与野外花生地一样翻耕 0～20 cm 深度土壤。土槽坡度可以调节，调节范围是 0～45°，本试验坡度分别为 5°、10°、15°、20°；农作物采用的是红壤丘陵区坡耕地最主要的作物花生，按照当地正常种植方式播种花生，株行距为 30 cm×30 cm。降雨系统为西安清远公司的下喷降雨系统，降雨高度为 17 m，雨强变化范围为 10～200 mm/h。本试验雨强都为 90 mm/h，降雨历时 60 min，观测产流开始时间、产流结束时间，产流后每隔 3 min 采集一次地表径流泥沙和壤中流过程样品。

3.3.2.1　坡度对红壤坡耕地地表径流的影响

由图 3-11 可知，不同坡度下红壤坡耕地地表产流过程线都是先增大后趋于稳定，整体上随着坡度的增大地表径流稳定时间减小；地表产流稳定后从 5°到 20°，地表产流稳定值是先增大后减小的，从 5°到 10°地表径流稳定值增大，从 10°到 25°地表径流稳定值依次减小，10°地表径流稳定值最大。

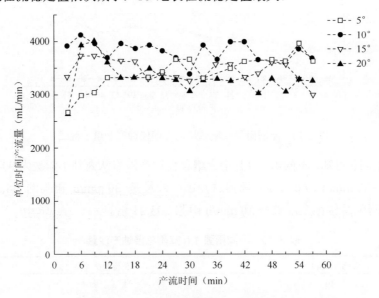

图 3-11　不同坡度坡耕地地表产流过程

由图 3-12 可知，坡度影响红壤坡耕地的总产流量，红壤坡耕地总径流从大到小依次为 10°＞15°＞20°＞5°，即红壤坡耕地从 5°到 20°是先增大后减小，10°是转折坡度。从 5°到 20°土槽的受雨面积不断减小，以 90 mm/h 雨强为例，10°、15°、20°与 5°相比土槽每分钟接受到的降雨量依次减小，为 76.86 mL、204.31 mL、381.39 mL，整个一个小时的模拟降雨 10°、15°、20°与 5°相比土槽接受到的降雨量依次减小，为 4611.71 mL、12 258.89 mL、22 883.34 mL；另一方面土壤的入渗速率随着坡度的增大而减小，土壤入渗速率的减小又可以增大地表产流量。由于红壤坡耕地土槽模拟试验随着坡度增大受雨面积减小，土壤入渗速率减小，双重因素的影响下导致地表产流量从 5°到 20°出现先增大后减小的趋势。

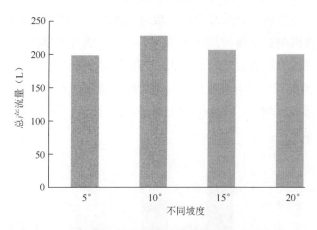

图 3-12　不同坡度坡耕地总产流量

3.3.2.2　坡度对红壤坡耕地壤中流的影响

由图 3-13 可知，不同坡度坡耕地壤中流单位时间产流量都是先增大后减小，峰值在雨停后 6～12 min；壤中流峰值从 5°到 20°分别为 2533 mL/min、1467 mL/min、1100 mL/min、1063 mL/min，即随着坡度的增大峰值减小；在壤中流到达峰值前，壤中流的增速随坡度增大而减小，峰值后，壤中流的减小速度随坡度增大减速而减慢，即坡度越小壤中流增加速度越快，峰值过后减小的速度越快。

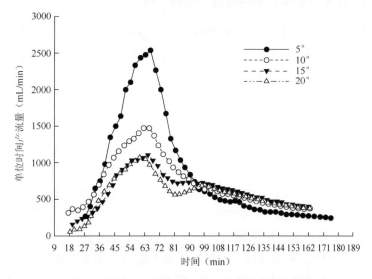

图 3-13　红壤坡耕地不同坡度壤中流产流过程

壤中流产流后 144 min 不同坡度壤中流产流量都很小。本书分析了产流后144 min 总壤中流总产流量，见图 3-14，可知从 5°到 20°红壤坡耕地的壤中产流量依次减小。由上述分析可知，坡度对红壤坡耕地壤中流的产流量影响很大，这主要由于坡度直接影响到红壤坡耕地土壤入渗速率。随着坡度的增大，入渗速率反而减小，且坡度增大地表径流流速较大，容易以地表径流形式流失。因此，导致红壤坡耕地从 5°到 25°随着坡度增大，单位时间壤中流产流速率减小，峰值过后无降雨补给，随坡度增大，壤中流减小速率增大，并直接导致壤中流峰值、总量都随坡度增大而减小。

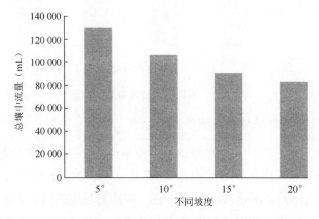

图 3-14　不同坡度红壤坡耕地总壤中流量

3.3.2.3　坡度对红壤坡耕地侵蚀产沙的影响

由图 3-15 可知，不同坡度下红壤坡耕地土壤侵蚀泥沙浓度刚开始很大，后趋于稳定，坡度越小稳定后的波动幅度越小，坡度越大稳定后的波动幅度越大。不同坡度间差异很大，泥沙浓度整体上从大到小表现出 20°>15°>10°>5°，随着坡度的增大产沙浓度增大。5°产沙浓度较低，最大值低于 4 g/L，稳定后基本小于 3 g/L，平均产沙浓度为 2.74 g/L；从 5°到 10°产沙浓度增加明显，稳定后的产沙浓度接近 4 g/L，平均产沙浓度 4.17 g/L，比 5°平均产沙浓度提高 52%；从 10°到 15°平均产沙浓度提高 34%；15°稳定后的产沙浓度大于 5 g/L，平均产沙浓度为 5.59 g/L；20°稳定后产沙浓度稍大于 15°，平均产沙浓度 5.80 g/L，比 15°仅提高 4%。表明红壤坡地产沙浓度从 5°到 15°增加明显，15°以上增加较小，坡度越低随着坡度变化产沙浓度变化越显著，坡度越高产沙浓度随坡度增加越小。

由图 3-16 可知，不同坡度对红壤坡耕地土壤侵蚀速率影响很大，从 5°到 15°土壤侵蚀速率随着坡度增加而增大，15°到 20°土壤侵蚀速率差异不明显。从 5°到 10°土壤侵蚀速率增幅很大，10°到 15°增幅较小，15°与 20°土壤侵蚀速率几乎没有明显差异。

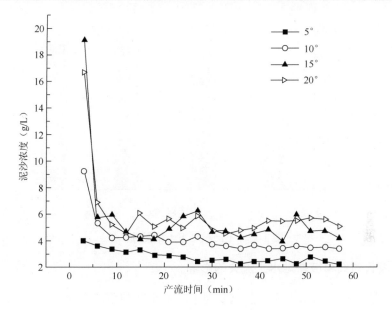

图 3-15　不同坡度土壤产沙浓度过程线

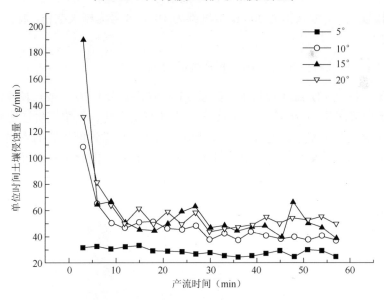

图 3-16　不同坡度土壤侵蚀速率变化过程线

由图 3-17 可知，不同坡度红壤坡耕地土壤总侵蚀量从 5°到 20°，随坡度增大呈先增大后略微有减小的趋势。从 5°到 10°土壤侵蚀总量增加 392.78 g，增幅高达 72.66%；从 10°到 15°土壤侵蚀总量增加 206.64 g，增幅为 18.13%；从 15°到 20°土壤侵蚀总量减小 3.95 g，减小幅度 0.35%，说明土壤侵蚀随着坡度变化先迅速增加后增幅减小，红壤坡耕地土壤侵蚀存在临界坡度。

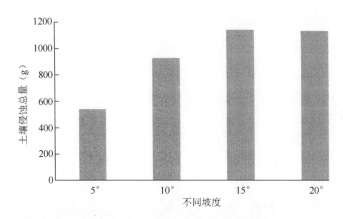

图 3-17　不同坡度下土壤侵蚀总量

3.3.3　坡长对红壤坡耕地水土流失的影响

坡长是影响坡面水土流失的重要因子。本小节利用江西水土保持生态科技示范园坡耕地径流小区 8、11、14 号径流场数据分析坡长因子对水土流失的影响，8、11 号为横坡垄作，坡长都为 20 m，坡度都为 10°，14 号为横坡垄作，坡长为 45 m，坡度为 10°。

3.3.3.1　坡长对红壤坡耕地地表产流的影响

由图 3-18 可知，红壤坡耕地产流量 45 m 坡长要大于 20 m 坡长径流深，45 m 坡面小区径流深是 20 m 坡面的 3.71 倍。上述分析表明，红壤坡耕地地表产流在 20~45 m 之间随着坡长的增加，地表产流量增大。随着坡面长度的增加，地表径流容易形成股流，股流流速较快，减小了地表入渗量，因此一定范围内红壤坡耕地随着坡长的增大地表产流量增大。

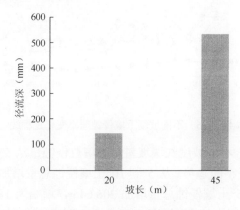

图 3-18　不同坡长地表产流

3.3.3.2　坡长对红壤坡耕地侵蚀产沙的影响

由图 3-19 可知，红壤坡耕地不同坡长小区土壤侵蚀模数差异明显，45 m 坡长小区土壤侵蚀模数是 20 m 坡长的 2.67 倍，说明红壤坡耕地在 20～45 m 坡长范围内，随着坡长的增大，土壤侵蚀模数加大。随着坡长的增加、地表汇流增大，容易形成股流，股流流速较大，并且随着坡长增大，在重力的作用下径流流速不断增加，径流能量不断增大，径流侵蚀能量增加。因此一定范围内，红壤坡耕地随着坡长的增加，土壤侵蚀模数增加。

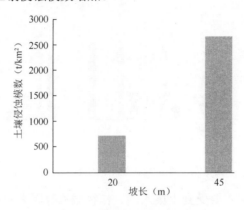

图 3-19　不同坡长土壤侵蚀模数

3.3.4　作物生长期对红壤坡耕地水土流失的影响

坡耕地水土流失不同于其他土地利用方式的水土流失，坡耕地作物不同生长期其植被覆盖度差异很大，另外不同生长期土壤受农事扰动程度不一样。因此，坡耕地水土流失受作物生长期影响很大。本节通过作物不同生长期的人工模拟降雨试验，研究了红壤坡地作物生长期对水土流失的影响。农作物采用的是红壤丘陵区坡耕地主栽作物——花生，坡度采用的是红壤坡耕地代表性坡度 10°，花生生长期的划分采用农业上最常见生长期划分标准，分为播种期、苗期、盛花期、结荚期、收获期，土槽规格宽（1.5 m）×长（3 m）×高（0.5 m）。同时为了比较花生茎叶覆盖对水土流失的影响，在花生收获期，将花生茎叶减掉，留 5 cm 左右的茬、根的情况下进行了一次模拟降雨试验，不同时期模拟降雨试验的雨强都为 90 mm/h，降雨历时 60 min，观测产流开始时间、产流结束时间，产流后每隔 3 min 采集一次径流泥沙过程样品。

3.3.4.1　作物生长期对红壤坡耕地地表产流的影响

通过红壤坡耕地花生不同生长期的模拟降雨试验产流时间分析（图 3-20）可知，从播种期到苗期产流开始时间减小，从苗期到结荚期产流开始时间一直增大，收获期又减小，收获后剪茎产流开始时间最小；从播种期到结荚期产流结束时间不断延长，结荚期到收获期产流结束时间基本无明显差异，收获后剪茎产流结束时间减短，仅仅大于播种期。

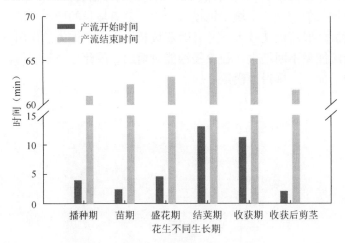

图 3-20　坡耕地花生不同生长期产流时间

　　坡耕地产流时间主要受到土壤入渗、作物截流等因素影响，播种期土壤由于受到翻耕影响，因此，在作物整个生长期土壤入渗率最大。随着时间推移，受到沉降和板结的影响，土壤入渗率逐渐下降。因此，苗期土壤入渗率小于播种期，收获后土壤入渗率最小，另外，苗期归一化植被指数（NDVI）只有25%以内，株高只有10 cm左右，其花生截流作用较小，因此，收获后剪茎产流开始时间最小，其次为苗期，再次为播种期。播种期土壤入渗大，降雨结束后产流很快结束，导致播种期产流结束时间最小；苗期花生增加地表糙度，稍微延长产流结束时间，因此苗期比收获后剪茎稍大。从苗期到盛花期，花生NDVI增大到90%，盛花期到收获期NDVI基本都不变，但是从盛花期到结荚期株高增高，株茎增粗，从而增大截雨截流作用，产流开始时间延长，降雨停止后，径流补给增大，导致产流结束时间延长；当花生接近收获期时会出现倒伏现象，从而导致截流有效株高减小，收获期产流开始、结束时间反而减小。

　　通过红壤坡耕地花生不同生长期的模拟降雨试验产流过程分析见图3-21，花生不同生长期产流量随着产流时间的变化都逐渐增大，后趋于稳定，当降雨停止后产流量迅速减小；产流初期不同生长期产流大小依次为收获后剪茎、播种期、苗期、盛花期、结荚期，结荚期与收获期无明显差异；产流稳定后，产流速度大小依次为收获后剪茎、收获期、播种期、苗期、盛花期、结荚期。

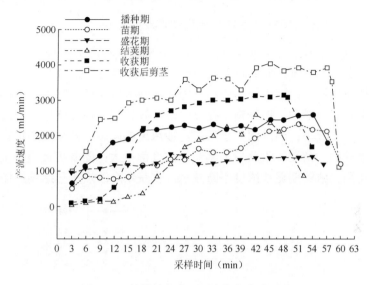

图 3-21　坡耕地花生不同生长期产流过程

通过图 3-22 可知,坡耕地花生不同生长期的总径流量从大到小为收获后剪茎、播种期、收获期、苗期、盛花期、结荚期。地表产流受土壤入渗、作物截流等影响,翻耕后土壤入渗增加,离翻耕时间越近,土壤入渗越大。随着植物生长,离翻耕时间越远,植被覆盖度越大。收获后剪茎土壤最板结,土壤入渗率最大,另外无植被覆盖度,因此其径流量最大;播种期土壤入渗较大,但无植被截流,耕作层土壤含水量饱和后径流很大,因此,其径流量第二;收获期作物倒伏,植被截流较弱,另外此时土壤较板结,土壤入渗率很低,导致其径流第三;从苗期到结荚期,NDVI 不断增加,植被截流不断增加,地表粗糙度不断增加,因此地表径流不断减小。

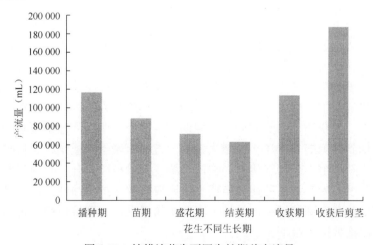

图 3-22　坡耕地花生不同生长期总产流量

3.3.4.2　作物生长期对红壤坡耕地侵蚀产沙的影响

通过红壤坡耕地花生不同生长期的模拟降雨试验产流过程中泥沙浓度分析（图 3-23）可知，坡耕地花生不同生长期泥沙浓度都表现为先增大，后减小的趋势。产流初期径流量较小，输沙能力较小，因此泥沙浓度较低。随着时间推移，径流量增大，输沙能力增大，地表覆土提供沙源，导致泥沙浓度剧增。当高含沙水流过后，泥沙浓度减小；当降雨停止后，泥沙浓度剧降。产沙浓度与植被覆盖度密切相关，播种期、苗期、收获后剪茎泥沙浓度都很大；随着植被覆盖度增大，从苗期到盛花期、结荚期泥沙浓度不断减小，收获期产沙浓度与结荚期接近。

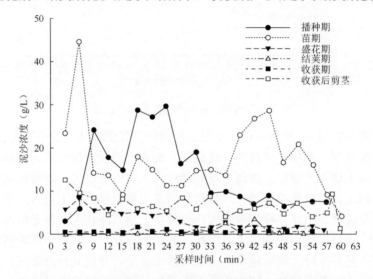

图 3-23　坡耕地花生不同生长期侵蚀产沙过程中泥沙浓度

通过红壤坡耕地花生不同生长期的模拟降雨试验产沙过程分析（图 3-24）可知，坡耕地花生不同生长期侵蚀产沙量与产沙浓度规律类似，都表现为先增大，后减小的趋势。这主要受到前期浮土和径流输沙能力的影响。坡耕地侵蚀产沙不同生长期差异很大，随着 NDVI 的增大而减小。

通过红壤坡耕地花生不同生长期的模拟降雨试验总侵蚀产沙分析（图 3-25）可知，坡耕地花生不同生长期侵蚀总产沙量大小依次为播种期、苗期、收获后剪茎、盛花期、收获期、结荚期。从播种期到结荚期土壤总侵蚀量逐渐减小，一方面从播种期到结荚期 NDVI 不断增大，另一方面土壤不断板结，土壤抗侵蚀性不断增强。收获期由于受到倒伏的影响，土壤侵蚀量稍微上升。收获后剪茎与播种期植被覆盖度都为零，播种期和苗期土壤比较松散，抗侵蚀性差，容易被径流输移，收获后剪茎土壤较板结，另外土壤含作物根系，土壤抗侵蚀性较强，因此其侵蚀产沙比播种期、苗期要小。

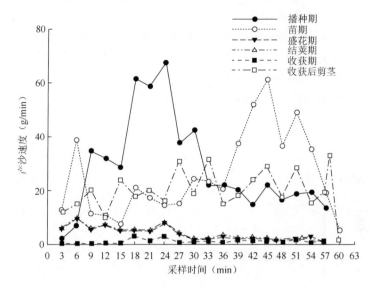

图 3-24 坡耕地花生不同生长期侵蚀过程中产沙速度

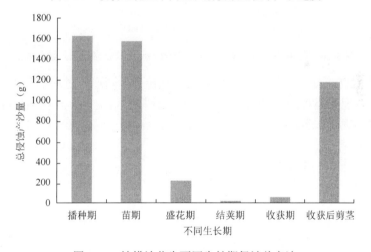

图 3-25 坡耕地花生不同生长期侵蚀总产沙

　　花生不同生长期植被覆盖度差异很大,从而影响到坡面侵蚀产沙和泥沙颗粒。由图 3-26 可知,花生不同生长期整体上粉粒(≤0.02mm)颗粒含量在 2.5%以内;不同生长期粉粒(≤0.02mm)颗粒含量随着产流时间表现为先减小后增大,最后上下波动趋于稳定;不同生长期粉粒(≤0.02mm)颗粒含量表现为:播种期≈苗期<盛花期<收获期<结荚期,即粉粒含量从苗期到结荚期先增大后减小。由于每次降雨试验前用小雨强进行预降雨,因此,地表粉粒(≤0.02mm)颗粒较少,随着产流继续,开始大量侵蚀坡面土体,粉粒开始增加,后趋于稳定。苗期植被覆盖度 30%以内,植被覆盖度低,植被对侵蚀泥沙搬运影响较小,因此苗期与播

种期粉粒（≤0.02mm）颗粒几乎无差异。植被覆盖度的增大一方面减少雨滴打击地表，另外减少降雨对地表薄层水流的扰动，减少了侵蚀能力和输移泥沙能力。从苗期到结荚期植被覆盖度表现为增大，花生茎枝随着生长期推移而增大，因此粉粒（≤0.02mm）颗粒含量不断增大。收获期花生倒伏，且覆盖度减小，因此，从结荚期到收获期粉粒（≤0.02mm）颗粒含量出现减小现象。

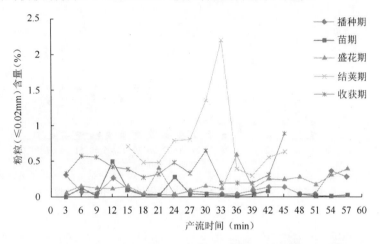

图 3-26　花生不同生长期粉粒（≤0.02 mm）颗粒含量随产流过程线

　　由图 3-27 可知，花生不同生长期细砂颗粒含量随产流过程都是上下波动的，但整体上表现为播种期＜苗期＜盛花期＜收获期＜结荚期，与花生植被覆盖和花生生长状况规律一致。

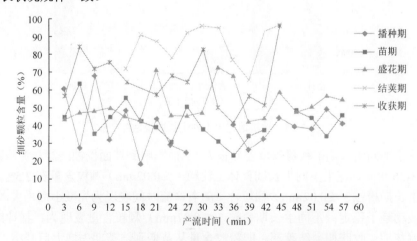

图 3-27　花生不同生长期细砂颗粒含量随产流过程线

　　由图 3-28 可知，不同花生生长期整个产流过程，粗砂颗粒含量上下波动，但整体上粗砂颗粒含量从大到小依次为：播种期＞苗期＞盛花期＞收获期＞结荚期。

播种期无植被覆盖，雨滴直接击溅土壤，降雨侵蚀能力和径流搬运能力大。因此，侵蚀和输移了大量粗砂，植被覆盖后一方面可以直接减少雨滴击溅地表，减少击溅大颗粒，另一方面植被减缓地表流速，减少泥沙输移能力。因此，从播种期到结荚期，侵蚀泥沙中粗砂含量不断减小，收获期花生出现倒伏，茎叶拦截雨滴动能大大减小，从而增加粗砂含量。

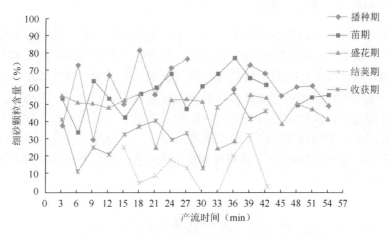

图 3-28　花生不同生长期粗砂颗粒含量随产流过程线

　　通过整个产流过程中不同粒径颗粒含量计算不同粒径平均含量，由图 3-29 可知，红壤坡耕地侵蚀产沙主要为细砂和粗砂，粉粒含量在 2.5% 以内。不同花生生长期侵蚀泥沙颗粒含量差异明显，播种期、苗期粗砂含量分别为 59.79%、56.73%，说明其主要侵蚀颗粒为粗砂；盛花期粗砂、细砂含量分别为 46.52%、53.45%；结荚期、收获期细砂颗粒含量分别为 86.15%、65.53%；说明其主要侵蚀颗粒为细砂。从播种期到结荚期泥沙中细砂及以下颗粒含量不断增大，粗砂颗粒含量不断减小，

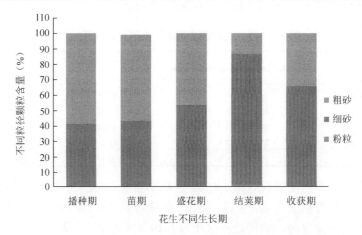

图 3-29　花生不同生长期产流过程不同粒径颗粒平均含量

从结荚期到收获期细砂含量减小，粗砂含量增大。上述分析表明，花生生长期直接影响坡面侵蚀产沙颗粒组成。这主要由于不同生长期植被覆盖度不同，茎叶生长状况不同，随着覆盖度的增大，粗砂颗粒不断减小，收获期花生出现倒伏，导致粗砂增大，细砂减小。

3.3.5　土壤对红壤坡耕地水土流失的影响

土壤可蚀性因子是通用土壤流失方程中的重要参数，是反映土壤对侵蚀敏感程度的重要属性。土壤可蚀性因子 K 值的定量方法主要有田间实测法和数学模型法等。由于数学模型法具有土壤的理化性质测定方便、费用节省等优点，目前国内有不少采用国外经验模型计算和分析土壤可蚀性值。然而，一方面，因国内外自然条件的差异，国外原创模型直接应用的误差较大；另一方面，国内各地土壤特性差异明显，不同地区的研究成果也不易遍推广。为此，以坡耕地小区 6 号和 9 号裸露小区 2012～2015 年不间断观测资料为依据，用标准小区法进对土壤可蚀性因子 K 进行研究。

标准小区实测法：

$$K=A/(RSL) \tag{3-1}$$

坡长因子 L 的计算公式：

$$L=(\lambda/22.1)m \tag{3-2}$$

其中，m 为系数。当坡度大于 5°时，$m=0.5$；当坡度介于 3.5°～4.5°之间时，$m=0.4$；当坡度介于 1°～3°之间时，$m=0.3$；当坡度小于 1°时，$m=0.2$。

坡度因子 S 采用刘宝元等（2001）提出的陡坡（坡度大于 10°）计算公式：

$$S=21.91\sin\theta-0.96 \tag{3-3}$$

由表 3-11 可得，坡耕地土壤可蚀性因子 K 值为 0.0024，该结果与秦伟（2013）求出的红壤可蚀性因子 K 值 0.0011～0.0023 接近。

表 3-11　江西赣北坡耕地小区实测 K 值

年份	年降雨量 (mm)	年降雨侵蚀力 R [MJ·mm/(hm²·h)]	年侵蚀量 A (t/hm²)	实测 K 值 [t·hm²·h/(hm²·MJ·mm)]
2012	1867.9	26 880.851 7	207.3231	0.0029
2013	1336.4	16 470.156 6	94.9986	0.0021
2014	1473.5	18 999.795 7	155.8014	0.0030
2015	1625.6	21 936.417 6	86.9290	0.0015
均值	1575.85	21 071.805 4	130.6197	0.0024

诺莫图法仅适用于粉粒含量<70%、有机质含量<4%的土壤。通过测试坡耕地土壤机械组成和有机质含量，见表 3-12，参考刘宝元（2001）中国土壤侵蚀模型土壤结构指数划分等级，坡耕地小区土壤结构等级为 1。

表 3-12　坡耕地土壤理化性质

小区号	土壤深度（cm）	砂粒（%） 2～0.05 mm	粉粒（%） 0.05～0.002 mm	黏粒（%）<0.002 mm	有机质（%）
6	0～20	18.37	57.14	24.49	1.14
	20～40	42.86	36.74	20.41	0.85
9	0～20	16.33	61.23	22.45	0.82
	20～40	26.53	53.06	20.41	0.77

坡耕地土壤饱和导水率实测结果为 $K_S \approx 12$ mm/h，根据表 3-13 渗透等级标准，坡耕地土壤渗透等级为 4，下渗速率中等偏慢。

表 3-13　渗透等级分级标准

渗透等级	饱和导水率（mm/h）	土壤质地	基本描述
1	>150	砂土	下渗速率很快
2	50～150	壤砂土、砂壤土	下渗速率中等偏快
3	15～50	壤土、粉壤土	下渗速率中等
4	5～15	砂黏壤土、黏壤土	下渗速率中等偏慢
5	1～5	粉黏壤土、黏壤土	下渗速率慢
6	<1	粉黏土、黏土	下渗速率很慢

诺莫图公式计算采用 Wischmeier 等（1971）简化公式：

$$K_{nm} = \left[2.1 \times 10^{-4}(12 - OM)M^{1.14} + 3.25 \times (S - 2) + 2.5 \times (P - 3) \right] / 100 \quad (3\text{-}4)$$

式中，M 为美国粒径分级制中的（粉粒+极细砂）（%）与（100–黏粒）之积，OM 为有机质含量（%），S 为土壤结构编号，P 为土壤剖面渗透等级。

可得 6 号小区 $K_{nm}=0.0337$ t·hm²·h/(hm²·MJ·mm)，9 号小区 $K_{nm}=0.0442$ t·hm²·h/(hm²·MJ·mm)。

EPIC 公式模型法：

$$K = \left\{ 0.2 + 0.3\exp\left[-0.0256SAN(1 - SIL/100)\right] \right\} \cdot \left(\frac{SIL}{CLA + SIL} \right)^{0.3}$$
$$\cdot \left[1 - \frac{0.25C}{C + \exp(3.72 - 2.95C)} \right] \cdot \left[1 - \frac{0.7SN1}{SN1 + \exp(-5.51 + 22.9SN1)} \right] \quad (3\text{-}5)$$

式中，SAN、SIL 和 CLA 分别为美制土壤粒级分类标准的砂粒、粉粒和黏粒含量，SN1=1-SAN/100；C 为土壤有机碳含量（%）。

按照式（3-5）计算得出，6 号小区 $K_{EPIC}=0.0456$ t·hm²·h/(hm²·MJ·mm)，9 号小区 $K_{EPIC}=0.0517$ t·hm²·h/(hm²·MJ·mm)。

坡耕地裸露小区实测值与模型经验公式计算结果对比见表 3-14。由表 3-14 可知，标准小区法实测 K 值比经验模型的 K 值要小。第四纪红黏土 K_{nm} 是实测 K 值的 17.6 倍，K_{EPIC} 是实测 K 值的 22.1 倍，K_{EPIC} 是 K_{nm} 的 1.3 倍。史学正（1997）研究我国亚热带红壤，指出 K_{nm} 是实测 K 值的 6.07 倍；郑海金（2012）研究赣北红壤土壤可蚀性，认为 K_{nm} 是实测 K 值的 10 倍。说明 K_{nm} 经验模型在我国红壤地区计算值要高于实测值，该模型在我国红壤地区应用需要进行相关参数修正。诺莫图法是根据美国中西部地区人工降雨试验资料推导得出，试验大部分都是采用表层土样进行，其中 60% 的团粒系数小于 0.3，而且大部分资料都未包含土壤砾石（>2 mm）的资料，因此，直接利用诺莫公式计算的 K_{nm} 往往要大于实测 K 值；EPIC模型公式法是建立在诺莫图法的基础上发展而来，所以以上两种经验模型在该试验区应用时，需要对相关参数进行修正。

表 3-14　标准小区实测 K 值与 K_{nm}、K_{EPIC} 值比较

小区号	土壤深度 (cm)	实测 K 值 [t·hm²·h/(hm²·MJ·mm)]	K_{nm} [t·hm²·h/(hm²·MJ·mm)]	K_{EPIC} [t·hm²·h/(hm²·MJ·mm)]
6	0~20	0.0021	0.0409	0.0514
	20~40		0.0266	0.0399
9	0~20	0.0024	0.0471	0.0540
	20~40		0.0413	0.0495
均值		0.0022	0.0389	0.0487

3.4　坡耕地水土流失模拟评价

3.4.1　坡面水土流失过程模拟

完整的坡面土壤侵蚀过程模型一般由 2 个子模型构成：①降雨径流模型，用来描述坡面的产汇流问题，即推求净雨、流量过程和径流总量；②侵蚀和泥沙输移模型，用来描述坡面产沙和输沙过程。本次研究将采用 KINEROS2 模型(Smith et al., 1995)，对红壤坡耕地休闲裸露小区进行产流和产沙过程模拟。

3.4.1.1　模型建立

（1）坡面产流模型

运动波近似理论在大多数情况下可以很好地描述坡面流运动过程，且计算简单。因此研究仍采用一维运动波理论，即坡面流基本方程为

$$\begin{cases} \dfrac{\partial h}{\partial t} + u\dfrac{\partial h}{\partial x} + h\dfrac{\partial u}{\partial x} = p\cos\alpha - i \\ u = \dfrac{1}{n}h^{2/3}S_0^{1/2} \end{cases} \tag{3-6}$$

式中，x 为沿坡面向下的坐标；t 为时间（s）；h 为水深（m）；u 为流速（m/s）；P 为降雨强度（m/s），此处假设降雨方向垂直向下；i 为入渗率（m/s）；S_0 为坡面坡度，$S_0 = \sin\alpha$；α 为坡面倾角；n 为 Manning 糙率系数。土壤的入渗过程对坡面流的形成和流动过程影响很大，本研究采用上述介绍的 G-A 模型。

（2）土壤侵蚀过程模型

KINEROS2 模型泥沙侵蚀过程采用式（3-7）表示：

$$\frac{\partial(AC_s)}{\partial t}+\frac{\partial(QC_s)}{\partial x}-e_r(x,t)=q(x,t) \tag{3-7}$$

式中，C_s 表示泥沙体积浓度（m³/m³）；A 表示坡面面积（m²）；Q 表示坡面径流流量，（L²/T）；e_r 表示土壤侵蚀率（L²/T）；q 为单宽流量。在 KINEROS2 模型中，e_r 可通过下式计算得到：

$$e_r = e_s + e_h \tag{3-8}$$

式中，e_s 为降雨溅蚀速率，e_h 为水力侵蚀速率。降雨溅蚀速率可表达为

$$e_s = \begin{cases} c_f \exp(-c_h h)ri & q>0 \\ 0 & q<0 \end{cases} \tag{3-9}$$

式中，c_f 为一大于零的常数；h 为坡面水深，mm；c_h 为溅蚀阻尼系数；i 为降雨强度，mm/h；r 为降雨强度减去截留和入渗的净雨强度，mm/h。

水力侵蚀速率 e_h 可表示为

$$e_h = c_g(C_m - C_s)A \tag{3-10}$$

式中，C_m 表示泥沙恒定浓度（稳定迁移时），c_g 表示泥沙迁移交换系数。

3.4.1.2　模型率定与模拟

土壤初始含水率、土壤机械组成、坡度、土壤空隙分布、表土层厚度等则通过直接测量获得。率定参数主要包括饱和导水率(K_s)、曼宁系数(n)、毛细管张力(G)、雨滴溅蚀系数(C_f)、土壤聚合系数(COH)、初始土壤溶解态化学物浓度（C_0）。参数率定方法采用水文地质计算中常用的"试错法"，模拟过程时通过不断改变输入参数，并与实际观测结果进行比较，从而确定各参数值。模型参数修正见表 3-15。

表 3-15　模型参数修正

参数	上层土壤参数取值	下层土壤参数取值
饱和导水率（mm/h）	3.2	1.7
土壤聚合系数（s⁻¹）	0.004	—
毛细管力（mm）	250	215
雨滴溅蚀系数（s/m）	180	—
曼宁系数	0.02	—
变异系数	0.1	—
孔隙度（%）	46	44
孔径分布指数	0.6	0.8
砾石含量	0	0
表层土厚度（mm）	300	—
坡度	0.176	0.176

为了验证模型的有效性，应用三种雨型下 6 组资料进行检验，结果见表 3-16。

表 3-16　产流量和产沙量计算值与实测值的对较

雨型	日期	降雨 (mm)	径流量			泥沙量		
			实测值 (mm)	计算值 (mm)	相对误差 (%)	实测值 (kg)	计算值 (kg)	相对误差 (%)
中雨	2014.3.24	25.4	0.45	0.49	8.16	1.03	0.94	-9.57
	2014.4.18	20.7	8.09	8.01	-1.00	38.38	27.89	-36.63
大雨	2014.3.8	45.3	4.13	4.19	1.43	4.11	4.65	11.61
	2014.4.24	40.2	20.08	17.96	-11.80	74.08	61.29	-20.87
暴雨	2014.6.20	128.3	50.08	57.17	12.41	237.08	206.32	-14.91
	2014.7.24	146.5	93.67	94.21	0.57	85.64	118.97	28.01

从表 3-16 可以看出，径流计算值与实测值的相对误差最大不超过±13%，最小相对误差小于±1%，说明径流计算值与实测值十分接近；泥沙计算值与实测值的相对误差最大小于±37%，最小误差小于±4%。由此可知：采用该模型模拟径流和侵蚀率，水文曲线径流模拟值和实测值较吻合；对于泥沙，即侵蚀率模拟，模型模拟结果在大多数时间内与实测值之间存在一些差异，尤其是在降雨初期，侵蚀率模拟值和实测值之间存在较大差异，而在降雨后期，这种差异较小。实际上，侵蚀率模拟精度差是大多数侵蚀模型普遍存在的缺陷，Folly 等（1999）、Morgan 等（1998）也同样发现对径流模拟效果要优于对侵蚀的模拟。总体上，本研究建立的模型较为合理。将表 3-2 中的降雨过程输入到本次研究建立的模型中计算，得到不同雨型下的产流产沙过程曲线（图 3-30）。

从图 3-30 中可以看出，不同降雨下的产流过程有如下特征：自然条件下的降雨过程很复杂，雨强变化很大而且呈现明显的多峰性，因此产流产沙也呈现出多峰的特性。同一雨型下，降雨过程对红壤坡面产流产沙过程影响明显。如 NO.20140418 降雨事件降雨量是 NO.20140324 降雨事件降雨量的 81%，降雨量相差不大，但产流量却相差 16 倍，产沙量相差 30 倍。这是由于 NO.20140418 降雨事件为突发型降雨，其降雨集中，最大瞬时雨强为 74.4 mm/h，而 NO.20140324 降雨时间为平稳型降雨，其降雨量较为分散，最大瞬时雨强仅为 12.0 mm/h。NO.20140620 降雨事件和 NO.20140724 降雨事件的瞬时最大雨强分别为 82.8 mm/h、76.8 mm/h，它们的降雨量也相差不大，但其产流、产沙量和过程却相差较大。NO.20140620 降雨事件洪峰为 63.75 mm/h，沙峰为 71.33 g/s，NO.20140724 降雨事件洪峰为 73.43 mm/h，沙峰为 39.05 g/s，NO.20140620 降雨事件产沙是 NO.20140724 降雨事件的近 3 倍。这主要是由于 NO.20140620 降雨事件的降雨主要集中在降雨前期，NO.20140724 降雨事件降雨主要分散在降雨后期。前期集中降雨将会产生明显的超渗产流，其水流流速较快，水流冲刷能力较强，土壤侵蚀强度也将较大；而后期分散降雨将会产生蓄满产流，其水流流速较缓，水流冲刷能力也较弱，土壤侵蚀强度也将较小。

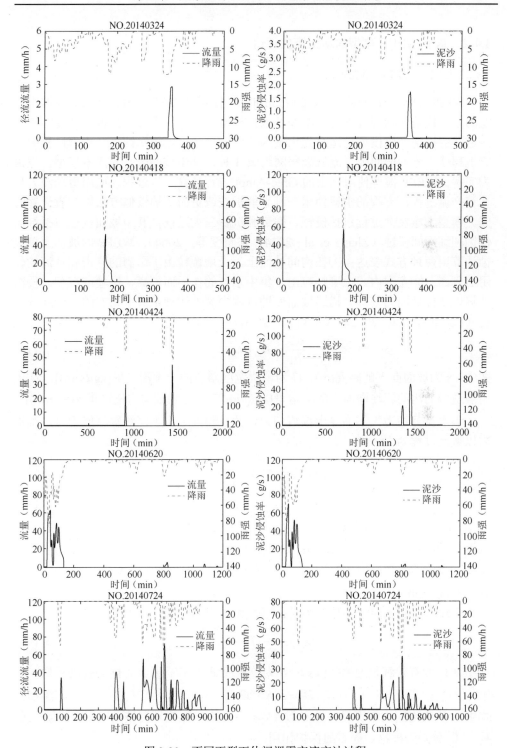

图 3-30　不同雨型下休闲裸露产流产沙过程

3.4.2　基于 WEPP 模型的水土流失评价

3.4.2.1　WEPP 模型概述

WEPP（Water Erosion Prediction Project）模型是 1985 年由美国农业部组织开发的新一代基于物理过程的土壤侵蚀预报模型，也是一个逐日预报土壤侵蚀和泥沙输移的模型。该模型是迄今为止最为复杂的描述与土壤水蚀相关物理过程的计算机程序，分为坡面版、流域版和网络版 3 种，其中坡面版是其基本模型，也最为完善。WEPP 模型使用修正的 Gree-Ampt 方程计算入渗过程，应用运动波方程计算产流过程，方程的求解使用一种半解析法或更简单的近似方法以节省计算时间。模型土壤侵蚀过程包括侵蚀、搬运和沉积三大过程，其中坡面侵蚀包括细沟侵蚀和细沟间侵蚀（Zhang et al., 2014，张晴雯等，2004）。WEPP 的坡面土壤侵蚀计算用两种方式表达：①在沟间坡面上，土壤颗粒由于雨滴的打击和片流的作用而剥离；②在沟内，土壤颗粒由于集中水流的作用而剥离、运输或沉积。侵蚀计算以单位坡面为基础。描述坡面侵蚀过程中泥沙运动是基于稳态的泥沙连续方程（Flanagan et al., 2012，郑粉莉等，2010）：

$$\frac{\mathrm{d}G}{\mathrm{d}x} = D_r + D_i \tag{3-11}$$

式中，x 为坡面向下的距离(m)，G 为单位宽度斜坡的土壤流失量[kg/(s•m)]，D_i 为雨滴造成的沟间泥沙向沟内的输运量[kg/(s•m²)]，D_r 为细沟内侵蚀量[kg/(s•m²)]。

当水流剪切力大于临界土壤剪切力，并且输沙率小于泥沙输移能力时，细沟内以搬运过程为主，则

$$D_r = D_c \left(1 - \frac{G}{T_c}\right) \tag{3-12}$$

$$D_c = K_\tau (\tau - \tau_c) \tag{3-13}$$

式中，T_c 为水流的单宽输沙能力[kg/(s•m)]，在 WEPP 中由 $T_c = K_t \tau^{3/2}$ 确定，其中 K_t 为泥沙搬运系数（m$^{0.5}$•s^2•kg$^{-0.5}$）；D_c 为沟中水流剥离土壤的能力[kg/(s•m²)]；τ 为水流对土壤的剪切应力（Pa）；τ_c 为土壤的临界抗剪切应力（Pa）；K_τ 为沟内可侵蚀性参数（s/m）。

当输沙率大于泥沙输移能力时，以沉积过程为主：

$$D_x = \frac{\beta V_f}{q}(T_c - G) \tag{3-14}$$

式中，V_f 为有效沉积速率（m/s）；q 为单宽流量（m²/s）；β 为雨滴扰动系数。

$$D_i = K_i S_f I^2 G_s C_s \tag{3-15}$$

式中，K_i 为沟间土壤可侵蚀性参数（kg•s^{-1}•m^{-4}）；S_f 为坡度校正因子；I 为雨强；G_s、C_s 分别为植物、碎石的保护作用。

总的土壤侵蚀方程为

$$\frac{dG}{dx} = K_\tau(\tau - \tau_c)\left(1 - \frac{G}{T_c}\right) + K_i S_f I^2 G_s C_s \qquad (3\text{-}16)$$

做如下列变量代换：

$$\left.\begin{array}{l} a_1 = \dfrac{K_\tau(\tau - \tau_c)}{T_c} \\[3mm] m = T_c \\[2mm] a_2 = K_i S_f I^2 G_s C_s \end{array}\right\} \qquad (3\text{-}17)$$

将式（3-17）代入式（3-16）进行求解，并在 $x = 0$ 处泰勒展开截至 4 次项，得到

$$G(x) \approx \frac{ma_1 + a_2}{a_1} + \frac{c}{a_1}\left(\frac{(a_1 x)^4}{24} - \frac{(a_1 x)^3}{6} + \frac{(a_1 x)^2}{2} - a_1 x + 1\right) \qquad (3\text{-}18)$$

做如下列变量代换：

$$\left.\begin{array}{l} b_0 = \dfrac{24(ma_1 + a_2)}{ca_1^4} \\[3mm] b_1 = -\dfrac{24}{a_1^3} \\[3mm] b_2 = \dfrac{12}{a_1^2} \\[3mm] b_3 = -\dfrac{4}{a_1} \end{array}\right\} \qquad (3\text{-}19)$$

则有

$$G(x) = \frac{ca_1^3}{24}\left(x^4 + b_3 x^3 + b_2 x^2 + b_1 x + b_0\right) \qquad (3\text{-}20)$$

对式（3-15）进行一次对 x 微分，则有

$$G'(x) = \frac{ca_1^3}{24}\left(4x^3 + 3b_3 x^2 + 2b_2 x + b_1\right) = 0 \qquad (3\text{-}21)$$

取 $F'(x) = x^3 + \dfrac{3}{4}b_3 x^2 + \dfrac{1}{2}b_2 x + \dfrac{1}{4}b_1 = 0$，则 $G(x)$ 与 $F(x)$ 有相同的函数性质。现在做如下变量代换：

$$\left.\begin{array}{l} z = x + \dfrac{1}{\sigma_1} \\[3mm] q = \dfrac{3}{\sigma_1^2} \\[3mm] r = -\dfrac{3}{\sigma_1^3} \end{array}\right\} \qquad (3\text{-}22)$$

则有

$$F(z) = z^3 + qz + r = 0 \qquad (3\text{-}23)$$

式（3-23）中 z 为状态变量；q, r 为控制变量，则有式（3-23）的分叉集方程为

$$D = 4q^3 + 27r^2 = \frac{117}{\sigma_1^6} > 0 \qquad (3\text{-}24)$$

即

$$D = 9KR^2\tau^2 - 2(R\sigma - 4K)^3 = 0 \qquad (3\text{-}25)$$

以上各式为 WEPP 模型内部的侵蚀泥沙运移方程求解过程。

　　运行 WEPP 模型坡面版需要建立气候、土壤、坡度坡长和作物管理 4 个数据库(表 3-17)，每个数据库都涉及多个参数。若进行灌溉模拟，则还需要与灌溉相关的输入数据。气候数据库有 BPCDG(break point climate date generator) 和 CLI-GEN(climate generator) 两种类型，两者的差异主要表现在描述次降雨过程的方式上。土壤数据库各参数既可以通过 WEPP 模型自动生成，也可以通过试验标定计算获得。前者需要输入土壤的砂粒含量、黏粒含量、有机质含量、岩屑含量及阳离子交换量，通过 WEPP 模型的内部公式进行计算而获得；后者是通过土壤参数的敏感性分析，利用迭代计算得到各参数值。坡度坡长数据库需要根据模拟的坡面，分别设置坡度、投影坡长和坡宽。作物管理数据库比较复杂，涉及很多参数，包括初始条件、耕作措施和作物种植等子数据库，各子数据库又涉及许多参数。

表 3-17　WEPP 模型坡面版输入参数

子数据库名称	参数
CLI-GEN 气候数据库	降雨量、降雨历时、t_p、i_p、最高温度、最低温度、太阳辐射量、风速、风向和露点温度
BPCDG 气候数据库	次降雨的断点数量、各断点的时间及累计降雨量、最高气温、最低气温、太阳辐射量、风速、风向和露点温度
土壤数据库	土壤反照率、初始饱和导水率、土壤临界剪切力、细沟土壤可蚀性、细沟间土壤可蚀性和有效水力传导率
坡度坡长数据库	坡度、坡长和坡宽
作物管理数据库	初始条件子数据库、耕作措施子数据库和作物种植子数据库等

注：t_p 为达到最大降雨强度的时间和总降雨历时的比值；i_p 为最大降雨强度和平均降雨强度的比值。

3.4.2.2　模型建立

（1）资料收集

　　WEPP 坡面版模型模拟所需要的资料主要包括两个方面：一是运行 WEPP 模型所需要的资料，主要是建立 WEPP 模型的气候、坡度坡长、土壤和作物管理 4 个数据库所需要的资料；二是用于评价 WEPP 模型精度所需要的资料，包括各径流小区次产流降雨的径流量和土壤侵蚀量。收集的观测资料包括：1951～2008 年

的日系列气象数据，包括降雨量、最高气温、最低气温、风速、风向和相对湿度等。同时，收集了 2014 年的 5 min 系列气象观测资料；径流小区的坡度、坡长、坡宽、坡面处理和耕作措施等实测资料；坡耕地种植作物的耕作与管理措施方面的资料。

研究区 1951～2008 年的日系列气象数据源于中国气象科学数据共享服务网，2014 年的气象、径流和泥沙观测资料以及田间管理资料等其他所有资料皆来自于江西水土保持生态科技示范园实际观测。

（2）气象数据库建立

利用江西水土保持生态科技示范园内的 2014 年 5 min 系列降水、气温、风速和风向观测资料，采用 Breakpoint 输入方式建立运行 WEPP 模型气象数据库，见图 3-31。由图可知，建立所需气象数据库仍缺少太阳辐射和露点温度数据。已有研究表明，对于无融雪条件下的坡面版侵蚀模拟，太阳辐射和露点温度因子对土壤侵蚀预测结果的影响不大，故在利用气候生成器 CLIGEN5.3 生成气候参数的过程中，可基于气象资料最大相似性的原则（胡云华等，2013），利用 FindMatch 工具筛选美国国家气象站代替研究区气候参数。本次研究利用 1951～2008 年德安站的日系列降雨量、最高气温、最低气温，运行相关程序即可生成 WEPP 模型运行所需的 par 气候文件，再利用 FindMatch 工具将这些次要气候因子替换美国 Mississippi 的 MOORHEAD 站点的气候数据，建立基本符合当地气候的气象数据库（图 3-32）。

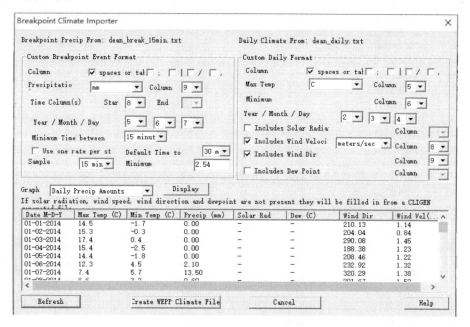

图 3-31　Breakpoint 气象数据生成

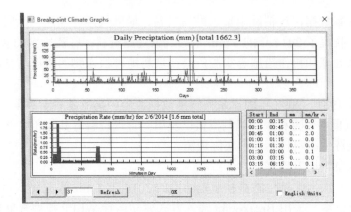

图 3-32　德安站 Breakpoint 数据库生成

　　本次用来模拟的单次降雨包括 2014 年 1~12 月的 28 次产流降雨。各次产流降雨特征如表 3-18。

表 3-18　试验小区单次产流降雨特征表

	日期	降雨量（mm）	I_{30}（mm/min）	平均雨强(mm/min)
1	2014/02/28	55.4	0.19	0.04
2	2014/03/28	19.0	0.22	0.11
3	2014/04/06	20.3	0.06	0.03
4	2014/04/12	15.0	0.09	0.03
5	2014/04/19	24.2	0.55	0.08
6	2014/04/21	25.6	0.37	0.04
7	2014/04/25	30.7	0.41	0.08
8	2014/05/04	32.9	0.15	0.04
9	2014/05/10	36.2	0.23	0.06
10	2014/05/13	52.8	0.44	0.21
11	2014/05/16	37.3	0.25	0.04
12	2014/06/01	13.1	0.31	0.07
13	2014/06/20	105.7	0.12	0.10
14	2014/06/21	26.7	0.12	0.10
15	2014/07/01	14.4	0.26	0.05
16	2014/07/02	30.6	0.62	0.07
17	2014/07/12	48.4	0.64	0.25
18	2014/07/13	29.0	0.61	0.09
19	2014/07/15	51.1	0.24	0.04
20	2014/07/24	146.4	0.54	0.20
21	2014/08/07	19.1	0.58	0.48
22	2014/08/27	33.7	0.77	0.40
23	2014/09/03	14.1	0.35	0.08
24	2014/09/01	12.0	0.40	0.40
25	2014/09/07	33.7	1.12	1.12
26	2014/09/13	30.5	0.18	0.07
27	2014/10/30	35.5	0.08	0.03
28	2014/11/24	27.5	0.28	0.04

（3）坡面数据库建立

坡面数据库主要包括地形数据库和土壤数据库。地形和土壤数据比较简单，直接利用模型提供的界面输入存储。地形数据包括坡长、坡度、坡宽、坡向和坡顶、坡底状况，对于试验选择的径流小区都有详细的记录。土壤数据库中有土壤反照率、初始饱和导水率、土壤临界剪切力、细沟土壤可蚀性、细沟间土壤可蚀性和有效水力传导系数 6 个参数。本次研究采用分层输入土壤的砂粒含量、黏粒含量、有机质含量、岩屑含量及阳离子交换量，通过 WEPP 模型内部的公式进行计算而得到。

针对本试验，径流小区坡面为单一直线坡，坡长水平投影距离为 20 m，坡宽为 5 m，坡度为 10°，即坡降百分比为 17.63%（图 3-33）。通过挖掘试验小区 0～100 mm、100～200 mm 和 200～300 mm 土壤剖面土样并进行测试分析，分别测得各层的砂粒含量、黏粒含量、有机质含量、岩屑含量及阳离子交换量（图 3-34），利用模型自带功能计算土壤临界剪切力、细沟土壤可蚀性、细沟间土壤可蚀性和有效水力传导系数 4 个参数。

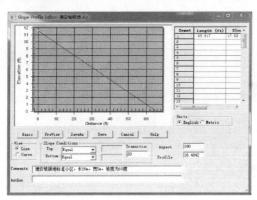

图 3-33　试验小区地形数据库

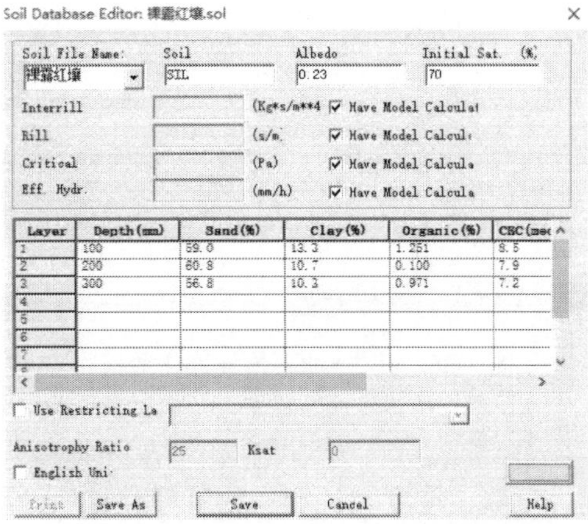

图 3-34　试验小区土壤数据库建立

（4）作物管理数据库建立

管理文件是 WEPP 模型中参数最多、数据最复杂的文件。作物管理输入文件包括了与种植、耕作序列、耕作实施、作物和残余物管理、初始状况和作物轮作等相关信息以及各项目的众多子项目，具体包括管理措施的起止日期、措施类型、植被状况、耕层深度、垄沟宽度、残茬盖度及土壤团粒状况等。针对该研究，利用 WEPP 界面的作物管理编辑器建立裸地和横坡垄作下花生-油菜连作的作物管理文件，见图 3-35 和图 3-36。

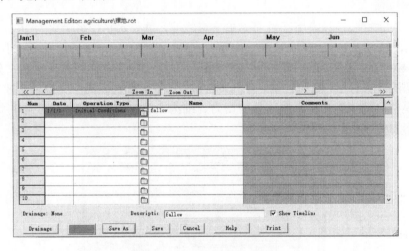

图 3-35　裸地坡面作物数据库

图 3-36　花生-油菜横坡连作数据库

3.4.2.3　结果分析

利用建立的气候、土壤、坡度坡长和作物管理数据库，运行 WEPP 模型分别模拟裸地和横坡垄作条件下次降雨的径流量和土壤侵蚀量，并计算模型模拟的有效性，依据模拟有效性并参考其他因素对模拟结果进行评价。

模型模拟结果有效性采用 Nash-Sutcliffe 系数标定。NS 系数计算公式为

$$NS = 1 - \frac{\sum (Y_{obs} - Y_{pred})^2}{\sum (Y_{obs} - Y_{mean})^2}$$

式中，Y_{obs} 为实测值；Y_{pred} 为模拟值；Y_{mean} 为实测值的平均值。

NS 的值越接近 1，表示模拟结果精度越高。一般认为，当 NS 大于 0.5 时，模型模拟结果较好。

2014 年研究区裸地 WEPP 模型模拟年径流量为 305.5 mm，侵蚀泥沙强度为 19.5 kg/m²，其实测年径流量为 301.4 mm，侵蚀泥沙强度为 19.94 kg/m²；横坡垄作 WEPP 模型模拟年径流量为 193.8 mm，侵蚀泥沙强度为 0.55 kg/m²，其实测年径流量为 152.45 mm，侵蚀泥沙强度为 0.54 kg/m²。结果表明，WEPP 模型对研究区坡耕地的年径流量和年泥沙侵蚀强度均有很好的精度。

图 3-37 为 WEPP 模型对土壤侵蚀空间分布的预测。通过坡面侵蚀曲线可知，休闲裸露小区土壤侵蚀强度从上至下逐渐增加，可明显分出侵蚀发育区、加速侵蚀区和主要侵蚀区（严冬春等，2007）。侵蚀发育区主要是在 0~2.5 m，该区域侵蚀量很小，侵蚀曲线与坡面曲线非常接近。2.5~5 m 为加速侵蚀区，该区域土壤侵蚀曲线与坡面曲线逐渐分开。5~20 m 为主要侵蚀区，该区侵蚀量陡然增加，侵蚀曲线与坡面曲线分离明显。这是由于坡面 5 m 以上时，土壤侵蚀主要以雨滴打击造成的溅蚀为主，而坡面 5 m 以下时，由于水流的汇流冲刷作用，坡面产生了溅蚀和沟蚀的复合侵蚀，从而使得侵蚀强度增加。由图 3-38 可知，横坡垄作小区土壤侵蚀强度从上至下基本一致。这是由于横坡垄作使得水流在坡面的汇流作用减弱，而雨滴的溅蚀作用基本一致。这基本符合红壤坡面侵蚀规律，进一步验证了 WEPP 模型基本可以反映红壤坡耕地水土流失规律。

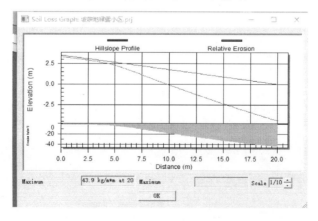

图 3-37　裸露小区泥沙侵蚀沿程分布

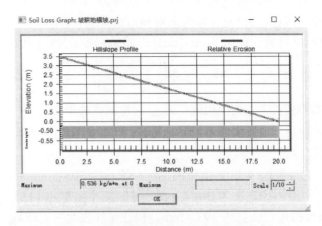

图 3-38　横坡垄作小区泥沙侵蚀沿程分布

图 3-39～图 3-42 为裸露小区、横坡垄作的各次降雨下径流、泥沙的模拟值和实测值对比。由图可知，WEPP 模型对裸露小区的径流和泥沙模拟的精度分别为 0.8255 和 0.9515，对横坡垄作的径流和泥沙模拟的精度为 0.7954 和 0.8253，这说明 WEPP 模型可以较好地模拟红壤坡耕地的径流量和泥沙量。WEPP 模型对研究区的泥沙量模拟结果好于径流量，对裸露小区的模拟结果好于横坡垄作。

综上可知，WEPP 模型无论是年尺度还是次降雨尺度均可以很好地模拟研究区坡耕地的径流量和土壤侵蚀强度。同时，其亦可较好地反映土壤侵蚀的沿程变化规律。但同时也应看到，WEPP 模型对于无措施的裸地侵蚀模拟效果好于采取措施的横坡垄作小区。陈记平(2012)通过相对误差绝对值和模型有效性系数表明，WEPP 模型对休闲净耕小区的模拟效果较好，而对果园措施小区的模拟效果较差。因此，对于采取了综合水土保持措施的其他红壤坡耕地是否适用，仍需要进一步研究。

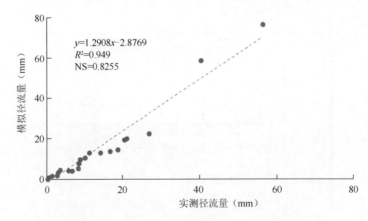

图 3-39　裸露小区径流量模拟值与实测值对比

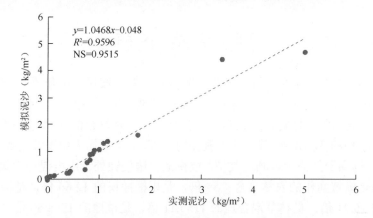

图 3-40 裸露小区泥沙量模拟值与实测值对比

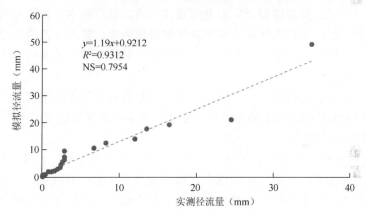

图 3-41 横坡垄作小区径流量模拟值与实测值对比

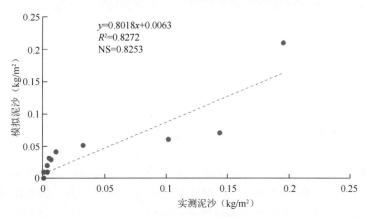

图 3-42 横坡垄作小区泥沙量模拟值与实测值对比

3.5　本章小结

1）坡耕地水土流失不同于其他土地利用类型。坡耕地多年平均径流深高达 318.46 mm，远高于林地、农林复合、草地等其他土地利用类型，是林地径流深的 3.03 倍，纵坡间作农林复合的 2.48 倍，横坡间作农林复合的 5.04 倍，林草混合的 14.31 倍，草地的 37.12 倍。坡耕地土壤侵蚀量大，多年平均土壤侵蚀模数达到 4628 t/(km²·a)，远高于其他土地利用类型。坡耕地土壤侵蚀处于中度侵蚀等级，其土壤侵蚀模数是纵坡间作的农林复合 4.55 倍，是柑橘净耕的 12.66 倍，是横坡间作农林复合的 16.41 倍，是林草混合地的 1154.11 倍，是草地的 1598.50 倍。坡耕地水土流失由于受农事活动影响其分配规律，不同于林地、草地等其他土地利用类型，林地、草地的月土壤侵蚀与月降雨分配规律一致，坡耕地水土流失与月降雨分布规律不完全一致。以红壤区花生油菜轮作坡耕地为例，其水土流失主要集中覆盖度低 6 月（苗期）和 9 月（收获后）。作物种类、种植制度、农事活动等都会影响坡耕地水土流失，芝麻产流产沙要小于花生，轮作比非轮作水土流失小，翻耕后入渗增加，地表径流减小，但土壤侵蚀增大，翻耕裸地比不翻耕裸地土壤侵蚀模数大 10 982 t/(km²·a)，花生油菜轮作（顺坡）土壤侵蚀模数比花生不轮作（顺坡）减沙效益达 34.22%。

2）坡耕地水土流失受到降雨、坡度、坡长、作物生长期、土壤因素影响。随着降雨强度的增大，红壤坡耕地地表、壤中流产流开始时间减短；地表径流随雨强增加而增大，壤中流随雨强增加先增大后趋于稳定，土壤侵蚀量随着雨强增大而增加。从 5°到 20°，随着坡度增大，红壤坡耕地地表径流先增大后减小，地表侵蚀产沙模数亦随坡度增加先增大后减小，即红壤坡耕地地表水土流失存在临界坡度；从 5°到 20°，红壤坡耕地壤中流随着坡度增大而减小。红壤坡耕地坡长从 20～45 m 产流量、产沙量都随着坡长增大而增大。

作物生长期是影响红壤坡耕地水土流失的一个主要因素，从播种期到收获期，产流开始时间经历了先减小后增大再减小的过程，从播种期到苗期产流开始时间减小，从苗期到结荚期产流开始时间增大，收获期又减小。不同生长期影响坡耕地的产流过程和产流量，产流稳定后，产流强度大小依次为收获期、播种期、苗期、盛花期、结荚期，总径流量从大到小为播种期、收获期、苗期、盛花期、结荚期。坡耕地花生不同生长期侵蚀总产沙量大小依次为播种期、苗期、收获后剪茎、盛花期、收获期、结荚期。红壤坡耕地侵蚀产沙主要为细砂和粗砂，粉粒含量在 2.5% 以内；不同花生生长期侵蚀泥沙颗粒含量差异明显，播种期、苗期主要侵蚀颗粒为粗砂，盛花期粗砂、细砂接近，结荚期、收获期主要侵蚀颗粒为细砂；从播种期到结荚期，泥沙中细砂及以下颗粒含量不断增大，粗砂颗粒含量不断减小，从结荚期到收获期细砂含量减小，粗砂含量增大。红壤坡耕地土壤可蚀性因

子 K 值实测值为 0.0024 t•hm²•h/(hm²•MJ•mm)，经验模型的 K 值比标准小区法实测 K 值大，K_{nm} 是实测 K 值的 17.6 倍，K_{EPIC} 是实测 K 值的 22.1 倍，K 值经验模型不完全适合红壤坡耕地，需要进行相应修正。

　　3）经率定参数后，KINEROS2 模型对研究区次降雨事件径流模拟的相对误差最大不超过±13%，最小相对误差小于±1%；泥沙模拟的相对误差最大小于±37%，最小误差小于±4%，表明该模型在红壤缓坡地具有一定的适用性。模型模拟结果表明，雨型和降雨过程对于红壤缓坡地的产流和产沙过程具有显著影响。

　　4）WEPP 模型可以很好地模拟研究区坡耕地的径流量和土壤侵蚀强度，亦可较好地反映土壤侵蚀的沿程变化规律。但对于采取了综合措施的区域，其模拟效果将得不到保障。模拟结果表明，红壤休闲坡耕地降雨侵蚀从坡顶至坡脚可分为侵蚀发育区、加速侵蚀区和主要侵蚀区三个区域。5 m 以上土壤侵蚀主要以雨滴打击造成的溅蚀为主，而沿坡面 5 m 以下时，由于水流的汇流冲刷作用，坡面产生了溅蚀和沟蚀的复合侵蚀。

参 考 文 献

陈晓安, 杨洁, 郑太辉, 张杰. 2015. 赣北第四纪红壤坡耕地水土及氮磷流失特征[J]. 农业工程学报, 31(17): 162-167.

陈志才, 邹晓芬, 宋来强, 等. 江西省花生生产现状及发展对策.农业科技通讯, 2010,6: 18-20.

付斌, 胡万里, 屈明, 等. 2009. 不同农作措施对云南红壤坡耕地径流调控研究[J]. 水土保持学报, 23(1):17-20.

刘宝元, 谢云, 张科利. 2001. 土壤侵蚀预报模型[M]. 北京: 中国科学技术出版社.

吕江南, 汤清明, 刘恩平, 等. 2003. 以产业带动生产, 小作物做出大文章——江西省苎麻生产调查报告[J]. 中国麻业, 25(5): 253-257.

秦伟, 左长清, 郑海金, 等. 2013. 赣北红壤坡地土壤流失方程关键因子的确定[J]. 农业工程学报, 29(21):115-125.

史学正, 于东升. 1997. 用田间实测法研究我国亚热带土壤的可蚀性 K 值[J].土壤学报, 4:399-405.

王晓燕, 高焕文, 李洪文, 周兴祥. 2000. 保护性耕作对农田地表径流与土壤水蚀影响的试验研究[J]. 农业工程学报, 16(3):66-69.

郑海金, 杨洁, 喻荣岗, 等. 2010. 红壤坡地土壤可蚀性 K 值研究[J]. 土壤通报, 41(2):425-428.

Wischmeier W H, Johnson C B, Cross B V. 1971. A soil erodibility nomograph for farmland and construction cities[J]. Journal of Soil and Water Conservation, 26 (5) : 189-193.

第4章　红壤坡耕地水土流失防治技术与模式

长期以来，国内外关于水土流失防治技术与治理模式的研究颇多，且多集中于水土保持单项措施方面。对水土流失防治及综合模式的研究，多见于北方和黄土高原地区，特别是黄土高原区建立的技术模式较多，体系较完善，并且有些模式在实践应用中取得了较好的效益。然而南方红壤区坡耕地水土流失防治控制技术与模式的研究起步较晚，技术体系还不够完善。由于南方红壤区土壤母质与地形的复杂多样，降雨充沛，但分配不均匀，降雨急且雨量大等特性，使得黄土高原区所形成的有效水土流失防治技术及模式不一定能很好地适用于红壤区坡耕地的水土流失防治。因此，研究红壤坡耕地水土流失防治技术，并建立科学而有效的防治模式，对红壤区坡耕地水土流失防治、土壤肥力提升和水环境质量保障等具有重要的理论和现实意义。

4.1　红壤坡耕地水土流失防治技术

红壤坡耕地水土流失防治技术归结起来，大体可分为水土保持耕作、工程和生物技术三大类。这三类技术是相辅相成、有机联系、紧密结合、不可或缺的。在开展水土保持治理工作中，必须系统了解这些技术的组成、特点及作用，以便因地制宜地综合采用。

4.1.1　水土保持耕作技术

红壤区坡耕地的水土保持耕作技术，能改变微地形，具有一定程度的拦蓄作用；能改良土壤，增加地面被覆程度或延长被覆时间，从而减轻土壤冲刷，提高农作物产量。在南方红壤区，建议在缓坡度红壤坡耕地治理时，为了节省资源，减轻农民负担，应该采用以水土保持耕作措施治理为主。

4.1.1.1　微地形整治的水土保持耕作技术

（1）等高耕作

等高耕作，也称横坡垄作，即沿等高线方向开沟播种，阻滞径流，增大拦蓄和入渗能力，是坡耕地保持水土最基本的耕作技术（图4-1）。一般情况下，地表径流均顺坡而下。在坡耕地上，如果只考虑耕作方便，采取顺坡垄作，就会使地表径流顺犁沟集中，加大水土流失。反之，如果采取横坡垄作，即沿等高线耕作，增加了地面的糙率，则每条犁沟和每一行作物，都具有拦蓄地表径流和减少土壤冲刷的效果。

图 4-1　改顺坡垄作为横坡垄作

采用横坡（等高）垄作时应注意：①地面坡度越小，效果越好，一般在 15°以下；②种植行偏离等高线以不超过 3%为宜；③在缓坡上可自下而上沿等高线进行耕犁，在较陡坡上自上而下进行，以免上面耕作溜土埋压犁沟；④沿等高线开的犁沟应有一定比降，以 1∶100～1∶200 为宜，结合草沟排除多余的径流；⑤在土层较薄或降水量较多地区，可结合采用水平防冲沟，以防径流漫溢冲垮犁沟，加剧水土流失；⑥等高耕作最好与密植结合，加宽行距，缩小株距，种植密生作物。

（2）横坡垄作

横坡垄作是在坡面上沿等高线起垄，在垄面上栽种作物，起到减水减沙与防旱抗涝的一种耕作方式（图 4-2）。垄由高凸的垄台和低凹的垄沟组成，适用于 10°中坡或 5°缓坡，适宜种植的作物有花生、油菜、大豆等。据江西水土保持生态科技示范园观测数据表明，随着降雨强度的增大，横坡垄作措施截流减沙优势明显，径流量平均减产率为 69.80%，泥沙量平均减产率为 98.87%（张展羽等，2013）。同时，与裸露对照相比，横坡垄作对土壤含水量、田间持水量和最大持水量，依次提高了 16.2%、27.5%和 30.9%，横坡垄作表层土壤中>0.25 mm 的水稳性团聚体含量增加了 20.0%。

横坡垄作的优点主要有：①凸起垄台和地埂相似，地表径流大部分拦蓄在沟中，减轻了土地冲刷，起到保水、保土、保肥的作用；②垄台土层厚，土壤空隙度大，不易板结，利于作物根系生长；③垄作地表面积比平地增加 20%～30%，昼间土温

图 4-2　横坡垄作

比平地增高 2～3℃，昼夜温差大，有利于光合产物积累；④垄台与垄沟位差大，利于排水防涝，干旱时可顺沟灌水以免受旱；⑤在多雨的季节，垄作比平作便于排水，促进土壤熟化和养分分解，增加熟土层厚度，有利于植物根系发育和产量提高。

该技术的核心要点为：一般沿等高线起高 30 cm 左右的垄台，垄台宽度一般为 70～150 cm，根据不同农作物、不同种植密度起高有所差异，大豆垄台一般在80 cm 左右，每垄两行，株行距 30 cm 左右，垄沟宽度 30 cm 左右。

4.1.1.2　增加植被覆盖和改良土壤的水土保持耕作技术

（1）轮作

轮作是在同一块田地上，有顺序地在季节间或年间轮换种植不同的作物或复种组合的一种种植方式。轮作制度是针对土壤侵蚀作用，使表层土壤长期保持其质量和深度的有效措施，既增加了植被覆盖，从而减少土壤侵蚀，又提高了土地利用率，增加农民收入。合理的轮作制度对改善土壤的理化性质，保持养分平衡，提高土壤肥力水平，维持土地的可持续利用和改善当地的生态环境，促进当地社会经济的发展具有重要的实践意义，同时能有效克服作物（如花生等）的连作障碍。南方红壤区坡耕地常用的轮作主要有花生-油菜轮作（图 4-3）、大豆-油菜轮作、花生-芝麻轮作等。

图 4-3　花生-油菜轮作

（2）间作

两种不同作物同时播种，间作的两种作物应具备生态群落相互协调、生长环境互补的特点，主要有高秆作物与低秆作物、深耕作物与浅耕作物、早熟作物与晚熟作物、密生植物与疏生作物、喜光作物与喜阴作物、禾本科与豆科作物等不同作物的合理配置，并等高种植。间作既增加了植被覆盖度，减少水土流失；又增加阳光的截取和吸收，减少光能的浪费。此外，两种作物间作具有互补作用，不同植物需肥特点不一样，可以增加土壤养分的利用率，豆科与禾本科间作有利于补充土壤氮元素的消耗等。南方红壤区常见的主要有玉米与油菜或红薯间作、小麦与蚕豆间作、洋葱与番茄或冬瓜、大豆玉米间作等（图4-4）。

图 4-4　玉米油菜间作

（3）套种

在同一块地内，前季作物生长的后期，在其行间或株间播种或移栽后季作物，两种作物播种、收获时间不同，其作物配置的协调互补与株行距要求与间作相同。根据作物的不同特点，在播种上分别采用以下两种作法：在第一种作物第一次或第二次中耕以后，套种第二种作物；在第一种作物收获前，套种第二种作物。南方红壤区在经果林幼苗期一般套种大豆、萝卜、西瓜等作物。江西省水土保持科学研究院研究表明，相比柑橘净耕，在柑橘小区内春季横坡套种大豆、秋季横坡套种萝卜后，年均径流量减少 40.73%，年均泥沙量减少 24.42%。南方红壤区主要有果树套种大豆、花生、西瓜、萝卜等（图4-5）。

套种作物的选择，应具备生态群落和生长环境的相互协调和互补，例如，高秆与低秆作物、深根与浅根作物、早熟与晚熟作物、密生与疏生作物、喜光与喜阴作物，以及禾本科与豆科作物的优化组合与合理配置，并等高种植，尤其在雨季，作物生长最为繁茂，覆盖率达 75%以上，以能取得最大的水土保持效益。

（4）休闲地种植绿肥

作物收获前 10～15 d，在作物行间顺等高线地面播种绿肥作物，收获后绿肥快速生长，迅速覆盖地面。若在作物收获前未能套种绿肥，则应在作物收获后尽

图 4-5　柑橘林下套种大豆（或萝卜）

快播种，并配合做好水平犁沟。休闲地种绿肥可增加休闲植被覆盖度，减少水土流失；绿肥可肥田增加土壤肥力。南方旱地绿肥主要有肥田萝卜、箭舌豌豆、印度豇豆等。

4.1.1.3　减少土壤蒸发的水土保持耕作技术

地表覆盖（薄膜、草被和秸秆），尤其是稻草覆盖，在南方红壤区域广泛采用。其技术实施简单经济，方便易行。一般是利用塑料薄膜覆盖田面，或使用草被、秸秆等覆盖地表，使雨水流入田间沟内，防止雨滴击溅地表的同时，聚集降雨径流，有效减少土壤水分的蒸发，有利于蓄水保墒，促进作物对水分的吸收，增加作物产量，为土壤提供可靠的水源。

地膜覆盖主要适用于半湿润、半干旱地区。结合早春作物播种，南方红壤地区西瓜地也有少量采用地膜覆盖（图 4-6），以减少水分蒸发，增加西瓜苗期干旱能力，增强保温，另外减少杂草生长。

秸秆（稻草）覆盖是在作物收获后将其秸秆覆盖在地表（图 4-6）。减少雨滴击溅侵蚀和径流冲刷侵蚀，雨天减小径流，增加入渗，提高土壤含水量，晴天减

图 4-6　地膜（套种西瓜）与稻草（花生种植）覆盖

少水分蒸发;秸秆腐烂后,能增加土壤肥力,改善土壤结构;同时稻草覆盖能够克服某些作物(如花生等)的连作障碍。干旱季节用稻草等作物秸秆或铁芒萁、茅草等枯草,在地面覆盖厚度 15~25 cm 左右,最好进行全园覆盖,如覆盖材料较少则进行作物根系覆盖,覆盖后撒少量土压实。覆盖 3~4 年后可将秸秆翻入地下,同时再进行新一轮覆盖。本项技术适用于半湿润、半干旱、干旱地区,不适于透气性差的黏土质坡耕地和排水不良的坡耕地。江西水土保持生态科技示范园观测数据表明,稻草覆盖后年均径流量减少 43.72%,年均土壤侵蚀模数减少 94.91%;相比不覆盖地块,覆盖坡耕地 0~30 cm 土壤含水量保持在 22.8%~30.0% 之间,平均提高了 4.5% 左右。

4.1.2　水土保持工程技术

水土保持工程技术的主要作用是改变小地形,蓄水保土,建设旱涝保收、高产稳产的耕地,提高农业生产。综合考虑蓄水保土和投入产出比等因素,以及南方红壤区的经济林的开发,在南方红壤区 5°~25° 左右范围内的坡耕地上,水土保持耕作技术减水减沙效益有限,一般采用水土保持工程技术,主要包括梯田工程、生态路渠工程和草沟工程等。

4.1.2.1　梯田工程

梯田是在坡地上分段沿等高线建造的阶梯式农田,是治理坡耕地水土流失的有效措施,蓄水、保土、增产作用十分显著。研究表明,梯田与坡地相比,具有明显的保水保土效果,地表径流量减少 60.00%~95.22%,泥沙量减少 53.85%~99.95%,土壤抗蚀性显著增强(左长清和李小强,2004)。因此,坡改梯是坡耕地治理的一项重要措施。梯田根据坡面坡度不同,可分为陡坡区梯田和缓坡区梯田。根据田坎建筑材料不同,可分为土坎梯田、石坎梯田和植物坎梯田等。根据梯田的用途不同,可分为旱作物梯田、水稻梯田、果园梯田、茶园梯田等。根据梯田的断面形式不同,可以分为水平梯田、坡式梯田、隔坡梯田和反坡梯田等(图 4-7)。

(1)水平梯田

沿等高线修建坡度为零的等高梯田,水平梯田有两大要素,即一为水平,二为田面平整。水平梯田在我国已经有悠久历史,秦汉时期就已有水平梯田,是中国最传统、最常见的梯田。其适用范围广,在我国南北都适用。

(2)坡式梯田

坡式梯田是顺坡向每隔一定间距沿等高线修筑地埂而成的梯田。依靠逐年耕翻、径流冲刷并加高地埂,使田面坡度逐年变缓,终至水平梯田。坡式梯田也是一种过渡的形式。

(3)隔坡梯田

隔坡梯田指梯田在规划布设时,一条梯田一条坡地间隔布设,坡地造林、种

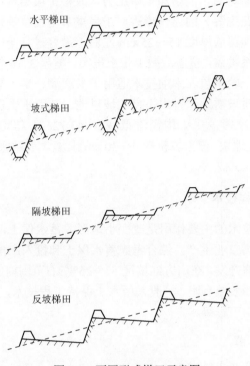

图 4-7　不同形式梯田示意图

草，梯田种农作物。它适用于地广人稀区及边远坡地，其优点是治理速度快、省工、安全，但田间道路难以布设。适合在地广人稀的缓坡地上修筑。一般 25°以下的坡地上修隔坡梯田可作为水平梯田的过渡期。

（4）反坡梯田

反坡梯田指水平阶整地后坡面外高内低的梯田，即梯田田面向内倾斜约 1°～3°，构成浅三角形。反坡梯田能改善立地条件，蓄水保土，适用于干旱及水土冲刷较重而坡行平整的山坡地，但修筑较费工。

在梯田的建造和设计中，梯田宽度和坎高等要素是设计的关键。梯田主要涉及的断面要素有（图 4-8）：田面净宽 B（m）、田坎高度 H（m）、田坎坡度 α（°）；埂坎占地宽 B_n（m）、田面毛宽 B_m（m）、田面斜宽 BL（m），其中田面净宽、田坎高度和田坎坡度起主导作用。按照国家设计标准 GB/T 16453.1—2008，其断面参数见表 4-1。

田面毛宽　　　　　　　　　$B_m = H \cdot \cot\theta$　　　　　　　　　（4-1）

埂坎占地宽　　　　　　　　$B_n = H \cdot \cot\alpha$　　　　　　　　　（4-2）

田面净宽　　　　$B = B_m - B_n = H(\cot\theta - \cot\alpha)$　　　　　（4-3）

田坎高度

$$H = \frac{B}{\cot\theta - \cot\alpha} \tag{4-4}$$

田面斜宽

$$BL = \frac{H}{\sin\theta} \tag{4-5}$$

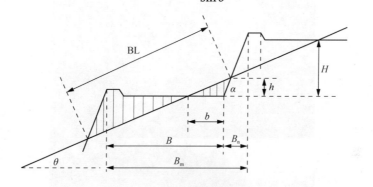

图 4-8　梯田断面要素示意图

表 4-1　南方红壤区水平梯田断面尺寸参考数值

地面坡度 θ	田面净宽 B（m）	田坎高度 H（m）	田坎坡度 α
1°～5°	10～15	0.5～1.2	85°～90°
5°～10°	8～10	0.7～1.8	80°～90°
10°～15°	7～8	1.2～2.2	75°～85°

当前，我国南方大部分地区梯田主要以土料构筑梯壁，成本虽低，但稳定性差，容易受水力、重力等侵蚀营力的破坏，造成严重的水土流失，甚至出现崩塌现象；有的梯田梯面外斜或不设置能蓄能排的内沟、边沟和埂坎，难以增加雨水、肥料就地入渗，同时不能及时排走过多的降水，影响梯田安全。针对这些问题，江西省水土保持科学研究院经过多年的研究与实践，探索出一套将梯壁植草、前埂后沟和反坡梯田等单项水土保持技术集成的现代坡地生态农业技术（图4-9），与传统的水平梯田相比，该技术应用后，年均径流量可减少78.76%，年均泥沙量可减少98.48%。

该技术主要是结合坡改梯工程设置内斜式梯面（即梯面外高内低，略成逆坡），以降低地面坡度和缩短坡长，而梯面内斜便于蓄水、减少径流。梯面上种植经济果木林（柑橘、桃、梨等），幼林地可间种大豆、花生、萝卜、瓜类、薯类等农作物，一方面增加开发初期梯面植被覆盖度，减少水土流失；另一方面提高土地利用效率，增加农民收入。构筑坎下沟、前地埂，并在地埂、梯壁上种植混合草籽进行防护处理。前地埂和坎下沟可拦蓄坡面径流，减少冲刷，增加入渗，而梯壁植草可维护梯壁稳定。若考虑到培肥地力或增加经济效益因素，也可以在梯埂种植一些绿肥或经济作物，如猪屎豆、黄花菜等。

图 4-9　前埂后沟+梯壁植草+反坡梯田

前埂后沟+梯壁植草+反坡梯田技术的梯田田面内斜 1°～3°。田埂修筑一般采用土料修筑，田坎植草防护。在梯田台面外侧修筑田埂，埂高 0.3 m 左右，顶宽 0.3 m 左右，外坡坡率与梯壁一致，内坡坡率为 1∶0.75。田面内侧设坎下沟，沟底宽 0.2～0.3 m，顶宽 0.3～0.4 m，沟深 0.3 m，梯形断面。坎下沟内每隔 5～10 m 设一横土挡，土挡高度 15 cm。在梯壁植草有两种形式，一种是沿等高线条带种植，另一种是梯壁上播满草。草种一般选择当地乡土本草如狗牙根、宽叶雀稗或一些经济草植物如黄花菜等。该技术适宜布设在土层深厚、土质较好、距村较近、交通较便利、邻近水源、坡度适中的坡耕地和"四荒地"。

4.1.2.2　生态路渠工程

生态路渠是由廖氏山边沟演变而来的。生态路渠为横跨坡向，每隔适当间距构筑的一系列横沟将长坡截成短坡的一项措施，达到对地面少扰动，省工经营的目的。它与坡面规划的截排水沟连接，形成坡面蓄排水系统；与规划的道路相连可完善道路交通网络。生态路渠除供排水外，还可供种植行栽作物，更可作为田间均匀分布的末端农路系统，可通行小型作业机械。

生态路渠的做法是在原坡面上每隔适当间距构筑一系列等高农路，将长坡截成短坡，分层排除径流，使路间的土地在同时实施适当的农艺方法下，得以控制冲蚀。其功能在于阻截径流，防止小蚀沟的形成，由于路面宽而浅，可为坡地机械化提供作业道路，能够降低田间劳动消耗和工本。农路内侧修筑浅形草沟，与坡面蓄排水系统连接，涝时排水蓄水，旱时辅助灌溉，充分提高了水资源的利用效率，为坡地农业雨洪资源利用提供了范式。与传统的坡改梯工程相比，生态路渠建设成本较低，配合植物覆盖，可以增强水土保持效果，提高坡地农业的生产效率，具有绿化美化环境等多种功能。根据江西水土保持生态科技示范园观测可知，顺坡垄作处理采取生态路渠后，径流深由 32.8 mm 降为 12.5 mm，蓄水效益达到 61.9%，土壤侵蚀模数由 2983 t/(km²·a)降到 543 t/(km²·a)，保土效益达到 81.8%，具有较好的减流减沙效益。

生态路渠的主要建造技术：①生态路渠沿着等高线修建，包括内斜式路面与内侧排水沟渠；②内侧排水沟渠一般单向排水,沟长以 100 m 为限,沟长超过 100 m 时可作双向排水或集中于中间排水，其出水口必须与纵向排水沟相连接；③内斜式路面宽度设置为 200 cm，内斜高设置为 10 cm，比降设置为 3%，内侧坡壁方向与水平面呈 45°；④在生态路渠内侧坡壁以上，沿横沟方向种植黄花菜或香根草等植物篱，用于拦截泥沙，水流动至所述内侧排水沟渠内，见图 4-10、图 4-11。

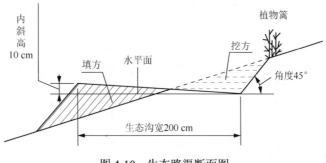

图 4-10　生态路渠断面图

图 4-11　生态路渠

为了防止内侧排水沟渠侵蚀，必须采取在沟道和上下边坡种植密生的匍匐性草种。这样不仅可以增强水土保持效果，提高坡地农业的生产效率，同时具有绿化美化环境等多种功能。目前常种植的草为百喜草、狗牙根、假俭草等，其水土保持效益非常好，同时还可以做牧草。

与传统的山边沟技术相比，本技术所具有的优点和效果是：一是成本低、操作简单；二是拦沙截污，减少水土流失和农业面源污染；三是路渠一体，既可做田间道路，又可做排水沟，减少农田占地；四是具有明显的经济和生态效应，便于大面积推广应用。

4.1.2.3　草沟工程

沟道植草是指在不受长期水淹的沟道（水渠）种植或铺植草类用以防治水土流失的一种技术，由此而形成的沟道简称草沟。草沟是美国水土保持局所推行的最主要的排水方法，已广泛应用多年，主要应用于坡度较缓的渠系建设。我国台湾学者廖绵濬在20%以上的坡地上做了草沟试验，得出草沟在一定的坡度可以安全排水，最早提出了草沟可以应用于台湾坡地的排水，提出了不同坡度和尺寸对应的草沟工程量（表4-2）。

表 4-2　不同坡度和尺寸对应的草沟工程量（廖绵濬和张贤明，2004）

草沟比降 i	弧形沟开口宽度（m）	弧形沟深（m）	设计流量 Q(m³/s)	土方量（m³/m）	草籽量（kg/m）
0.017	0.5	0.075	0.0246	0.025	0.003
	1	0.15	0.0985	0.100	0.006
	1.5	0.225	0.2215	0.230	0.009
	2	0.3	0.39	0.399	0.012
0.035	0.5	0.075	0.0246	0.025	0.003
	1	0.15	0.0985	0.100	0.006
	1.5	0.225	0.2215	0.230	0.009
	2	0.3	0.39	0.399	0.012
0.052	0.5	0.075	0.0246	0.025	0.003
	1	0.15	0.0985	0.100	0.006
	1.5	0.225	0.2215	0.230	0.009
	2	0.3	0.39	0.399	0.012

　　根据沟道的构筑方式,可分为简单草沟和复式草沟。简单草沟是指在整个沟道采用种植或铺植草类方法,适用于土层较为深厚,坡度较为平缓,集雨面积较小的沟道上游地区;复式草沟是指在修筑沟道时,一部分采用种植或铺植草类,另一部分采用其他材料在沟底或边坡等地方修筑的方法,适用于土层较浅,坡度较陡,集雨面积较大或常年有地表径流的沟道下游地区。草沟按设计草籽量将草籽平均撒播于沟道内,为提高成活率,播种季节为春秋季,草籽选择耐淹品种。播种后覆 2 cm 厚表土。目前常见的为假俭草、狗牙根等(图 4-12)。

图 4-12　江西水土保持生态科技示范园草沟示范区

　　草沟一般布置在汇水面积较小、坡度较缓的沟道内。草沟内的植物根系具有固结土壤的功能,同时由于其特有的叶长较长的特性,明显地改变了原来水流内部的结构,加大了沟的糙率度,减缓了水流速度,从而降低水流动能对沟道的冲蚀。在江西水土保持生态科技示范园沟道试验区,对草沟、土沟和混凝土沟的径流参数试验分析,发现在流量为 3.11 m³/h、2.82 m³/h 的情况下,草沟径流流速最小,介于 0.14～0.35 m/s,径流深最大,介于 15～42 mm,雷诺数和弗汝德数最小,Darcy-Weisbach 阻力系数值最大。说明草沟对减缓径流流速、增加径流深以及稳定径流流态具有明显的作用。

　　草沟断面形式一般为抛物线形,计算公式为

$$H=0.3b^2/4 \qquad (4\text{-}6)$$

式中,H 为草沟深度,m;b 为草沟宽度,m。其断面图如图 4-13 所示。

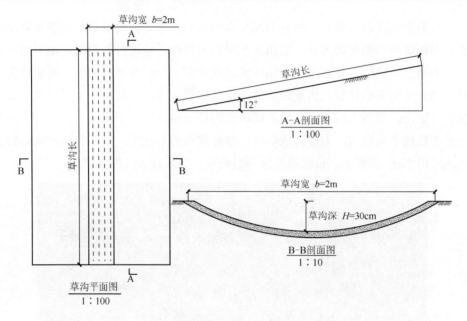

图 4-13　草沟断面图

4.1.3　水土保持生物技术

水土保持生物技术是指在山地丘陵以控制水土流失、保护和合理利用水土资源、改良土壤和提供土地生产潜力为主要目的进行的造林种草措施。以改变微地形为主的植物篱措施是坡耕地中较好的水土保持植物措施，在 25°以上坡耕地退耕还林，包括人工造林（经济林和水保林等）、封山育林等技术。通过增加地面植被覆盖，保护坡面土壤不受暴雨径流的冲刷，治根治本，对土壤的破坏程度也非常小。

4.1.3.1　等高植物篱技术

等高植物篱技术是指山丘、坡面上沿等高线按一定的间隔，以线状或条带状密植多年生灌木或草本植物，形成能挡水、挡土的篱笆墙，以达到防治水土流失和农业面源污染的技术。江西水土保持生态科技示范园的定位试验表明，在红壤坡耕地种植黄花菜植物篱，使地表径流量减少 35.7%，土壤侵蚀量减少 63.5%，土壤侵蚀模数由 3932 t/(km²·a)下降到 1433 t/(km²·a)；0～60 cm 平均土壤贮水量相应提高 13.2%，在旱季 7～9 月，土壤贮水量也提高了 2.16%～22.53%。而且植物篱自身也具有一定的经济效益，对改善生态环境，实现坡耕地持续利用、增加农民收入具有重要意义，已成为山地、丘陵、破碎高原等以坡地为主的地区进行水土保持和生态建设的一种重要实践形式。

植物篱按所选植物可分为木本植物篱、草本植物篱、混合植物篱等。目前应用较多的植物篱有香根草、新银合欢、黄荆、紫穗槐、黄花菜等（图 4-14）。与木本植物篱相比，草本植物篱具有成本低、见效快、投入少、易推广的优点，因此应用更为普遍，近年更是出现了固氮植物篱、牧草植物篱和经济植物篱的概念。草本植物篱中，禾本科牧草须根系发达、分蘖能力强，具有很好的水土保持功能，而且还可提供优质饲料，因此，禾本科牧草是一种兼具优秀水土保持功能和一定经济效益的理想植物篱。

图 4-14 黄花菜、香根草植物篱

（1）植物篱品种选择

选择生长迅速，根系发达的多年生灌木或草本植物。其能适应环境，能在当地生存。具有经济价值，可用作粮油果茶菜、饲料绿肥。南方红壤区不同气候区应用较广的植物篱：热带季风气候区的树种有新银合欢、木蓝、山蚂蝗、黄檀、百喜草、香根草等；亚热带无霜季风气候区有新银合欢、黄荆、云南合欢等；亚热带短霜季风气候区有新银合欢、山毛豆、黄花菜、金银花、马桑、百喜草、香根草等。

（2）整地种植技术

合理控制植物篱的株距、带间距，株、带间距过大，植物篱的挡土效果不明显，过小，则对植物生长不利。一般采用双行植物篱，即每带植物篱两行，选择挡土效果最好的 20 cm 株距，植物篱坡面基部有大量的枝条形成篱笆带及堆积的土粒，能够快速形成植物埂坎，起到较好的挡水挡土效果（图 4-15）。

图 4-15 双行黄花菜植物篱

（3）植物篱设计

等高植物篱技术实际推广的关键是如何与当地实际情况相结合，设计合理的带宽和带间距，采取合理的种植模式与复合经营模式相结合的方式，既要保持水土又要实现单位土地面积的最大产能和经济效益。

植物篱设计主要是确定带宽和带间距。植物篱的带宽目前并无定制，通常按照单行、双行以及多行等方式种植。植物篱带间距受多种因素影响，在某一特定地区应根据当地的气候、地形、土壤等条件并结合不同植物篱本身的特点来确定。根据江西省红壤研究所花生耕作试验区（图4-16）研究表明，种植 5 m、10 m、15 m 带间距的双行植物篱以及 10 m 带间距的单行植物篱，在花生生长季内的地表径流分别减少了 28.22%、18.78%、6.43%和 11.37%；泥沙产量分别减少了 31.81%、22.93%、5.96%和 13.71%。

图 4-16　不同带间距植物篱试验区

4.1.3.2　退耕还林技术

把不适应于耕作的农地有计划地转换为林地，在南方红壤区将 15°以上的坡耕地多数开发成经济林如赣南的脐橙果林、秭归的柑橘果林等，坡度太陡不宜开发经济林的地区一般进行封山育林、种植水保林等（图4-17）。从保护和改善生态环境出发，将易造成水土流失的坡耕地有计划、有步骤地停止耕种，按照适地适树的原则，因地制宜的植树造林，恢复森林植被，有利于保护生态环境。

图 4-17　退耕还林（经果林、水保林）

（1）树种选择

重点营造生态林，以乔木为主，乔、灌、草结合，兼顾用材林和经济林。红壤区主要树种有湿地松、马尾松、杉木、木荷、枫香、泡桐、江南桤木、栎类、柑橘、脐橙、刺槐、银杏、竹类及本木粮油类树种；主要草种有狗牙根、假俭草、百喜草等，特别是对开发的经济林进行林下和梯壁植草，防治水土流失。

（2）整地技术

通过整地，改善造林地土壤理化性质，增强土壤蓄水保墒和保肥能力，减少杂草和病虫害，有利于保持水土。红壤区为保证苗木的存活和生长，一般沿等高线开挖水平沟和竹节沟（图 4-18）。沟的断面形态呈梯形或矩形，一般水平沟宽 0.3～0.5 m，沟长 2～6 m，两水平沟间距 3～4 m。

图 4-18　水平竹节沟

（3）种植技术

造林方法按所使用的造林材料（种子、苗木、插穗等）不同，一般可分植苗造林、播种造林和分殖造林。

植苗造林是营造水保林最广泛的一种造林方法，其突出的优点是不受自然条件的限制。植苗，穴植是通用的栽植方法，栽植要掌握"三埋两踩一提苗"及"深埋、砸实、根展"等要点。植树穴一般挖成圆形，坑底宜平，将苗木置于中央扶正，填上一半土，略提苗，沿防窝根，踩实，再填满土，踩实，最后覆一层虚土。一般选择气温合适的春季造林。

（4）扶育管理

为巩固造林成果，加速林木生长，加强扶育管理。扶育管理主要是在造林整地的基础上，继续改善土壤条件，使之满足林木生长的需要，对林木进行保护，使其免受各种自然灾害及人畜破坏；调整林木生长过程，使其适应立地条件和人们的要求。

4.1.3.3　植草农路

农路是农业经营中基础设施建设的重要组成部分。由农业开发自然形成的土路，缺乏任何保护措施，不利交通，如遇大、暴雨还可能被冲毁；而硬化农路如水泥路、卵石路，不但破坏了农路生物多样性，并且增加了经济成本。农路植草既能达到增加土路保护措施，又不阻碍通行，而且无需投入太多费用。目前，农路植草在我国台湾、日本等地得到广泛应用。

依托江西水土保持生态科技示范园（图 4-19），开展自然降雨条件下典型农路路面侵蚀过程，发现与裸露土路相比，卵石道路、植草土路和泥结石路均具有良好水土保持效益。其中，百喜草作为农路路面衬砌物，防治路面水土流失效果最佳。通过野外人工模拟降雨，分析裸露土路、碎石道路、泥结石路和植草土路 4 种典型农路路面的侵蚀产流产沙过程。结果发现，与裸露土路相比，碎石道路、泥结石路和植草土路的减流减沙效益依次增强，且减沙效益远大于减流效益。泥结石路、碎石道路和植草土路的减流效益最大只有 14.1%，但减沙效益最低可达 40%左右，大部分在 70%以上。在修建维护费用上，泥结石路、碎石道路和植草土路的修建费用依次降低。因此，坡耕地植草农路既能减轻农民经济负担又能达到防治水土流失的良好效果，且与绿色农业融为一体，为农业生产创造了舒适环境，是红壤坡耕地配套的重要措施。

图 4-19　植草农路

在红壤丘陵区坡耕地农路配套设施建设中，对于农用车流量小、人畜践踏少的人行道路，建议采用在土质道路或泥结石路路面种植耐践踏的草本植物形成防护层；若坡度较陡，上坡路可设计成台阶形，若坡度较缓，亦可设计成直线形。

4.1.3.4　梯壁植草技术

梯田修筑历史悠久，且普遍分布于世界各地，尤其是在地少人多的第三世界国家的山地丘陵地区。但在梯田梯壁的构造方面争议很大，一些学者主张就地取材，即利用修梯田中的碎石子和土壤修筑梯壁，认为将梯壁砌石更为安定，但因维护以及生态效益不佳而成败各异。而土筑梯壁，其自然生长杂草或小灌木，则须管理作业，费工也不少，而且崩塌现象更为严重。鉴于此，一些水土保持专家提出梯壁植草的方式，认为梯壁植草可以达到：①维护梯壁安定；②利于梯壁生产覆盖、堆肥材料或饲料；③借覆盖梯壁抑制杂草发生以节省除草工。

结合坡地开发的坡改梯工程，在所有梯壁上都种植适生草本进行护壁处理，在稍缓梯壁采取草种横向撒播、适时浇水管护，较陡梯壁采用扦插种植，立地条件较差的实行客土移植的方式。梯壁植草能迅速地覆盖梯壁表面，特别是诸如百喜草类固土护坡能力强的草种，能够快速达到蓄水保土的作用（图 4-20）。据江西水土保持科技生态园柑橘园径流小区多年观测数据，相比梯壁裸露水平梯田，梯壁植草水平梯田年均径流量减少了 60.38%，年均泥沙量减少了 97.16%。因此，梯壁植草技术能有效防止坡改梯工程造成的水土流失。

图 4-20　梯壁植草技术推广示范区

4.2　红壤坡耕地水土流失综合治理模式

在坡耕地种植耕作过程中，人们逐渐积累总结了一些治理水土流失的经验和有效的治理措施，如通过作物轮作、间作、套种、混播、合理密植，增加地面覆盖，降低雨滴击溅作用；改顺坡种植为横坡（等高、水平、沟垄）种植，增加坡面粗糙度；改原坡坡地为梯田，修建经济植物篱等。如此种多样的水土保持措施，都能够蓄水保土，在水土流失的治理中发挥着重大的作用，但是它们受到坡度的影响都具有一定局限性。如何才能在实践中减小其局限性，经济合理地使用，并且发挥各项治理措施的最大效益，成为水土保持措施实践研究的重点。

　　根据上述分析，在红壤区坡耕地综合治理中，如图 4-21 所示可以应用的技术主要有以下几个方面。

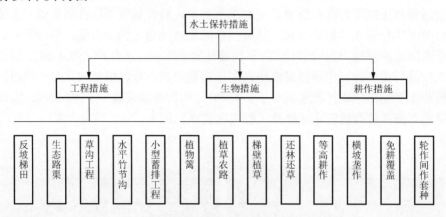

图 4-21　红壤坡耕地可应用的水土保持措施分类

　　如何根据坡耕地的实际立地条件进行相应的技术集成，从而构建适宜的红壤坡耕地水土流失综合治理模式是我们水土保持科技工作者面临的重要问题。

　　根据地形地质条件和工程性质，按照因地制宜、经济实用、技术先进的原则，山、水、田、林、路统一规划，合理布设水土保持工程措施、生物措施和耕作措施，以期达到经济效益、生态效益和社会效益的全面丰收。图 4-22 真实反映了红壤区坡耕地综合治理模式。

图 4-22　红壤坡耕地综合治理模式实例图

　　中国农业区划委员会颁发的《土地利用现状调查技术规程》对耕地坡度分为五级，即≤2°、2°～5°、6°～15°、16°～25°、>25°。≤2°一般无水土流失现象；2°～

5°可发生轻度土壤侵蚀，需注意水土保持；6°～15°可发生中度水土流失，应采取相关措施，加强水土保持；16°～25°水土流失严重，必须采取工程、生物等综合措施防治水土流失；>25°为《水土保持法》规定的开荒限制坡度，要逐步退耕还林还草。

总体来说，坡耕地综合治理模式需以控制坡耕地水土流失、合理利用和有效保护水土资源、加强农业基础设施建设为目标，山、水、田、林、路统一规划，综合治理，治理措施以理水、保土为主。为此，根据坡耕地的坡度因素，构建了三种针对性较强的治理模式，分别响应缓坡耕地、中等坡度坡耕地和陡坡耕地。

缓坡耕地（6°～15°）：以水土保持耕作措施+植物篱为主的缓坡耕地水土流失治理模式；

中等坡度坡耕地（16°～25°）：以坡改梯+坡面水系工程为主的中等坡度坡耕地水土流失治理模式；

陡坡耕地（>25°）：以水平竹节沟+还林还草措施为主的陡坡耕地水土流失治理模式。

4.2.1　以保水保土耕作+植物篱为主的缓坡耕地（6°～15°）水土流失治理模式

对缓坡耕地水土流失综合治理而言，主要是采取水土保持耕作措施，或者称之为保水保土耕作，即在坡耕地上结合每年农事耕作，采取各类改变微地形或增加地面植被覆盖、或增加土壤入渗，提高土壤抗蚀性能，以达到保水保土、减轻土壤侵蚀、提高作物产量的目的。

目前，经过多年的试验、示范和推广，我国已创建了多种适合不同地区的保护性耕作技术模式。东北平原垄作区：留高茬原垄浅旋灭茬播种技术模式、留高茬原垄免耕错行播种技术模式、留茬倒垄免耕播种技术模式；东北西部干旱风沙区：留茬覆盖免耕播种技术模式、旱地免耕作水种技术模式；西北黄土高原区：坡耕地沟垄蓄水保土耕作技术模式、坡耕地留茬等高耕种技术模式、农田覆盖抑蒸抗蚀耕作技术模式；西北绿洲农业区：留茬覆盖少免耕技术模式、沟垄覆盖免耕种植技术模式；华北长城沿线区：留茬秸秆覆盖免耕技术模式、带状种植与带状留茬覆盖技术模式。

对于南方红壤区缓坡坡耕地水土流失综合治理而言，保水保土耕作可细分为以下 4 类。

第一类，改变微地形的保水保土耕作，主要有等高耕作、沟垄种植、穴状种植和植物篱等；

第二类，增加地面植物覆盖的保水保土耕作，主要有间作、套种、带状间作、合理密植、休闲地种植绿肥等；

第三类，增加土壤入渗、提高土壤抗蚀性能的保水保土耕作，主要有深耕、增施有机肥和留茬播种等；

　　第四类，减少土壤蒸发的保水保土耕作，主要有地膜覆盖和秸秆覆盖等。

　　经过试验探索并结合示范点的中试，根据实际的立地条件结合当地群众的操作便利程度，提炼了适宜红壤区的缓坡耕地保水保土的耕作模式，重点推荐保水保土耕作+植物篱的模式。红壤区旱作缓坡坡耕地水土流失综合整治中。对红壤区而言，重点推荐黄花菜植物篱和香根草植物篱两种。具体技术特点分别如下所述。

　　保水保土耕作+黄花菜植物篱：除采取等高耕作、秸秆覆盖等保水保土耕作措施外，在红壤坡面每隔 10 m（可根据坡度适当调整间距）沿等高线种植黄花菜植物篱。由于黄花菜是多年生草本植物，耐旱怕渍，定植前需要深耕土壤以利于根系生长，一般翻耕深度为 20～30 cm。种植沟开挖后，施足基肥，一般每公顷（植物篱）施腐熟优质农家肥 75 000 kg，过磷酸钙 750 kg。将优质农家肥和过磷酸钙混合均匀施入沟中，使基肥能被更有效地利用，然后再在表面铺一层熟土。采用宽窄行栽植，植物篱带宽 50 cm，每带栽 2 行，行距 20 cm，株距 20 cm，一般每穴 2～3 株，种植穴一般呈三角形分布。

　　保水保土耕作+香根草植物篱：除采取等高耕作、秸秆覆盖等保水保土耕作措施外，在坡耕地上每隔 8 m 种植 1 条香根草植物篱，每条篱带 2 行，株行距为 20 cm×15 cm；篱间横坡垄作或等高耕作当地适宜作物，并每公顷覆盖干枯稻草 3000 kg。在具体应用时，可根据实际情况进行植物篱带间距和带宽的调整。

　　已有研究表明，在坡耕地的水土流失治理过程中，有效的耕作措施能够保土保水，降低土壤侵蚀量。但是随着坡度的增加，耕作措施的保土保水效益也将降低，因此必须配套植物篱以巩固其蓄水保土效益（王学强，2008）。根据黄欠如等关于植物篱防治红壤坡耕地（坡度为 6°）土壤侵蚀试验结果，与顺坡种植相比，采用香根草篱处理区的平均径流量和冲刷量分别减少 66.8%、73.4%，香根草篱处理区香根草第 1 年的水土保持效果弱于梯田，但随着植物篱的逐步形成，其作用会越来越大，至第 3 年基本接近梯田（黄欠如等，2001）。

　　陈一兵等（2002）也对经济植物篱生态经济效益进行了研究，发现在坡度为 13°的坡耕地实施香根草植物篱措施后其保土效益逐年增加。在这个坡度上，第一年植物篱就具有很高的保土效益，达到 88.7%；以后逐年增加，到第四年后其保土效益已达到 98.3%。因此，综合考虑在缓坡坡耕地上进行水土流失治理，推荐保水保土耕作措施+植物篱的组合。

　　项目组依托江西省红壤研究所进贤县红壤试验站径流小区，种植江西省常见的旱地作物花生，从减流、减沙、产量三个方面开展了常规耕作、草篱、敷盖、敷盖+草篱等措施搭配的对比研究，从而提炼针对红壤侵蚀区缓坡耕地水土流失治理技术和模式。其中，花生于 2010 年 4 月 26 日播种，8 月 26 日收获。敷盖材料为水稻秸秆，草篱为香根草植物篱，试验研究于 2010 年 5 月开始，8 月底观测结束，共进行了 21 场产流性降雨的试验观测。结果表明，与常耕相比，敷盖、草篱、敷盖+草篱处理地表径流量分别减少了 33.27%、32.33%、50.63%。通过分析不同保护性耕作措施的减沙效益得到，与花生常耕相比，敷盖、草篱、敷盖+草篱处理地表产沙量分别降低了 85.25%、92.34%、96.03%，呈极显著差异，保护性耕作措施的减沙效率显著。另外，从花生产量来看，与常耕相比，草篱+敷盖处理下产量略有提高，增产率为 1.77%。因此，对于红壤区缓坡旱地而言，敷盖、草篱、敷盖+草篱都可以作为集水聚肥的有效耕地保护措施，特别是秸秆敷盖+植物篱效果最好。

项目组依托江西水土保持生态科技示范园坡耕地试验区，对不同保护性耕作措施以及黄花菜植物篱对产流产沙影响进行了分析。2014 年与 2015 年两年的监测资料表明，不同措施产流量从大到小依次为裸地＞顺坡垄作＞顺坡垄作+黄花菜植物篱＞常规耕作+稻草覆盖＞横坡垄作，并且不同保护性耕作措施的减流效益均在 50%以上。相比裸露地或者常规的顺坡垄作而言，采取横坡垄作、稻草覆盖或栽植了黄花菜植物篱的小区其地表产流明显减少。另外，相同研究区产沙量的监测结果表明，顺坡垄作+植物篱、横坡垄作、常规耕作+稻草覆盖的年平均减沙效益分别为 84.09%、88.79%、92.44%，采取了保护性耕作措施下的小区其土壤侵蚀都明显低于没有采取保护性耕作的顺坡垄作。

4.2.2　以坡改梯+坡面水系工程为主的中等坡度坡耕地（16°～25°）水土流失治理模式

随着坡耕地坡度的增加，单独水土保持耕作措施的水土保持效益逐步降低。因此，到了坡度为 15°～25°的中等坡度坡耕地，保水保土耕作只能作为一种辅助措施，而不再适合作为主要的措施进行治理。

改坡地为梯田作为我国一种传统的水土保持措施，水土保持效果极为显著。我国坡地农业多是依靠修建梯田来保持水土而取得持久丰收的，其为我国的农业生产建下了不朽的功勋。与水土保持耕作措施和植物篱措施相比，梯田措施具有一次投资长期受益的效果，并且其效益稳定，合理管理与维护可以使梯田长期保持很高的水土保持效益，延长土地使用年限，是土地永续利用的基础。

但是，梯田措施也受到坡度的影响，在使用过程也存在一定的局限性，如修建梯田费工费时，成本过高。许多地方为了省工、省时而修建了低质量的梯田，造成了新的水土流失，梯田土地利用率降低。据调查测算，在坡度 15°～20°的坡地上修筑水平梯田，梯田的梯壁斜度、埂坎和后沟等占地约为原坡面的 20%～36%，所以修建梯田后土地利用率一般仅为 64.8%。陡坡梯壁临空面的存在，导致了坡地的不稳定。在大暴雨的冲击下，容易造成崩塌和滑塌，特别是新开梯田这种现象相当普遍。考虑到梯田存在上述问题，因此在坡改梯的基础上必须配以坡面水系工程，对坡面径流进行合理调控，才能保证梯田寿命。

因此，针对红壤区中等坡度的坡耕地水土流失综合治理，推荐一种坡改梯+坡面水系工程配套的综合治理模式，具体见图 4-23。具体而言，就是以前埂后沟+

梯壁植草+反坡梯田为重点，辅以必要的坡面水系工程（截排水沟、蓄水池、沉砂池、山塘）及生态路渠和田间道路等措施，形成保水、保土、保肥的高产基本农田。该模式适用于土层深厚、土质较好、距村较近、交通较便利、坡度适中的坡耕地和"四荒地"。

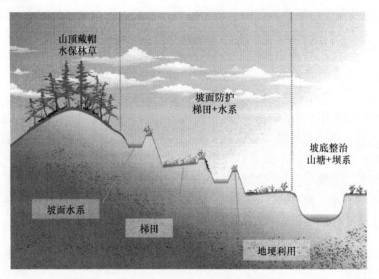

图 4-23　红壤中等坡度坡耕地综合治理模式示意图

该模式主要涉及两项关键技术：前埂后沟+梯壁植草式反坡梯田和坡面水系工程。下面分别进行详细介绍。

4.2.2.1　前埂后沟+梯壁植草+反坡梯田

因为红壤区降水资源相对丰富，但季节性分布不均。因此，修建梯田主要考虑排蓄功能，一是最大程度的蓄集雨水，增加土壤水库量；二是注重排水功能，能把洪涝时的雨水径流快速有序排走。根据多年的科学研究，实践证明前埂后沟+梯壁植草式反坡梯田对降雨径流具有良好的蓄排功能。

梯田的布设要按照地形因地制宜，沿等高线绕山转，宽适度，大弯就势，小弯取直，做到平顺美观。在单独完整的一面坡上，梯田自上而下沿等高线布设。若有零散梯地锥形，则利用原地埂顺势改造；在遇到独立馒头山地形时，则由山顶向山下布置；当坡面地形有凸出或凹下时，则顺势改造，使同一等高线上的田面高程保持一致、田面宽度依山就势，宜宽则宽、宜窄则窄，形状整齐。红壤区田坎一般为土坎，坎上培埂，坎下设沟，植物护埂。结合坡改梯工程，在所有梯壁上都种植适生草本进行护壁处理，在稍缓梯壁采取草种横向撒播、适时浇水管护，较陡梯壁采用品字形点播或扦插种植，立地条件较差的实行客土移植的方式。

关于前埂后沟+梯壁植草+反坡梯田技术的具体特点详见本章"4.1.2.1 梯田

工程"。

依托江西水土保持生态科技示范园进行的定位监测试验表明,与裸露对照相比,前埂后沟+梯壁植草+反坡梯田模式减流率达 94.5%,水土保持措施发挥效益早、年际波动小,减流效果明显而且这种减流效益在特大暴雨的特殊情况下表现的更为突出。另外,前埂后沟+梯壁植草+反坡梯田也更能够调节泥沙流失分配的均匀性,沟、埂和植草等措施的综合搭配能够很好地削弱大暴雨对泥沙流失的影响。

4.2.2.2　坡面水系工程

坡面水系工程主要是根据地形条件和土地利用类型,因地制宜,统筹兼顾,综合治理,选择生态、环保型的水土保持技术,加强集水系统和灌溉系统的一体化建设,把坡面紊乱、无序的径流汇集成有序、可利用的水资源,做到涝能蓄、旱能灌。

坡面水系工程分为集雨系统、引流系统、蓄水系统和灌排系统。每个系统要用相应的水土保持技术构建,例如,集雨系统的水土保持技术包括用作集雨面的乔灌草植物优化配置和前埂后沟+梯壁植草水平梯田;引水系统的水土保持技术包括生态路渠、山边沟、草沟和草路等技术;蓄水系统水土保持技术包括埋入式蓄水池、沉砂池和山塘等。截水沟、水平竹节沟、排水沟、沉砂池、蓄水池以及坡脚山塘等相连,形成完整的坡面水系工程。截排水沟与田间生产道路、沉砂、蓄水工程同时规划,并以田间生产道路为骨架,合理布设截排水沟,实现路沟结合。田块内横向排水主要通过坎下沟和山边沟实现,再汇于道路两侧的纵向排水沟集中排出。排水沟应与地块外现有沟渠或天然水系衔接。

截水沟布置在梯田、水土保持经果林坡面上方与其他地块等交接的地方,沿坡面等高线布置,当坡长较长时,设多级截水沟。在进行坡面经果林开发时,注意山顶戴帽区域与山腰种果区域连接处应布设截水沟。截排沟渠的比降应视其截、排、用水去处(蓄水池或天然冲沟及用水地块)的位置而定。排水沟布置在截水沟两端或低端连接沉砂池、蓄水池。蓄水池一般布设在坡面水汇流低凹处,并与截排水沟形成水系网络。沉砂池主要设置在不同尺寸的沟渠交汇处、出水口以及蓄水池进水口之前,以及在较长的沟渠中段、末端及蓄水池进口处,主要用于沉降截排水沟携带的泥沙及杂物。在坡度较大的地块中部,不同尺寸沟渠连接的地方,沟渠首末高差较大,为使截排水沟满足坡降要求,采用沉砂池作为承接。沉降沟设置在沟渠中段可起到跌水消能的作用,同时可减小沟渠的坡降,保证上下沟渠满足坡降要求,使排水顺畅。

以江西水土保持生态科技示范园为研究示范基地,建设成了高山集雨异地灌溉模式和低山丘陵集雨自灌模式两种坡面水系工程配置模式(图 4-24)。

图 4-24　高山集雨异地灌溉模式和低山丘陵集雨自灌模式的总体布置图

　　高山集雨异地灌溉模式：针对红壤区山地、丘陵分布面积广，林地覆盖度高，地势相对高差大的特点，充分利用当地的林地资源和降雨条件，拦截和汇集高山林地的雨水资源，通过水土保持引蓄水系统，为地势相对较低的坡地果园提供灌溉用水。该模式是由集雨面、山边沟、截流沟渠、3 个沉砂池、2 座 $30\,m^3$ 蓄水池组成，滴灌系统有供水管网、压力补偿滴头等组成。集雨面布置在江西水土保持生态科技示范园梨园南部的山丘林地上，灌溉系统布置在园区的梨园里，引蓄水系统布设在集雨和灌溉系统之间。高山集雨异地灌溉模式的坡面水系工程涉及的水土保持技术有乔灌草、山边沟和前埂后沟水平台地等措施，乔灌草林地具有涵养和净化水源的功能，所以在该坡面水系工程模式中配置在集雨区，山边沟具有集拦截坡面径流、净化水源、提供农路生产于一体的功能，所以作为引流系统，在集雨区下部按等高配置拦截集雨面的径流并引到蓄水池中。前埂后沟水平台地具有拦蓄径流的特点，所以为提高坡面水系工程的拦蓄水的利用率，前埂后沟水平台地配置在灌溉区。该模式下的 2 个 30 m³ 的蓄水池按照距离最近原则布设在集雨面下方和灌溉区上方。

低山丘陵集雨自灌+提灌模式：针对红壤区坡地果园面积大、分布广以及季节性干旱严重的特点，利用果园自身面积为集雨面，将先进的水保、农艺措施与雨水集蓄技术相结合，建设坡面水系网引流和蓄集雨水，以便在干旱季节对果园进行灌溉。该模式是由集雨面、截水沟渠、4 个沉砂池、4 座 20 m³ 蓄水池组成，滴灌系统有供水管网、压力补偿滴头等组成，提灌系统由水泵房、水泵、100 m³ 提水蓄水池等组成。该模式主要布置在园区的桃园内，在正常年份可通过集蓄的雨水实现自流灌溉，在特别干旱年份可进行提水灌溉。低山丘陵集雨自灌模式的坡面水系工程涉及的水土保持技术有草路、草沟、前埂后沟水平台地，梯壁植草等措施，根据前埂后沟水平台地的特点，充分利用其水土保持功能，利用其台面作为集雨面，利用其砍下沟作为引流系统，同时，为了进一步涵养和净化水源，对水平台地的梯壁进行梯壁植草配置，砍下沟进行草沟配置，农路进行草路配置。该配备了 1 个 100 m³ 的蓄水池，配置在该区的最高点，为极端干旱的气候条件下提水灌溉使用；4 个 20 m³ 的蓄水池，均匀分布在集雨面区，并同时配置在地形的鞍部，以最大程度的提高雨水利用率。

4.2.3　以竹节沟+还林还草措施为主的陡坡耕地（>25°）治理模式

研究表明，红壤坡耕地达到 25°后，其侵蚀量剧烈增加。因此一旦形成侵蚀，很快变成严重侵蚀区，土壤急剧退化，表土流失，土壤变得很贫瘠，不利于作物的生长。根据《水土保持法》规定，25°以上的坡耕地必须退耕还林，主要是在25°以上产生严重侵蚀后，治理困难，植被恢复较难，开发则得不偿失。因此，红壤丘陵区在 25°以上坡耕地应该退耕还林，从而起到绿化荒山、涵养水源、保护环境的作用。

但是对于坡度较大的坡地而言，单纯的植物措施很难在短时间内取得明显的水土流失防治效果，需要配合工程措施进行优化配置。在陡坡地，地表径流速度快且流量大，极易造成严重的冲刷，需要有效的工程措施拦蓄和减缓径流。坡度高于 25°以上，不适宜修建梯田等措施，可沿等高线修筑水平竹节沟。一方面水平竹节沟缩短了坡长和地表径流流程，改变了坡面流的运动规律，同时沟底拦蓄上方降雨径流，增加入渗，起到缓解冲刷、拦截和排导径流的作用；另一方面横向土挡能够分段拦蓄雨水和坡面径流，防止径流在沟内流动，增加入渗。

因此，对于 25°以上坡耕地，提出了以水平竹节沟+退耕还林还草为主的水土流失综合治理模式。陡坡耕地一般都属于中度或强烈水土流失区，坡地水源涵养差，林草成活率低。通过开挖高标准的水平竹节沟，并种植乔、灌、草结合，针、阔叶混交的水土保持林，可以层层拦蓄地表径流和泥沙，增加降雨入渗，有利于

图 4-25　竹节沟蓄水拦沙效果明显

林木的生长，提高林草成活率，这是使荒山快速复绿的一个好途径（图 4-25）。

　　坡面采用水平竹节沟整地，防御标准按 10 年一遇 24 小时最大雨量设计。沟由半挖半填作成，内侧挖出的土用在外侧作坝，坝顶宽 20 cm，坡比为 1∶1，采用撒播草籽防护；水平沟沟口上宽 60 cm，底宽 40 cm，沟深 50 cm；沟内每隔 5～10 m 左右留设一道横土挡，土挡高度 30 cm。

　　进行退耕还林还草时应根据适地适树原则，采用乡土植物种类。水土保持林草应该混交配置，根据林相不同，可分为灌草混交、乔灌混交和乔灌草混交。其中，灌草混交适用于坡度较陡、草被稀少、强烈水土流失、暂不宜乔木生长的坡地；乔灌混交适用于坡度较陡、草被较好、乔灌郁闭度小于 0.1、中强烈水土流失的坡地；乔灌草混交适用于坡度较陡、草被稀少、郁闭度小于 0.1 的极强烈水土流失的坡地。乔灌草品种应具备根系发达、根蘖萌发力强、固土能力强等特点，有较强的适应性和抗逆性，耐瘠耐旱，生长旺盛，郁闭迅速，且最好能够具有一定的经济价值，兼顾当地群众对燃料、肥料、饲料、木材及开展多种经营的需要。

　　江西省水土保持科学研究院多年试验示范表明，适生于红壤侵蚀区的优良水土保持先锋树种主要有马尾松、湿地松、泡桐、湿加松、木荷、枫香等；具有较强适应性和抗逆性的灌木主要有胡枝子、黄栀子和连翘等；草类品种表现优异的有宽叶雀稗、百喜草、狗牙根、假俭草、画眉草、黑麦草等。

　　江西省水土保持科学研究院在江西省于都县左马小流域设置标准径流小区进行了水平竹节沟、水保林以及竹节沟+水保林等措施的对比观测试验。结果表明，油茶+绿篱减流率为 20%，减沙率为 15%，其减流减沙率低的原因主要是油茶绿篱种植的第一年，植被盖度较低，尤其是绿篱尚未发挥最大减流保土作用；油茶+水平竹节沟配置减流效率接近 80%，减沙率达 68%，这表明植被结合坡面水保工程能优质高效地实现坡面径流泥沙调控；水保林+水平竹节沟措施对径流携带面源污染的拦截效率为 65.68%～79.55%，对泥沙携带全氮、全磷、碱解氮和速效磷的拦截效率也较高，拦截效率在 63% 以上。

4.3　红壤坡耕地水土流失综合治理技术与模式的示范应用

　　坡耕地水土流失综合治理是山丘区一项重要的基础设施工程。根据《全国坡耕地水土流失综合治理规划》，南方红壤丘陵区有坡耕地面积 867.48 万 hm²，占该区土地总面积的 7.3%。该区坡耕地面积大，水土流失严重，生态环境恶化，直接威胁区域粮食自给和国家粮食安全。江西省地处南方红壤丘陵区中心地带，其红壤坡耕地具有典型代表性。在江西省进行坡耕地整治试验示范，可以为红壤侵蚀区坡面水土综合整治提供技术支撑和典型带动作用。在水利部公益性行业科研专项项目"红壤侵蚀区坡面水土综合整治技术集成与示范"和"红壤坡耕地水土流失规律及调控技术研究示范"的基础上，依托国家水土保持重点建设工程和全国坡耕地水土流失综合治理工程，在江西省 8 个县（市、区）建立了 10 处具有不同代表性的示范基地（图 4-26）。

图 4-26　示范点分布图

　　示范基地从红壤坡耕地坡面水土流失防治关键技术入手，针对不同地域、不同水土流失背景、不同土地利用方式和不同农作物/经果林类型下的红壤坡耕地，重点探索了不同技术措施的优化配置（表 4-3），使得基于理水减沙的红壤坡耕地综合治理模式得到了较好的推广应用，发挥了良好的示范、辐射作用。

表 4-3　江西省红壤坡耕地综合治理模式示范点

编号	所在地	示范技术	主要农作物和经果林	坡度类型	示范基地（hm^2）
1		坡改梯（前埂后沟+梯壁植草+反坡梯田）、坡面水系、草路、作物/牧草植物篱	蓝莓、黄连木	中等坡度	4
2	德安县	坡面水系、生态路渠、横坡垄作+轮作+黄花菜植物篱	油菜、大豆	缓坡地	2
		坡改梯、坡面水系工程优化配置（生态路渠+	蔬菜基地	中等坡度	2.8
3		引水渠+沉砂池+蓄水池、排水沟+草路+反坡台地+梯壁植草+坎下沟+引水渠+蓄水池+山塘			

续表

编号	所在地	示范技术	主要农作物和经果林	坡度类型	示范基地（hm²）
4	余江县	横坡垄作、薄膜覆盖、秸秆覆盖、香根草植物篱、沟渠+沉砂池、泥结石路	花生	缓坡地	10
5	进贤县	横坡垄作+间作套种+免耕+百喜草覆盖+稻草秸秆覆盖+香根草植物篱	花生、苎麻	缓坡地	5
6	泰和县	坡改梯（前埂后沟+梯壁植草+反坡梯田）、坡面水系（蓄水池、山塘、沉砂池、谷坊、水平竹节沟、U型排水沟、草沟以及灌溉）、道路（水泥路、土路）、枯草覆盖	蜜橘	中等坡度	2
7	赣县	坡改梯（前埂后沟+梯壁植草+反坡梯田）、坡面水系（排灌沟、蓄水池、沉砂池、山塘和滴灌设施）、道路（水泥路和土路）	脐橙	中等坡度	3.3
8	南康区	坡改梯（前埂后沟+梯壁植草+反坡梯田）、坡面水系（排灌沟、蓄水池、沉砂池、山塘和滴灌设施）、道路（水泥路和土路）	甜柚	中等坡度	2
9	宁都县	坡改梯（前埂后沟+梯壁植草+反坡梯田）、坡面水系（排灌沟、草沟、蓄水池、沉砂池、山塘和滴灌设施）、道路（水泥路、草路、土路）	脐橙	中等坡度	100
10	于都县	水平竹节沟，补种湿地松、枫香、胡枝子、宽叶雀稗等		陡坡地	100

4.3.1 在缓坡耕地上的示范应用

4.3.1.1 德安科技园花生油菜轮作示范点

（1）示范点概况

示范点位于江西省德安县江西水土保持生态科技示范园（115°42′38″～115°43′06″E，29°16′37″～29°17′40″N，以下简称"科技园"）坡耕地试验示范区内。科技园属于国家级水土保持示范园区，海拔 30～90 m，坡度 5°～12°，典型的亚热带湿润季风气候，年均气温 16.7℃，多年平均降雨 1469 mm。降雨年内分配不均，4～7月降雨量占总降雨量的 50%～60%。土壤主要为第四纪红黏土发育的红壤，土层厚度平均达到 1.5 m。科技园位于我国红壤的中心区域，属全国土壤侵蚀二级类型区的南方红壤区，在南方红壤区具有典型代表性。原有地表土壤遭受严重侵蚀，土壤肥力急剧减退，具有酸、黏、板、瘦等特点。

（2）示范规模、技术与模式

该示范点建成于 2011 年，面积为 2 hm²。在此范围内，主要是以山边沟和横坡垄作为技术骨架，对其他相关技术如沉砂池、蓄水池、植草农路、植物篱以及排水系统进行了集成融合，在耕作方式上采取大豆和油菜轮作，即集成了蓄水保土的坡面整治技术、坡面水系优化配置技术、保护性耕作技术以及农路配套技术等，建成了作物耕作示范基地（图 4-27）。

图 4-27　油菜大豆轮作示范基地

在土层厚度均匀、土壤理化特性较一致、坡度较均一的同一坡面上，经人工修整后，共布设 12 个长 20 m×宽 5 m 的标准径流小区，水平投影面积 100 m²，坡度均为 10°。依据当地坡耕地的农作物特点，试验设计种植花生和油菜代表性坡地旱作物，采用花生+油菜轮作模式。同时布设了 3 个长 45 m×宽 40 m 的大坡面试验区，坡度均为 10°。每个小区于 2012 年 4 月底至 5 月初播种花生，8 月上旬至中旬收获，生长期 4 个月；于 9 月中下旬种植油菜，4 月底至 5 月初收获，生长期 7 个月。横坡垄作小区，按照等高线方向起垄，每个小区 20 个横垄，垄宽 70 cm，垄高 20 cm，垄间沟宽 30 cm。常规耕作+稻草覆盖小区，整地时不起垄，翻耕后直接整平，按 1 kg 干稻草/m²于花生出苗后覆盖。顺坡垄作+植物篱小区，按照垂直等高线的方向起垄，每个小区 5 垄，从小区上坡顶部起算，每隔 5 m 等高线布设 0.3 m 的黄花菜植物篱，总共布置 4 个植物篱，把顺坡垄作分成 4 带。垄作小区的花生采取一垄双行、株行距为 20 cm×30 cm 种植。

（3）示范效益

红壤缓坡坡耕地示范点建成后，2011 年至今共接待学习参观人员达 5000 余人次，保水保土耕作和植物篱的作用、理念、方法得到很好的宣传。

另外，该示范点的生态效益和经济效益在第五章"红壤坡耕地水土流失防治技术效应"和第六章"红坡耕地水土保持地力提升与作物增产效应"中有详细分析。

4.3.1.2　进贤县红壤试验站示范点

（1）示范点概况

进贤示范点主要依托江西省红壤研究所进贤水土流失定位试验站进行。试验站的地理位置为 116°20′24″N，28°15′30″E，属中亚热带季风气候，年均气温 18.0℃，年均降雨量 1537 mm，年蒸发量 1150 mm。地形为典型低丘，土壤为第四纪黏土母质发育的红壤旱地，质地较黏重，肥力中等。

（2）示范规模、技术与模式

示范点已建立缓坡红壤坡耕地技术集成示范基地 5 hm²（图 4-28）。主要以水土保持耕作技术为骨架，融合坡面整治技术、不同耕作方式、不同种植作物等技术。关键单项技术主要包括横坡耕作、纵坡耕作、间作套种、残茬敷盖、植草覆盖、免耕保墒、香根草植物篱等。主要模式有稻草覆盖+香根草植物篱模式。

图 4-28　进贤红壤缓坡旱地示范区

（3）示范效益

示范点按照稻草覆盖+香根草篱技术模式进行改造后，经济效益得到较大提升，这主要是通过抑制杂草生长从而减少人工管理成本实现的。与常规种植相比，每亩减少用工成本约为 50 元，产值增加 281 元，实际每亩增收 331 元。核心示范区增收 38 100 元，累积推广示范增收 116.78 百万元。经济效益具体如表 4-4 所示。

表 4-4　红壤缓坡坡耕地稻草覆盖+香根草篱技术模式经济效益计算

技术名称	生产成本（元/hm²）					产值（元/hm²）	纯收入（元/hm²）
	机耕/用工	农药	化肥	种苗	合计		
常规种植	6000	600	2175	3000	11 775	17 272.5	5497.5
稻草覆盖+香根草篱	5250	600	2175	3000	11 025	21 487.5	10 462.5

在生态效益方面，示范区有效降低土壤径流和侵蚀量 70.0%和 97.2%，土壤有机质含量增加 6.01%，改善了农地生态环境，提升土壤地力。同时，该技术模式还提高了秸秆资源的利用率，辅助能转化效率提高 39.2%，土壤抗旱能力得到延长，也增加了水资源循环利用率；同时，覆盖秸秆使 N、P、K 养分循环利用率平均分别提高 68.2%、68.0%、235.0%。

在社会效益方面，示范区提高了农民群众使用稻草覆盖科技意识。通过示范现场观摩、科技论文发表以及科技下乡、网络报道等多种途径渠道，使红壤缓坡坡耕地的综合治理技术模式的增产增效客观实在，能听可见，明明白白，提高了农民使用稻草覆盖的科技意识，减少了对稻草的焚烧。另外，培养了一支颇具规模的农民技术队伍，提升了农民科技素质。先后组织了 20 期技术培训，培训农民和农技人员达到 500 人次，使广大农民和农技员掌握技术，建立了一支颇具规模的农民技术队伍，实效提升了农民科技素质。

4.3.1.3　余江县花生种植示范点

（1）示范点概况

余江县位于江西省东北部，信江中下游，地处东经 116°41′～117°09′，北纬 28°04′～28°37′之间。示范点以低丘岗地为主，属亚热带湿润季风气候，年平均气温为 17.6℃，年平均降水量 1788.8 mm。由于余江县 5°～15°坡耕地占坡耕地总面积达到 70.0%，因此在余江县依托坡耕地综合整治项目建立红壤缓坡坡耕地示范区具有典型代表性。

（2）示范规模、技术与模式

余江县红壤缓坡地综合整治示范点面积达到 10 hm²，主要种植作物为花生（图 4-29）。在技术措施上，该示范点主要以水土保持耕作技术和植物措施为主，融合坡面整治技术和道路配置。单项技术主要包括横坡耕作、薄膜覆盖、秸秆覆盖、排水沟渠、泥结石道路和香根草植物篱等。

图 4-29　余江缓坡坡耕地示范区

（3）示范效益

通过两年建设，示范点坡耕地治理度达到 75%以上，土壤侵蚀量减少 70%以上，有机质提高 11%，综合生产能力提高 31%，与传统种植模式相比，经济效益增加 97%～138%。通过控制水土流失，生态环境得到了明显改善，结合发展生态农业，农村经济也得到了一定发展，人均纯收入增长比当地平均增长水平高 30%以上。

4.3.2　在中等坡度坡耕地上的示范应用

4.3.2.1　德安科技园蓝莓种植示范点

（1）示范点概况

在江西水土保持生态科示范园内建有蓝莓种植基地。该种植基地主要是对中等坡度坡耕地进行综合整治开发利用。

区域基本概况详见本书 4.3.1.1 小节。

（2）示范规模、技术与模式

该示范点面积约为 4 hm²（图 4-30）。在此范围内，主要是以坡改梯为技术骨架，融合了前埂后沟、梯壁植草以及植草农路等技术，把坡面整治技术、坡面水系优化配置技术和农路配套技术等进行了集成创新，建成了中等坡度下的综合整治示范区，发挥了较好的示范作用。

图 4-30　蓝莓种植示范点

（3）示范效益

在水土流失区，土壤缺水、缺肥是制约植物生长的主要因素。通过水土保持综合整治，原本贫瘠的红壤坡地现在已经成为重要的蓝莓优质区。示范基地内水土保持综合治理程度达到 90%，水土流失得到基本控制；生态环境得到明显改善；减沙效率达到 75%；土壤肥力明显提高、涵养净化水源能力改善，土地生产力显著提高。调查结果表明，示范点蓝莓的保存率达到 91%。蓝莓表现出强健的长势。与 2015 年 3 月栽植时候相比，至 2015 年年底，蓝莓株高增加了 0.59 cm，地径增加了 0.08 cm，冠层半径增加了 30 cm。示范点社会效益显著，近两年接待考察学习 500 人次。

4.3.2.2　德安科技园瓜果蔬菜种植示范点

（1）示范点概况

在江西水土保持生态科技示范园内，根据实际情况，在中等坡度红壤荒草地上开发建设有一块有机瓜果蔬菜种植基地，为科技园的日常运营提供一定的供应。

区域基本概况详见本书 4.3.1.1 小节。

（2）示范规模、技术与模式

该瓜果蔬菜种植示范点面积达到 3 hm²（图 4-31）。主要是针对科技园的实际立地条件，根据周边林地覆盖度高、地势相对高差大的特点，充分利用林地资源和降雨条件，拦截和汇集高山林地的雨水资源，通过水土保持引蓄水系统，为地势相对较低的坡地果园和蔬菜基地提供灌溉用水。其中瓜果蔬菜基地开发为反坡台地模式，而坡面水系工程包括集雨面、引蓄水系统和灌溉系统，如生态路渠、百喜草、引水渠、沉砂池、蓄水池等技术手段。

图 4-31　坡面径流调控与雨水集蓄利用示范基地

（3）示范效益

该示范点的建成每年可为科技园提供大量的应季蔬菜和新鲜水果，变荒坡地为瓜果蔬菜基地，经济效益非常可观，土地生产力显著提高。基地内水土保持综合治理程度达到 85%，水土流失得到基本控制；生态环境得到明显改善。另外，基地的技术模式特别是坡面水系工程的作用、理念、方法得到很好的宣传。

4.3.2.3　泰和县老虎山柑橘园示范点

（1）示范点概况

泰和县示范点位于赣中南吉泰盆地腹地老虎山小流域，依托泰和县水土保持站（吉安市井冈山水土保持科技园）建设。地理位置为东经 114°52′～114°54′，北纬 26°50′～26°51′，属中亚热带季风气候，平均气温为 18.6℃，多年平均雨量为 1363 mm。老虎山小流域属南方红壤典型丘陵区，境内丘坡平缓，坡度多在 5°左右，土壤为第四纪红黏土发育而成的红壤，厚度一般为 3～40 m。泰和县坡耕地主要开发利用为经果林。因此，对泰和县坡耕地水土流失治理应注重灌排体系的建设，即配套蓄水池、山塘等坡面水系工程以解决果园季节性干旱问题。

（2）示范规模、技术与模式

示范区主要建设高标准柑橘园，面积约 2 hm²（图 4-32）。在柑橘园中，融合集成了包括坡面整治技术（坡改梯、梯壁植草）、坡面水系优化配置技术（蓄水池、山塘、沉砂池、谷坊、水平竹节沟、U 型排水沟、植草土沟以及灌溉管网等）和水土保持植物措施（如地面覆盖枯草），并配置了水泥路、土路和植草路面等农路体系。示范区内具体采取山顶戴帽的水保林、山腰种果的柑橘果园。果园内开挖竹节水平沟，长 1.9 km，增加雨水就地入渗和减少泥沙下泄；蓄水系统有 50 m³ 的蓄水池 6 口、山塘 2 口、谷坊 62 座；引水系统主要有 U 型排水沟和植草土沟，长约 1 km。

（3）示范效益

通过山顶戴帽（水保林）、山腰种果（柑橘园）的高标准果园建设，示范区内植被覆盖率由原来的30%提高到74%，土壤侵蚀模数由治理前的1283 t/(km²·a)降至896 t/(km²·a)。昔日荒凉裸露的老虎山，如今长年山清水秀，四季花果飘香，流域内农民年人均收入由治理之初的不足500元提高到5000元，远远超过全县农民的年人均纯收入。另外，通过对示范区的调查，坡面水系优化配置工程的效果明显，集雨、引水和蓄水系统初成体系，养殖业和果园结合发展，达到最佳治理效果。

图4-32　泰和示范点柑橘果园

4.3.2.4　赣县农业科技示范园示范点

（1）示范点概况

赣县地处江西省南部、赣江上游，境域地形属丘陵山地，土壤侵蚀类型以水力侵蚀为主。截至2007年底，全县有坡耕地面积3253 hm²，占全县土地总面积的1.09%；其中 5°～15°、15°～25°和 25°以上的坡耕地分别占比 40.5%、43.9%和15.6%。赣县坡耕地综合治理示范点主要依托赣县清溪现代农业科技示范园建设。地理坐标介于东经 115°6′46″～115°17′33″，北纬 26°0′42″～26°9′9″之间。

（2）示范规模、技术与模式

选择 3.3 hm²的面积进行水土保持生态果园（脐橙）示范（图4-33），主要推

图4-33　赣县示范区一角

广以坡改梯和坡面蓄排水为骨架的坡面整治技术，并对坡面水系优化配置技术和农路配置技术体系进行融合集成。具体单项技术手段包括前埂后沟、梯壁植草（宽叶雀稗）、排水土沟、U 型排水槽（1.5 km）、蓄水池（17 口）、沉砂池（22 口）、山塘（6 口）、灌溉管网和水泥路等。

（3）示范效益

项目建成两年后，示范点水土流失综合治理程度达到 70% 以上，水土保持减沙效率达到 70% 以上；农业生产条件有明显改善，土地利用率达 80% 以上。另外，此种模式资金投入较大，治理投入上应该是多渠道的。创新机制，吸引社会资金参与开发性的治理是根本思路。对承包山地或自行开发的农户，地方财政尤其是水土保持部门和国土资源部门要通过资金或苗木等形式进行补贴，提高积极性，实行"谁治理、谁受益"。同时，在开发过程中水土保持部门要给予技术指导，以便有力控制开发过程中尤其是初期的水土流失。这种模式尽管投入大，但长远来看经济效益显著，老百姓容易接受。在政府辅以一定的资金支持后，当地群众对承包残次林进行果业开发积极性较高。

4.3.2.5　南康区赤土甜柚基地示范点

（1）示范点概况

赣州市南康区位于江西省南部，居赣江上游章江中下游，果园面积达 10 666 hm²，被国家命名为"中国甜柚之乡"。属中亚热带季风湿润气候，年平均气温 19.3℃，年平均降雨量 1443.2 mm。根据江西省第三次土壤侵蚀遥感调查，南康区现有水土流失面积 677.66 km²，占全省水土流失总面积的 2.04%。截至 2007 年底，全区有坡耕地面积 953 hm²，其中 5°~15°、16°~25° 和 25° 以上的坡耕地面积分别为 287 hm²、446 hm² 和 220 hm²。当地农业主导产业以脐橙、甜柚、油茶等为主，坡耕地大都开发利用为果园，现有经果林产品规模大、数量多。

地理坐标介于东经 114°38′7″~114°38′25.8″，北纬 25°38′31″~25°38′51″ 之间。

（2）示范规模、技术与模式

该示范点主要依托南康赤土甜柚基地建设，面积为 2 hm²，辐射推广示范面积 198 hm²（图 4-34）。

示范点建设内容主要以坡改梯和雨水集蓄利用工程为主的果园，技术包括：①水土保持林；②水平台地+梯壁植草；③水平竹节沟（坎下沟）；④排灌沟；⑤蓄水池（沉砂池）、塘坝和滴灌设施；⑥道路体系。

具体做法是：示范区的集雨面采取山顶戴帽的水保林，山腰种果的柚子果园，以及联通项目区的农路路面。结合国家农业综合开发水土保持项目建设，在水土流失综合治理的基础上，综合运用坡面径流调控理论优化配置水平竹节沟、排灌沟、蓄水池（沉砂池）、塘坝、滴灌设施等各项"拦、引、蓄、排"小型水利水保措施。引水系统主要有 U 型排水沟、水平竹节沟和果园坎下沟；蓄水系统有 20 m³

图 4-34 南康示范区一角

的蓄水池 24 口，山谷的山塘 2 口。果园整治模式采取水平台地+坎下沟+梯壁植草模式。

（3）示范效益

示范区初步形成了坡面径流调控与雨水集蓄利用的技术体系，对山坡坡面、路面、果带带面的雨水进行就地拦截集蓄，形成"集雨有槽、排水有沟、储水有塘、雨季能排、旱季能灌"的循环水模式，减少地表径流，增加地下径流，使雨水不乱流，泥沙不下山，建设"三保"（保水、保土、保肥）果园，降低生产成本，提高果实品质，实现金山银山与绿水青山的和谐统一。

4.3.2.6 宁都县水土保持科技示范园示范点

（1）示范点概况

宁都位于鄱阳湖水系五大河流之一赣江的一级支流梅江流域中下游、江西省赣州市东北部。宁都示范区主要依托宁都县水土保持科技示范园建设，位于宁都县城北郊石上镇境内，地理位置为北纬 26°35′49″～26°38′0.08″，东经 116°1′49.8″～116°3′35.4″之间。地貌类型以构造剥蚀低山丘陵岗地为主，坡度多在 5°～25°之间。土壤主要为红砂岩母质发育的红壤。在全国水土保持区划中，园区地处南方红壤区-江南山地丘陵区-赣南山地土壤保持区。

（2）示范规模、技术与模式

在宁都县水土保持科技示范园内建设有脐橙水土保持生态果园示范区，面积达 100 hm²，辐射推广面积达到 1333 hm²（图 4-35）。主要是坚持山顶林戴帽（山顶戴帽，面积约占坡面四分之一，不开光头山）、山腰茶果帽（水平台地或反坡梯田，山腰种果）、山脚林草药（山脚穿裙保留主要是保留当地黄竹灌草等乡土植被减轻面源污染）、园间配林带（不强行追求大面积连片，果园与果园之间保留或种植约 30 m 宽的植被林带，有效防治病虫害）、整地配套措施（外高内低式反坡梯田，辅以前埂后沟+梯壁植草）、水系要蓄排（截水沟、竹节沟、排水沟、沉砂池、蓄水池、山塘连成体系）、道路要合理（水泥主干道和植草空心砖生产便道、土路和草路的连接配套）。

图 4-35 宁都示范区一角

至目前为止，整个推广区内共营造水保林 210 hm²；经果林开发（采取前埂后沟+梯壁植草+水平梯田式整地）1005 hm²；新建小型水利水保工程 198 座（其中山塘 10 座、谷坊 8 座、蓄水池 98 口、沉砂池 82 口）；修建田间道路 37.84 km、排水沟 28.6 km。

（3）示范效益

园区各项防治措施布局较为合理，建设规范。水土流失综合治理程度达到约86%；25°以上陡坡耕地全部退耕还林还草；植被覆盖度约达到 84%，宜治理水土流失面积得到全部治理；土地利用率达到约 72%，土地利用结构得到合理调整；土地产出增长率约为 65%，商品率 70%，区域经济初具规模；基本形成了较为完善的水土保持综合防治体系，治理成果和示范效果显著，科技水平与技术含量较高。

4.3.3 在陡坡耕地上的示范应用

（1）于都县左马小流域示范点概况

于都县左马小流域面积约 3.2 km²，位于赣州市于都县县城郊南面 30 km 处，属赣江的支流上游，是一个低山丘、川道环绕的小流域，大部分高丘、低山坡度大于 25°。岩性主要有变质岩、红砂岩。小流域地处中亚热带季风湿润气候，具有雨量充沛、气候温和、光照充足、四季分明、无霜期长等特点，年均降雨量为1507.5 mm，一年内降水量分配不均，集中在 4～6 月降水最多，占全年降水量的47.5%。该小流域为全国水土保持重点建设工程流陂项目区范围，初始植被较差，土地利用类型以林地和耕地为主，面积占比分别为 45%和 36%。

（2）示范规模、技术与模式

结合小流域水土保持重点治理工程，在于都县左马小流域内进行了以水平竹节沟+退耕还林还草措施为主的陡坡耕地的综合治理，总面积达到 100 hm²（图 4-36）。主要技术措施包括：对 25°以上坡耕地，进行水平竹节沟+油茶林、水平竹节沟+泡桐树+胡枝子+宽叶雀稗、马尾松小老头树的人工施肥抚育等。

图 4-36　竹节沟+胡枝子+宽叶雀稗搭配的陡坡耕地治理

（3）示范效益

示范点通过几年的连续治理，土地利用发生显著变化，如耕地面积占比由之前的 36%降低到 12%（项目区范围内还存在一定面积的 25°以下的旱作耕地），林地面积由治理之前的 45%增加到 69%，25°以上陡坡耕地全部退耕还林还草，植被覆盖度从治理之前的 56%增加到 84%，宜治理水土流失面积得到全部治理，基本形成了较为完善的水土保持综合防治体系，治理成果和示范效果显著。

参 考 文 献

陈一兵, 林超文, 朱钟麟, 等. 2002. 经济植物篱种植模式及其生态经济效益研究[J]. 水土保持学报, 12(6): 80-83.

黄欠如, 章新亮, 李清平, 等. 2001. 香根草篱防治红壤坡耕地侵蚀效果的研究[J]. 江西农业学报, 13(2): 40-44.

廖绵濬, 张贤明. 2004. 现代陡坡地水土保持[M]. 北京:九州出版社.

王学强. 2008. 红壤地区水土流失治理模式效益评价及其治理范式的建立[D]. 武汉: 华中农业大学硕士学位论文.

张展羽, 吴云聪, 杨洁, 等. 2013. 红壤坡耕地不同耕作方式径流及养分流失研究[J]. 河海大学学报（自然科学报）, 41(3): 241-246.

左长清, 李小强. 2004. 红壤丘陵区坡改梯的水土保持效果研究[J]. 水土保持通报, 24(6): 79-81.

第5章 红壤坡耕地水土流失防治技术效应

5.1 研究区概况与方法

本章所研究区域有 2 个，分别为江西省九江市德安县的江西水土保持生态科技示范园和江西省南昌市进贤县的江西省红壤研究所试验基地。

江西水土保持生态科技示范园数据来源于该园区坡地生态果园试验区和坡耕地径流保护型耕作试验区，坡地生态果园试验区使用了 2010～2015 年 1～15 号径流小区的径流泥沙数据，坡耕地保护型耕作试验区数据为 2014～2015 年 1～15 号径流小区径流泥沙养分等数据。江西省红壤研究所数据来源于红壤研究所进贤县试验站上水-土-养分流失阻控试验区 2010～2014 年的花生生长期数据。

5.2 蓄水减流效应

5.2.1 保护型耕作措施

利用江西水土保持生态科技示范园坡耕地径流保护型耕作措施试验区 2014～2015 年数据分析（表 5-1）可知，不同耕作措施年径流深从大到小依次为顺坡垄作＞顺坡垄作+植物篱＞常规耕作+稻草覆盖＞横坡垄作；与顺坡垄作相比，顺坡垄作+植物篱蓄水减流效应达到 59.69%，常规耕作+稻草覆盖减流效应达 64.30%，横坡垄作减流效应达 71.85%，说明稻草覆盖、横坡垄作、黄花菜植物篱保护型耕作措施可以明显减少坡耕地地表径流，其中以横坡垄作的蓄水减流效应最好。

表 5-1 不同保护型耕作措施蓄水减流效应（德安）

不同措施	径流深（mm）	蓄水减流效应（%）
顺坡垄作	211.29	—
常规耕作+稻草覆盖	75.44	64.30
横坡垄作	59.47	71.85
顺坡垄作+植物篱	85.16	59.69

利用红壤研究所进贤试验站坡耕地水-土-养分流失阻控试验区 2010～2014 年的数据分析不同保护型耕作措施对地表产流的影响（表 5-2），可知香根草篱、稻草覆盖、香根草植物篱+稻草覆盖不同年的径流深都小于常规耕作，5 年的年均径流深从大到小依次为常规耕作＞香根草篱＞稻草覆盖＞香根草篱+稻草覆盖，说

明保护型耕作措施具有明显的减流效应。不同保护型耕作措施各年减流效应如图 5-2，可知草篱蓄水减流效应整体上随着年限的增加而增加；稻草覆盖减流效应随年限增加无明显规律，受不同年份的降雨差异上下波动；稻草覆盖+香根草篱减流效应受不同年份降雨影响较大，但略有上升趋势；前 3 年稻草覆盖蓄水减流效应高于香根草篱，随着年限的增大，第四、五年草篱减流效应大于稻草覆盖。由于香根草篱第一年密度较小，随着年限增加草篱密度增大，同时拦蓄的泥沙多，形成土坎，因此香根草篱、香根草篱+稻草覆盖措施蓄水减流效应随着年限增大有增大趋势。

表 5-2　不同保护型耕作措施各年地表径流深（进贤）

不同措施	各年花生生长期径流深（mm）					
	2010 年	2011 年	2012 年	2013 年	2014 年	年均
常耕	20.41	36.62	93.48	12.76	36.52	39.96
草篱	18.12	24.44	62.90	8.28	15.08	25.76
稻草覆盖	12.66	24.78	46.07	8.82	20.13	22.49
草篱+稻草覆盖	10.54	18.08	12.87	7.51	5.54	10.91

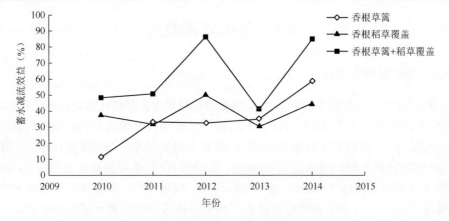

图 5-2　不同保护型耕作措施蓄水减流效应（进贤）

5.2.2　农林复合系统

利用江西水土保持生态科技示范园生态果园试验区 2013～2014 年径流观测数据分析不同农林复合系统对多年平均产流的影响见表 5-3，可知纵坡间作农林复合系统年均径流深比纯柑橘林略高；与纯柑橘林相比，横坡间作农林复合系统、农林草复合系统径流深都小于纯柑橘林，横坡间作农林复合系统、农林草复合系统减流效应分别为 33.74%、76.40%。上述分析说明纵坡间作农林复合对地表径流影响不大，而横坡间作农林复合、农林草复合系统都具有明显减流作用。

表 5-3　不同农林复合类型蓄水减流效应（德安）

小区编号	措施类型	径流（mm）	减流效应（%）
10	柑橘林	104.05	—
9	农林复合（纵坡间作）	110.18	−5.89
8	农林复合（横坡间作）	68.94	33.74
3	农林草复合	24.56	76.40

利用红壤研究所进贤坡地生态果园试验区 2011 年的数据分析农林复合系统对地表产流的影响见表 5-4，可知不同措施的地表径流从大到小依次为柑橘林＞花生柑橘复合＞百喜草柑橘复合，花生柑橘复合系统蓄水减流效应达 39.50%，百喜草柑橘复合系统蓄水减流效应达 56.66%，说明不同复合系统具有明显减少地表径流作用。

表 5-4　不同农林复合类型蓄水减流效应（进贤）

不同措施	径流深（mm）	减流效应（%）
柑橘林	20.14	—
花生柑橘复合	12.18	39.50
百喜草柑橘复合	8.73	56.66

5.2.3　梯田工程

利用对江西水土保持生态科技示范园生态果园试验区 2011～2014 年四年年均径流深和蓄水减流效应分析（表 5-5），可知梯田工程的径流深小于原坡面小区，梯田工程配合梯壁植草后径流深小于未梯壁植草的梯田，不同梯田工程的蓄水减流效应表现为前埂后沟梯田+梯壁植草最大，水平梯田+梯壁植草与内斜式梯田+梯壁植草减流效应几乎相同，并列第二，外斜式梯田+梯壁植草减流效应为第三，普通水平梯田减流效应最小。上述分析表明，梯田工程具有明显的蓄水减流效应，梯田工程配合梯壁植草后减流效应明显提升，前埂后沟梯田+梯壁植草梯田蓄水减流效应最好。

表 5-5　不同梯田工程蓄水减流效应

小区编写	不同措施	年均径流深（mm）	蓄水减流效应（%）
10	柑橘净耕	87.03	—
13	普通水平梯田	58.40	32.90
15	外斜式梯田+梯壁植草	35.17	59.59
12	水平梯田+梯壁植草	33.12	61.94
14	内斜式梯田+梯壁植草	33.24	61.80
11	前埂后沟梯田+梯壁植草	29.21	66.44

在上述梯田工程中，由于前埂后沟梯田+梯壁植草梯田蓄水减流效应最大，因此分析其次减流效应。利用 2011～2014 年 133 场次降雨事件分析，柑橘净耕处理

径流深与前梗后沟梯壁植草梯田减流效益见图 5-3,可知原对比坡面产流情况与梯田工程减流效应密切相关，在原对比坡面次降雨径流深较小时，蓄水减流效应波动较大，随着径流深的增大，蓄水减流效应波动减小；当原坡面径流深小于 3 mm 时，梯田工程次降雨减流效应与径流深无明显关系，径流深大于 3 mm 以后，梯田工程的蓄水减流效应整体上随径流深的增大而增大，并且平均减流效应大于70%，说明梯田工程遇到大暴雨后仍然具有显著的蓄水减流效应。

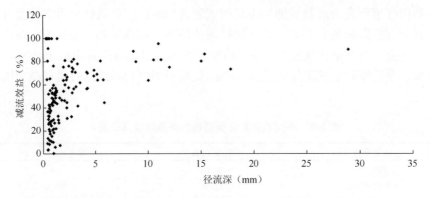

图 5-3　前埂后沟梯田+梯壁植草梯田工程的次降雨减流效应与原坡面径流深关系

5.2.4　坡面水系工程

利用江西水土保持生态科技示范园 2015 年坡耕地大坡面试验区径流观测数据分析（表 5-6），可知无坡面水系工程的坡耕地年径流深为 233.48 mm，13 号生态路渠+蓄水池的坡耕地年径流深为 20.00 mm，坡面水系工程的减水效应高达91.44%，说明坡耕地水系工程具有明显的减流蓄水效应。

表 5-6　不同坡面水系工程蓄水减流效应

小区编号	不同措施	年径流深（mm）	蓄水减流效应（%）
14	原坡面+花生油菜轮作	233.48	—
13	生态路渠+蓄水池+花生油菜轮作	20.00	91.44

5.3　减沙保土效应

5.3.1　保护型耕作措施

保护型耕作措施影响坡耕地侵蚀产沙，利用江西水土保持生态科技示范园坡耕地保护型耕作措施 1～12 号径流小区 2014 年、2015 年年均侵蚀产沙资料分析保护型耕作对侵蚀产沙的影响。由图 5-4 可知，不同措施土壤年均侵蚀模数从大到小依次为裸地对照＞顺坡垄作＞顺坡+植物篱＞横坡垄作＞常规耕作+稻草覆盖；顺坡垄作显著小于裸地对照，说明坡耕地种植农作物后比没有植被覆盖的裸地具有显著减少地表侵蚀产沙作用，减沙效应为 69.92%；保护型耕作措施年均侵蚀模数都显著小于无保护型耕作措施的顺坡垄作，说明保护型耕作措施具有显著减少坡面侵蚀产沙作用，与顺坡垄作相比，保护型耕作措施年平均减沙效应为88.44%；顺坡垄作+植物篱、横坡垄作、常规耕作+稻草覆盖的年平均减沙效应分别为 84.09%、88.79%、92.44%，不同保护型耕作措施间减沙效应虽然有差异，但是无显著性差异。

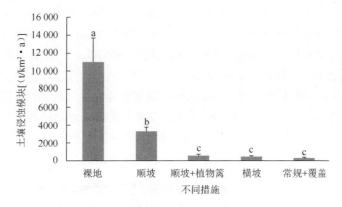

图 5-4　不同保护型耕作措施年均土壤侵蚀模数（德安）

上述分析可知，顺坡垄作+植物篱、横坡垄作、常规耕作+稻草覆盖保护型耕作措施具有显著减少红壤坡耕地侵蚀产沙作用；2014 年黄花菜植物篱已经有 3 年，通过植物篱的拦挡已经形成 15 cm 左右高的土坎，能起到拦截泥沙作用，另外黄花菜植物篱可以减缓地表径流流速，减少泥沙输移能力，从而减少了坡面侵蚀产沙；横坡垄作由于横垄相当于截短坡长，横垄阻挡作用又可以减缓地表流速，甚至可以直接拦挡泥沙，因此其具有显著的减沙效应；常规耕作+稻草覆盖，常规耕作不起垄，花生种植密度高，覆盖度大，另外稻草覆盖不仅可以减少雨滴直接击溅地表土壤，减少击溅侵蚀，而且稻草覆盖大大增加地表粗糙度，减缓地表流速，减少径流冲刷侵蚀，因此，常规耕作+植物篱具有显著减少土壤侵蚀产沙作用。

利用红壤研究所进贤试验站水-土-养分流失阻控试验区 2010～2014 年的花生生长期侵蚀产沙数据分析不同保护型耕作措施对侵蚀产沙的影响（表 5-7），可知香根草篱、稻草覆盖、稻草覆盖+香根草篱不同年花生生长期侵蚀模数均小于无保护型耕作措施的常规耕作。保护型耕作措施多年平均减沙效应为 94.03%，不同措施间减沙效应亦有差异，香根草篱、稻草覆盖、稻草覆盖+草篱多年平均减沙效应分别为 90.10%、94.91%、97.09%。

表 5-7　不同保护型耕作措施各年土壤侵蚀模数（进贤）

不同措施	各年花生生长期土壤侵蚀模数[t/(km²·a)]					
	2010 年	2011 年	2012 年	2013 年	2014 年	年均
常耕	810.46	104.96	844.93	115.34	166.17	408.37
草篱	139.55	15.48	21.63	2.85	22.68	40.44
稻草覆盖	41.21	8.04	16.54	3.17	35.01	20.79
草篱+稻草覆盖	41.21	4.16	4.55	2.66	6.80	11.88

　　由图 5-5 可知，除 2014 年由于降雨影响出现下降，不同措施整体上随着年限增加，保护型耕作措施年减沙效应增加；香根草篱 2010 年、2011 年减沙效应分别为 82.78%、85.25%，其他措施减沙效应均在 90%以上，香根草篱第一年 2010 年、第二年 2011 年减沙效应小于稻草覆盖，第三年开始减沙效应与草篱无差异，甚至 2014 年高于草篱减沙效应，说明植物篱初始年，生长较稀疏，随着植物篱的生长，植物篱越来越密，并且拦挡泥沙形成的土坎可以增加减沙作用，因此植物篱随着年限的增加减沙效应越明显；草篱+稻草覆盖不同年减沙效应均最大且稳定，不同年限减沙效应均高于 90%，多年平均减少效应为 96.80%。

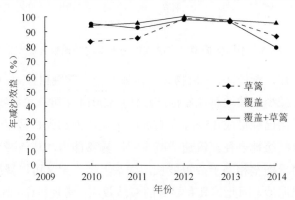

图 5-5　不同保护型耕作措施各年减沙效益（进贤）

5.3.2　农林复合系统

　　利用江西水土保持生态科技示范园坡地生态果园试验区 2013～2014 年径流观测数据分析不同农林复合系统对产沙的影响（表 5-8），可知不同措施年均土壤侵蚀模数从大到小依次为纵坡间作农林复合系统＞纯柑橘林＞横坡间作农林复合系统＞农林草复合系统，说明不同类型农林复合系统影响坡面侵蚀产沙。纵坡间作农林复合年侵蚀模数是纯柑橘的 2.85 倍，与纯柑橘林相比横坡间作农林复合系统、农林草复合系统减沙效应分别为 24.42%、98.49%。上述分析表明纵坡间作农林复合与纯柑橘林相比增加了土壤侵蚀模数，而横坡间作农林复合系统、农林草复合系统具有明显地减少土壤侵蚀模数作用，说明无水土保持措施型的农林复合系统能增加土壤侵蚀产沙,有水土保持措施型的农林复合系统可以减少土壤侵蚀产沙。

表 5-8　不同农林复合类型保土减沙效应(德安)

小区编号	措施类型	年均土壤侵蚀模数[t/(km²·a)]	减沙效应(%)
10	柑橘林	432.84	—
9	农林复合(纵坡间作)	1231.87	-184.60
8	农林复合(横坡间作)	327.14	24.42
3	农林草复合	6.54	98.49

利用红壤研究所进贤试验站坡地生态果园试验区 2011 年的花生生长期产沙观测数据分析农林复合系统对地表产沙的影响(表 5-9),可知不同措施土壤侵蚀模数从大到小依次为纯柑橘林>花生柑橘复合系统>百喜草柑橘复合系统,农林复合系统具有明显减沙保土效应,花生柑橘复合系统、百喜草柑橘复合系统与纯柑橘林相比减沙效应分别为 83.14%、98.92%。上述分析说明农林复合系统比纯林具有明显减少保土效应,农林复合系统与纯柑橘林相比,间作农作物、牧草后可以增加地表覆盖度从而起到减沙作用。

表 5-9　不同农林复合类型保土减沙效应(进贤)

不同措施	土壤侵蚀模数[t/(km²·a)]	减沙效应(%)
柑橘林	561.92	—
花生柑橘复合	94.72	83.14
百喜草柑橘复合	6.09	98.92

5.3.3　梯田工程

利用对江西水土保持生态科技示范园坡地生态果园试验区 2011~2014 年四年年均土壤侵蚀模数分析,结果见表 5-10。该果园小区 2000 年建设观测,有十年龄果园普通水平梯田的年均土壤侵蚀模数比原坡面柑橘净耕略大,说明十年龄果园梯壁无保护措施的梯田不能减少泥沙。这主要由于梯壁坡度陡,无措施保护下容易冲刷侵蚀梯壁,因此其土壤侵蚀模数大于柑橘净耕。梯壁植草梯田年均土壤侵蚀模数都在 10 t/(km²·a)以下,平均减沙保土效应为 98.32%,说明梯壁植草有利于减少土壤侵蚀,特别是减少梯壁侵蚀保护梯壁。

表 5-10　不同梯田工程保土减沙效应

小区编号	不同措施	年均土壤侵蚀模数[t/(km²·a)]	减沙效应(%)
10	柑橘净耕	331.62	—
13	普通水平梯田	342.05	-3.15
15	外斜式梯田+梯壁植草	5.65	98.30
12	水平梯田+梯壁植草	6.78	97.96
14	内斜式梯田+梯壁植草	5.27	98.41
11	前埂后沟梯田+梯壁植草	4.58	98.62

在上述梯田工程中由于前埂后沟梯壁植草梯田蓄水减沙效应最大,因此分析前埂后沟梯壁植草梯田次降雨减沙效应。利用 2011～2014 年 133 场次降雨事件分析未坡改梯的柑橘净耕小区径流深与前埂后沟梯壁植草梯田减沙效应见图 5-6,可知原对比坡面径流深与水土保持梯田工程减沙效应密切相关。当原坡面径流深小于 3 mm 时,前埂后沟梯壁植草梯田次降雨减沙效应波动较大,减沙效应在 80% 以下的占 25.49%;径流深大于 3 mm 以后,梯田工程的蓄水减沙效应在 80% 以下的仅一场,占 3.57%,并且整体上随径流深的增大减沙效应而增大。上述分析说明,水土保持梯田工程随着径流深越大减沙效应越明显,即在降雨量大的情况下水土保持梯田工程的减沙效应越显著。

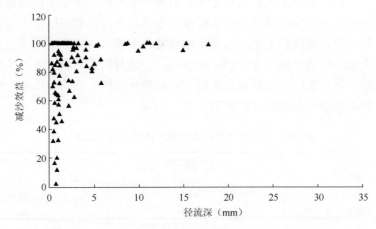

图 5-6　前埂后沟梯壁植草梯田工程的次降雨减沙效应与原坡面径流深关系

5.3.4　坡面水系工程

通过对江西水土保持生态科技示范园 2015 年坡耕地大坡面试验区径流观测数据分析(表 5-11)可知,无坡面水系工程的坡耕地土壤侵蚀模数为 270 t/(km²·a),13 号有生态路渠+蓄水池的坡耕地土壤侵蚀模数仅为 77 t/(km²·a),坡面水系工程的减沙保土效应高达 71.62%,说明坡耕地水系工程具有明显的减沙保土效应。

表 5-11　不同坡面水系工程保土减沙效应

小区编号	不同措施	土壤侵蚀模[t/(km²·a)]	减沙效应(%)
14	原坡面+花生油菜轮作	270	—
13	生态路渠+蓄水池+花生油菜轮作	77	71.62

5.4　拦截养分效应

5.4.1　保护型耕作措施

国内已开展了许多关于保护型耕作措施对养分流失影响的研究工作(许峰等,

2000；袁东海等，2002a；朱远达等，2003；徐泰平等，2006；周明华等，2010；张展羽等，2013）。由于不同地区地形地貌、土壤类型差异较大，不同地区坡耕地作物种类、耕作习惯差异明显，所以研究结果差别较大，且以室内试验较多。目前针对自然降雨条件下红壤坡耕地水土流失特征及其养分流失规律方面的研究相对较少，田间试验更加缺乏。本节研究在江西红壤坡耕地进行野外标准径流小区定位观测，分析不同保护型耕作措施下地表产流产沙及其养分流失特征，旨在深入了解红壤坡耕地养分流失规律，为红壤坡耕地水土流失治理及合理开发利用提供科学依据。

5.4.1.1　径流中养分流失

利用江西水土保持生态科技示范园坡耕地保护型耕作试验区 2014 年数据可知，不同措施处理下径流养分流失量存在差异，各种措施处理影响下径流养分流失量见图 5-7。由图可知，径流养分流失量，包括总氮、可溶性氮、总磷、可溶性磷及可溶性碳等，均以裸露对照处理最高。在保护型耕作措施中，常规耕作+稻草覆盖在整个花生生育期，径流养分流失量最小，其中总氮流失 44.34 kg/hm²，可溶性氮流失 25.35 kg/hm²，总磷流失 1.30 kg/hm²，可溶性磷流失 0.53 kg/hm²，可溶性碳流失 178.14 kg/hm²；而顺坡垄作在整个花生生育期，径流养分流失量总体最大，其中总氮流失 388.08 kg/hm²，可溶性氮流失 255.93 kg/hm²，总磷流失 44.91 kg/hm²，可溶性磷流失 10.92 kg/hm²，可溶性碳流失 3775.94 kg/hm²。由图 5-7 来看，径流养分流失量大小排序总体为：裸露对照>顺坡垄作>顺坡垄作+植物篱>横坡垄作>常规耕作+稻草覆盖。

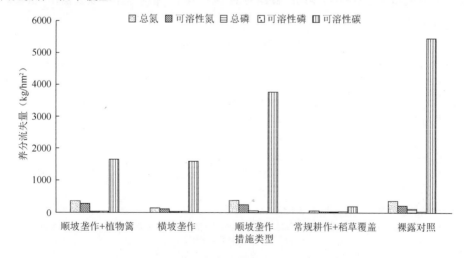

图 5-7　不同保护型耕作措施下径流养分流失量

与裸露对照相比，在不同保护型耕作措施中，顺坡垄作对径流养分的拦截效应最小，为-7.03%～55.91%，其次是顺坡垄作+植物篱，对径流养分拦截效应为

3.16%～84.10%；常规耕作+稻草覆盖对径流养分拦截效应最大，为 87.77%～98.73%，其次是横坡垄作，对径流养分拦截效应为 66.27%～87.86%。通过各措施对径流泥沙量的分析可知，顺坡垄作造成的径流量和泥沙流失量最大，同时所带走的养分流失量也最大，是最不适宜的农耕方式；常规耕作+稻草覆盖在防治水土流失方面显著，其径流量和泥沙量最小。需要注意的是，顺坡垄作对总氮和可溶性氮的拦截效应出现负值。究其原因，在 2014 年 5 月 13～14 日（降雨量 51 mm，降雨历时 325 min，降雨强度 9.415 mm/h）、7 月 24 日（降雨量 146.5 mm，降雨历时 735 min，降雨强度 11.959 mm/h）这两场高强降雨条件下，由于顺坡沟垄平行于坡面，有利于径流在坡面的汇集，径流量较大；裸露对照由于翻耕等作业方式，增加了地表粗糙度，增大了土壤入渗能力，导致径流量较小。顺坡垄作坡面在这两场降雨产生的径流占花生季径流量的 34.7%，氮素流失又主要通过径流携带，因此出现顺坡垄作养分流失量大于裸露对照的现象。

5.4.1.2 泥沙中养分流失

不同措施处理下泥沙养分流失量同样存在较大差异，各种措施处理影响下泥沙养分流失量见图 5-8。由图可知，泥沙养分流失量，包括总氮、总磷及有机质等，裸露对照最高。在保护型耕作措施中，常规耕作+稻草覆盖在整个花生生育期，泥沙养分流失量最小，其中总氮流失 1.60 kg/hm²，总磷流失 0.53 kg/hm²，有机质流失 21.53 kg/hm²；而顺坡垄作在整个花生生育期，泥沙养分流失量总体最大，其中总氮流失 38.74 kg/hm²，总磷流失 12.10 kg/hm²，有机质流失 420.64 kg/hm²。泥沙养分流失量大小排序总体为：裸露对照>顺坡垄作>横坡垄作>顺坡垄作+植物篱>常规耕作+稻草覆盖。

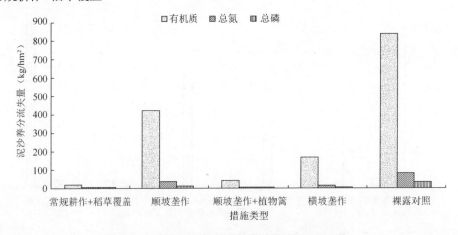

图 5-8 不同保护型耕作措施下泥沙养分流失量

由图 5-8 可以看出，与裸露对照相比，不同保护型耕作措施中，顺坡垄作对泥沙养分的拦截效应最小，为 35.95%；其次是横坡垄作，对泥沙养分拦截效应为

74.39%；再者为顺坡垄作+植物篱，对泥沙养分拦截效应为 92.87%；常规耕作+稻草覆盖对泥沙养分拦截效应最大，为 96.78%。

　　径流和泥沙所携带的养分是土壤系统养分流失的主要组成部分，因此径流和泥沙是土壤养分流失的主要途径。土壤养分流失总量是径流养分流失量和泥沙养分流失量之和，各处理土壤养分流失总量详见表 5-12。

表 5-12　不同保护型耕作措施土壤养分流失特征　　（单位：kg/hm²）

养分名称	流失形态与途径	顺坡垄作+植物篱	横坡垄作	顺坡垄作	常规耕作+稻草覆盖	裸露对照
氮素	径流溶解态（ER）	262.51	101.72	255.93	25.35	219.62
	泥沙结合态（ES）	88.60	20.58	132.14	18.99	142.96
	比值（ER/ES）	2.96	4.94	1.94	1.33	1.54
磷素	径流溶解态（ER）	6.90	4.59	10.92	0.53	15.38
	泥沙结合态（ES）	9.30	7.78	33.99	0.77	86.47
	比值（ER/ES）	0.74	0.59	0.32	0.69	0.18
碳素	径流溶解态（ER）	1645.59	1598.33	3775.94	178.14	5468.14
	泥沙结合态（ES）	25.93	97.98	243.99	12.49	485.81
	比值（ER/ES）	63.46	16.31	15.48	14.26	11.26

　　根据表 5-12，氮素径流携带量与泥沙携带量的比值变化范围为 1.33～2.96，都大于 1，说明各种处理下氮素流失量以径流携带为主，即氮素以水溶态形态流失是一条重要的流失途径；磷素径流携带量与泥沙携带量的比值变化范围为 0.18～0.74，均小于 1，说明各种处理下磷素流失量以泥沙携带为主。也就是说，土壤中磷素流失量的大小主要受到土壤流失量的约束，其流失形态主要为泥沙结合态；在各种措施中，磷的流失量远小于氮的流失量，这是因为磷的流失以颗粒态（难溶性形态或紧密吸附于土壤）为主，载体是泥沙，因而磷在地表及地下径流中的浓度都很低，且差异不大，表明磷在土壤中移动性很小，不易被淋失。

　　土壤碳素径流携带量与泥沙携带量的比值变化范围为 11.26～63.46，远大于 1，说明各种处理下碳流失量以径流携带为主；土壤碳素流失量远大于氮、磷流失量，是氮素流失量的 6.27～24.90 倍，是磷素流失量的 238.63～355.46 倍。土壤碳素流失是土壤侵蚀造成土壤养分下降、地力衰退的重要因素。但是，与土壤氮、磷流失研究相比，目前对于土壤碳素流失研究还非常少，今后应加强碳对水土流失响应方面的研究。

5.4.2　农林复合与梯田措施

　　总体上，国内在研究发育于第四纪黏土的红壤坡耕地方面，尤其在研究天然降雨下的土壤养分流失规律方面报道较少，这对该区域降雨引起的土壤侵蚀危害，尤其是对土壤质量的持续下降、养分流失导致水环境污染和水体质量恶化等问题，难以做出确切的评价。本节通过野外径流小区试验，研究天然降雨下不同农林复合与梯田措施的红壤坡耕地养分流失状况，以期选择适宜的水土流失治理措施，为提高土壤质量、解决农业生产与环境问题提供参考。

在江西水土保持生态科技示范园选择了 3 种处理，其中：Ⅰ处理为横坡间种农作物的坡地果园、Ⅱ处理为前埂后沟梯壁植百喜草的梯田果园、Ⅲ处理为梯壁植百喜草的标准水平梯田果园，并设置 CK 处理（裸露对照），于 2006～2007 年开展野外试验，分析了 3 种典型降雨条件下（表 5-13）不同处理对红壤坡耕地地表养分流失的影响。

表 5-13　试验期典型天然降雨特征

降雨日期	降雨量（mm）	降雨历时（min）	降雨类型
2006-06-24	22.9	80	大雨
2007-03-17	12.1	530	中雨
2007-03-07	5.0	400	小雨

注：降雨等级按气象学标准划分

5.4.2.1　对氮素流失的影响

由表 5-14 可知，相对于裸露坡地，不同雨型下横坡间种农作物的坡地（处理Ⅰ）对地表径流和侵蚀泥沙中总氮流失的拦截率分别为 88.17%～97.26%和 77.08%～96.69%，前埂后沟梯壁植百喜草的梯田（处理Ⅱ）对地表径流和侵蚀泥沙中总氮流失的拦截率分别为 96.77%～98.86%和 91.49%～97.50%，梯壁植百喜草的标准水平梯田（处理Ⅲ）对地表径流和侵蚀泥沙中总氮流失的拦截率分别为 94.62%～97.03%和 92.55%～97.26%。可见，横坡间种农作物的坡地、前埂后沟梯壁植百喜草的梯田、梯壁植百喜草的标准水平梯田可以明显减小地表径流和侵蚀泥沙中氮素的输出，且对径流、泥沙中总氮拦截效率以处理Ⅱ>处理Ⅲ>处理Ⅰ。

表 5-14　不同农林复合与梯田措施总氮流失量及拦截率

雨型	处理	总氮流失量（mg）			拦截率（%）		
		泥沙携带	径流携带	总流失量	拦截泥沙携带	拦截径流携带	总拦截率
连续性短历时大雨	CK	2118	875	2993			
	Ⅰ	70	24	94	96.69	97.26	96.86
	Ⅱ	53	10	63	97.50	98.86	97.90
	Ⅲ	58	26	84	97.26	97.03	97.19
连续性短历时中雨	CK	144	93	237			
	Ⅰ	33	11	44	77.08	88.17	81.43
	Ⅱ	12	2	14	91.67	97.85	94.09
	Ⅲ	10	5	15	93.06	94.62	93.67
间隙性长历时小雨	CK	94	62	156			
	Ⅰ	17	6	23	81.91	90.32	85.26
	Ⅱ	8	2	10	91.49	96.77	93.59
	Ⅲ	7	3	10	92.55	95.16	93.59

注：数据源自张展羽等（2008）

5.4.2.2　对磷素流失的影响

由表 5-15 可知,相对于裸露坡地,不同雨型下横坡间种农作物的坡地果园(处理 Ⅰ)对地表径流泥沙中总磷流失的拦截率在 74% 以上,前埂后沟梯壁植百喜草的梯田(处理 Ⅱ)对地表径流泥沙中总磷流失的拦截率在 92% 以上,梯壁植百喜草的标准水平梯田(处理 Ⅲ)对地表径流泥沙中总磷流失的拦截率在 87% 以上。可见,横坡间种农作物的坡地、前埂后沟梯壁植百喜草的梯田、梯壁植百喜草的标准水平梯田可以明显减小地表径流和侵蚀泥沙中磷素的输出,且对径流、泥沙中总磷拦截效率以处理 Ⅱ>处理 Ⅲ>处理 Ⅰ。对比表 5-13 和表 5-14 还可以发现,总氮流失量要高于总磷的流失量,这与第四纪红壤黏土富氮缺磷的性质有关。

表 5-15　不同农林复合与梯田措施总磷流失量及拦截率

雨型	处理	总磷流失量(mg)			拦截率(%)		
		泥沙携带	径流携带	总流失量	拦截泥沙携带	拦截径流携带	总拦截率
连续性短历时大雨	CK	311	61	372			
	Ⅰ	15	3	18	95.18	95.08	95.16
	Ⅱ	10	2	12	96.78	96.72	96.77
	Ⅲ	13	2	15	95.82	96.72	95.97
连续性短历时中雨	CK	26	5	31			
	Ⅰ	7	1	8	73.08	80.00	74.19
	Ⅱ	2		2	92.31	—	92.31
	Ⅲ	3	1	4	88.46	80.00	87.10
间隙性长历时小雨	CK	18	4	22			
	Ⅰ	4	1	5	77.78	75.00	77.27
	Ⅱ	1	—	1	94.44	—	94.44
	Ⅲ	2	—	2	88.89		88.89

注:数据源自张展羽等(2008)

综上,不同雨型下采取农林复合与梯田措施能对径流泥沙中的总氮和总磷浓度起到明显的控制作用,其中以前埂后沟梯壁植百喜草梯田果园的控制效果最好,3 种雨型下其总氮、总磷的流失量分别占裸露对照(CK)流失量的 2.10% 和 3.18%、5.9% 和 7.0%、5.8% 和 6.8%;以 CK 小区为例,大、中、小降雨类型径流携带养分流失量占养分总流失量的比例分别为 27.8%、36.6% 和 37.0%,所以不能忽略径流携带的养分流失;而在控制养分流失能力方面,以前埂后沟梯壁植百喜草的梯田果园最好,其次为梯壁植百喜草的标准水平梯田果园和横坡间种农作物的坡地果园。

5.4.3　坡面水系工程

目前,有关坡面水系工程研究已有较多报道,但研究主要集中在坡面水系技术组成、设计和建设上(邓嘉农等,2011;杨文荣等,2006;张长印,2004)。通过野外观测，定量研究坡面水系蓄水保土机理和效益尚显不足（武艺等，2010；汪邦稳等，2013）。研究基于针对江西气候、地形和土地利用条件建设的坡面水系工程，通过野外观测取样和室内分析，揭示和阐述坡面水系工程拦沙、截流、控污的机理与效益，为进一步提炼和优化坡面水系工程技术与配置提供基础数据，为江西水土流失重点治理和水土保持规划提供技术支撑。

在江西水土保持生态科技示范园内选择一块坡度 8°～12°、面积 1.1 hm²的大坡面上进行前埂后沟水平台地、草沟、蓄水池以及卡口站的布设，坡面台地于 2003年建成，坡面水系于 2009 年 12 月建成。2011 年 6～8 月，对试验区蓄水池和卡口站的径流、泥沙进行野外观测试验。

2011 年 6 月 10 日和 14 日两场降雨条件下（图 5-9），试验区坡面蓄水池总蓄水量、坡面径流深及径流系数分别为 0.314 m³、0.029 mm、0.14%和 0.272 m³、0.025 mm、0.14%，卡口站的径流量分别为 3.40 m³ 和 3.07 m³。与坡面径流量（即蓄水池总蓄水量）相比，卡口站径流量是坡面蓄水池蓄积径流量的 10.8 倍和 11.3倍，这主要因为卡口站修建在坡面最低处，其径流量中含有更多的壤中流。这说明坡面水系工程改造可能有助于增加坡面降雨入渗和提高壤中流的产流量。

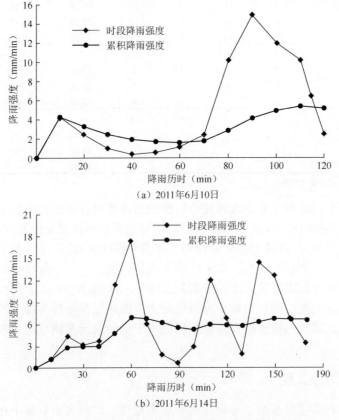

（a）2011年6月10日

（b）2011年6月14日

图 5-9　时段降雨强度与累积降雨强度随时间的分布

　　图 5-10 给出了两场降雨条件下径流泥沙含量随时间分布的情况。6 月 10 日和 14 日的坡面径流含沙量最大值都分布在产流的中期，分别为 0.187 g /L 和 1.07g /L；最小值分布在产流的末期，分别为 0.087 g /L 和 0.121 g /L。两场降雨的坡面径流含沙量都经历了"高—峰值—低"的过程。原因如下：地表积存了细颗粒土，而台地坡度小，产生的径流没有足够重力势能，流速慢，存积的径流对更深层的土壤产生作用，从而剥蚀更多的土壤，因此，产流开始时径流含沙量高；随着降雨的增加，径流深不断增加，当达到一定条件时，径流速度加快，从而把剥蚀的土壤颗粒搬运带走，径流含沙量达到峰值；但随着降雨结束，径流量不断减小，流速逐渐降低，径流搬运能力下降，导致径流含沙量逐渐减小。

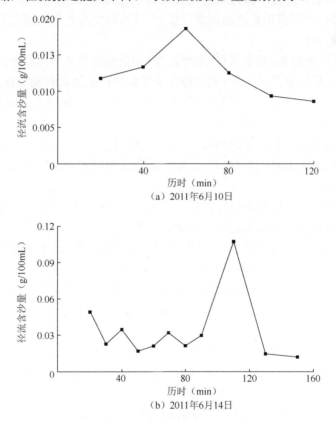

图 5-10　坡面蓄水池径流含沙量随时间的分布

　　2011 年 6 月 10 日和 14 日两场降雨坡面蓄水池径流泥沙挟带的总氮、总磷和氨氮的量分别为 0.840 g、0.006 g 和 0.306 g；卡口站的总氮、总磷和氨氮的单位面积流失量分别为 0.28 kg/km²、0.010 kg/km²和 0.14 kg/km²。

　　通过以上分析，经过坡面水系工程改造的坡面能够有效拦截径流，延长径流时间，控制泥沙流失，防治面源污染。但关于雨型对坡面水系工程的蓄水效益、径流延时、土壤入渗的影响，以及对降雨径流的缓冲作用还需要进一步的研究。

5.5　小　　结

稻草覆盖、横坡垄作、黄花菜植物篱保护型耕作措施可以明显减少坡耕地年地表减流，横坡垄作的蓄水减流效应最好；草篱、稻草覆盖、草篱+稻草覆盖保护型耕作措施具有明显蓄水减流作用，草篱+稻草覆盖减流效应最高。农林复合具有明显的蓄水减流作用，横坡间作农林复合减流效应高于纵坡间作农林复合系统。梯田工程具有明显的蓄水减流效应，梯田工程配合梯壁植草后减流效应明显提升，前埂后沟+梯壁植草梯田蓄水减流效应最好。坡耕地生态路渠坡面水系工程具有明显的蓄水减流效应。

顺坡垄作+植物篱、横坡垄作、常规耕作+稻草覆盖的年平均减沙效应都在80%以上；草篱、稻草覆盖、草篱+稻草覆盖保护型耕作措施具有明显保土减沙作用，草篱+稻草覆盖保土减沙效应最高。农林纵坡间作复合系统增大土壤侵蚀，农林横坡间作复合系统可以减少土壤侵蚀，农林、林草复合保土减沙效应在80%以上。无梯壁植草的梯田不能明显起到减沙作用，梯壁植草可以减少土壤侵蚀，梯壁植草梯田平均减沙保土效应为98.32%。坡耕地生态路渠水系工程具有明显的减沙保土效应。

通过天然降雨定位观测试验，研究了不同保护型耕作措施的拦截土壤养分流失效应，结果表明：等高黄花菜植物篱、沟垄耕作、等高耕作等保护型耕作措施具有较好的拦截养分流失效益，其中以常规耕作+稻草覆盖的拦截效益最优，横坡垄作、顺坡垄作+植物篱二者也较佳且总体相差不大，顺坡垄作相对最低。稻草秸秆覆盖、黄花菜植物篱、横坡垄作均是低丘红壤缓坡旱地集水聚肥的有效措施。

分析了3种综合措施、3种典型天然降雨条件下红壤坡地氮、磷流失过程，结果表明：不同雨型下采取水保措施能对径流、泥沙中总氮和总磷浓度起到明显的控制作用，其中以前埂后沟梯壁植百喜草梯田的控制效果最好；总氮流失量要高于总磷的流失量，相应地3种措施对总氮的拦截率高于对总磷的拦截率。

针对赣北第四纪红壤区气候、地形、土地利用条件以及坡面水土流失特点，选取典型坡面构建坡面水系工程，通过对两场不同降雨条件下径流、泥沙及养分的观测、取样和室内分析，研究了坡面水系工程截流拦沙控污效应。结果表明，经过坡面水系工程改造的坡面截流效应明显，可延长径流时间、控制泥沙流失、防治面源污染，其中降雨雨型对坡面水系工程上述效应的发挥有重要影响。

参 考 文 献

邓嘉农, 徐航, 郭甜, 等. 2011. 长江流域坡耕地"坡式梯田+坡面水系"治理模式及综合效益探讨[J]. 中国水土保持, (10) :4-6.

汪邦稳, 方少文, 沈乐, 等. 2013. 赣北红壤区坡面水系工程截流拦沙控污效应分析[J]. 人民长江, 44(5):95-99.

武艺, 汪邦稳, 杨洁. 2010. 南方红壤区水土保持雨水集蓄模式研究[J]. 中国水土保持, (5):23-25.

徐泰平, 朱波, 汪涛, 等. 2006. 秸秆还田对紫色土坡耕地养分流失的影响[J]. 水土保持学报, 20(1): 30-32.

许峰, 蔡强国, 吴淑安, 等. 2000. 三峡库区坡地生态工程控制土壤养分流失研究——以等高植物篱为例[J]. 地理研究, 19(3): 303-310.

杨文荣, 郑小斌, 胡明强. 2006. 红壤坡面水系防护工程设计与建设及其生态作用[J]. 亚热带水土保持, 18(3):47-49.

袁东海, 王兆骞, 陈新, 等. 2002a. 不同农作方式红壤坡耕地土壤氮素流失特征[J]. 应用生态学报, 13(7):863-866.

袁东海, 王兆骞, 郭新波, 等. 2002b. 红壤小流域不同利用方式水土流失和有机碳流失特征的研究[J]. 水土保持学报, 16 (2):24-28.

张展羽, 吴云聪, 杨洁, 等. 2013. 红壤坡耕地不同耕作方式径流及养分流失研究[J]. 河海大学学报 (自然科学版), 41(3): 241-246.

张展羽, 左长清, 刘玉含, 等. 2008. 水土保持综合措施对红壤坡地养分流失作用过程研究[J]. 农业工程学报, 24(11):41-45.

张长印. 2004. 坡面水系工程技术应用研究[J]. 中国水土保持, (10) :15-17.

周明华, 朱波, 汪涛, 等. 2010. 紫色土坡耕地磷素流失特征及施肥方式的影响[J]. 水利学报, 41(11):1374-1381.

朱远达, 蔡强国, 张光远, 等. 2003. 植物篱对土壤养分流失的控制机理研究[J]. 长江流域资源与环境, 12(4): 345-351.

第6章　红壤坡耕地水土保持地力提升与作物增产效应

不合理的耕作和种植制度造成水土流失，使得坡耕地的土壤肥力下降，从而影响作物的产量，这已经成为我国南方农业可持续发展的主要制约因子之一（赵其国，2002）。利用水土保持措施，在保持水土和提高土壤肥力的同时，保证坡耕地作物获得较高的产量产值，是当前红壤坡耕地综合治理、粮食生产和农业及生态系统持续发展所面临的一个重大课题。本章针对红壤坡耕地水土流失规律以及时空变异特征，根据该区域自然特征和耕作管理状况，选择在南方红壤区的中心地带——江西省建立试验小区，布设以等高耕作、植物篱、沟垄种植为代表的保护型耕作措施，以及构建水土保持农林复合系统，系统分析不同水土保持农业技术措施对土壤质量物理、化学和生物性状，以及作物生理生态的影响，以期筛选出适合南方红壤坡耕地大规模推广应用的水土保持措施类型与优化模式。

6.1　保护型耕作措施对土壤质量与作物产量的影响

本研究以南方红壤丘陵区最具代表性、典型性的保护型耕作措施类型（垄作、第高种植、植物篱、稻草覆盖）为研究对象，于2012~2014年在江西水土保持生态科技示范园开展保护型耕作措施定位试验，以系统研究不同保护型耕作措施对土壤质量和作物产量影响的差异。

6.1.1　不同保护型耕作措施类型土壤质量变化

6.1.1.1　土壤物理学质量与抗蚀性

土壤物理特征是反映土壤基本性状和结构的指标，是土壤质量评价的基础；土壤抗蚀性是土壤对侵蚀营力分散和搬运作用的抵抗能力，是评定土壤抵抗土壤侵蚀能力的重要参数之一（薛萐等，2011）。本书作者课题组于2014年8月15日对不同保护型耕作措施实施3年后的试验小区进行土壤样品采集与分析测试，探讨不同保护型耕作措施实施后的土壤物理、化学和生物学质量差异。

（1）土壤容重和孔隙度

土壤容重、孔隙度是衡量土壤保肥、供肥能力的重要土壤结构指标，决定着土壤的水分、热量、通气等物理环境状况，影响生物的活动和养分循环，对土壤化学性质、微生物和酶活性产生重要影响。土壤容重的大小与土壤质地、结构、有机质含量及土壤的松紧度密切相关，是在一定程度上反映土壤结构好坏的综合指标。

就坡耕地土壤而言，土壤容重与耕作措施状况（措施类型、实施年限等）密切相关。或者说土壤容重的大小反映了耕作措施对土壤物理性质的改善程度。一般情况下，土壤容重越小，意味耕作措施对土壤的改良作用越大。图 6-1 表明：除常规耕作+稻草覆盖外，其他 3 种保护型耕作措施类型表层 0～20 cm 土壤的容重（土壤容重为 1.28～1.35 g/cm³）均小于裸露对照地（土壤容重为 1.44 g/cm³），说明这 3 种保护型耕作措施实施后对土壤结构功能改善的效果较好；相应地，裸露对照地发生土壤侵蚀后土壤孔隙被分散的土粒填充而导致土壤紧实，土壤容重增加，土壤总孔隙度较小，为 45.72%；而顺坡垄作+植物篱、横坡垄作和顺坡垄作 3 种保护型耕作措施下土壤侵蚀明显减少，土壤总孔隙度较对照地高，为 49.14%～51.66%。

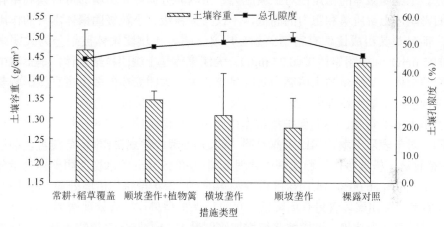

图 6-1　不同保护型耕作措施下表层土壤容重和孔隙度

（2）土壤水分参数

图 6-2 表明：本实验区各措施处理下表层红壤的质量含水量占田间持水量的

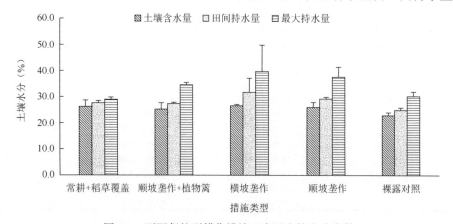

图 6-2　不同保护型耕作措施下表层土壤水分参数

84.13%～94.87%（即相对含水量），田间持水量占最大持水量的 77.94%～95.19%。与裸露对照小区相比，保护型耕作措施小区土壤质量含水量平均提高比例达 13.32%，土壤田间持水量平均提高比例达 16.68%，最大持水量平均提高比例达 16.13%，尤其是横坡垄作对土壤质量含水量、田间持水量和最大持水量提高幅度最大，依次提高了 16.18%、27.47%和 30.90%。总体上，红壤坡耕地采取保护型耕作措施，减少了水土流失，增加了降雨入渗，可以有效地改善土壤水分，其中以横坡垄作措施的蓄水效果最佳。

（3）土壤团聚体

土壤团聚体是土壤中各种物理、化学、生物作用的结果，是土壤结构的基本单元。土壤团聚体的稳定性对土壤肥力、土壤养分循环和土壤的可持续利用有很大的影响，土壤质量和肥力的高低，不仅与大粒级、小粒级团聚体本身的作用有关，而且与其组成比例有密切关系。广义上看，土壤团聚体被划分为大团聚体（>0.25 mm）和微团聚体（<0.25 mm）。大团聚体是土壤团粒结构体，是土壤中最好的结构体，其数量与土壤肥力状况呈正相关；大团聚体的多少也直接影响着土壤抗蚀性。土壤水稳性团聚体含量反映了土壤潜在的抗蚀能力。

由表 6-1 可知，不同保护型耕作措施下土壤湿筛团聚体各粒径所占比例有所不同。对于表层土壤，相比裸露对照（CK）处理，常规耕作+稻草覆盖、顺坡垄作+植物篱、横坡垄作、顺坡垄作处理土壤中>0.25 mm 的水稳性团聚体含量分别提高了 2.66%、6.00%、14.14%和 6.79%；相应地，保护型耕作措施处理土壤中<0.25 mm 的水稳性团聚体含量有所降低。可见，保护型耕作措施处理增加了>0.25 mm 水稳性团聚体的比例，以横坡垄作增加比例最大，顺坡垄作+植物篱次之。这可能与横坡垄作对土壤水稳性团聚体的保护机制以及黄花菜篱的植物残体的归还量不同有关。对于底层土壤，保护型耕作措施对增加土壤水稳性大团聚体含量、增强土壤抗蚀性的作用不明显。

表 6-1　不同粒径水稳性团聚体占总团聚体质量的比例（%）

采样深度	措施类型	>0.25 mm	<0.25 mm
表土（0～20 cm）	常规耕作+稻草覆盖	73.23±3.20	26.77±1.24
	顺坡垄作+植物篱	76.57±4.74	23.43±9.85
	横坡垄作	84.71±0.00	15.29±0.00
	顺坡垄作	74.26±9.31	25.74±14.48
	裸露对照	70.57±6.92	29.43±17.95
底土（20～40 cm）	常规耕作+稻草覆盖	81.49±5.64	18.51±0.14
	顺坡垄作+植物篱	72.03±5.16	27.97±6.24
	横坡垄作	70.82±3.40	29.18±5.66
	顺坡垄作	78.24±4.43	21.76±7.74
	裸露对照	83.02±3.12	16.98±0.44

（4）土壤微团聚体

微团聚体是土壤最基本的物质和功能单元，是构成土壤肥力实质的核心；其数量和品质能够反映出土壤肥力的实质水平。不同粒级微团聚体的性质、功能及养分含量不同，不同水热条件、耕作措施及管理措施等外界条件对土壤微团聚体的形成也有着不同的影响。坡耕地由于受到人为控制，其独特的水、肥、气、热条件和管理耕作措施必然会引起土壤微团聚体发生变化。

表 6-2 列出了各处理土壤样本中各粒级微团聚体的分配情况。从表中可以看出，表层土壤微团聚体的优势粒级都是 0.05～0.005 mm，平均含量为 59.96%；次优势粒级是 2～0.05 mm，平均为 37.89%；<0.005mm 粒级的微团聚体含量最少，平均为 2.15%。底层土壤微团聚体的优势粒级都是 0.05～0.005 mm，平均含量为 57.22%；次优势粒级是 2～0.05 mm，平均为 40.43%；<0.005 mm 粒级的微团聚体含量最少，平均为 2.35%。

表 6-2　不同保护型耕作措施下土壤微团聚体粒径含量（%）

采样深度	措施类型	2～0.05 mm	0.05～0.005 mm	<0.005mm	(<0.05 mm) / (>0.05 mm)
表土（0～20 cm）	常规耕作+稻草覆盖	44.15±5.21	54.19±5.72	1.66±0.51	1.28±0.27
	顺坡垄作+植物篱	57.14±21.41	40.57±21.38	2.29±0.51	0.92±0.69
	横坡垄作	28.90±6.12	68.45±5.95	2.65±0.17	2.54±0.75
	顺坡垄作	24.20±4.27	73.41±3.38	2.39±0.89	3.20±0.74
	裸露对照	35.04±10.48	63.20±10.59	1.76±0.12	1.99±0.89
底土（20～40 cm）	常规耕作+稻草覆盖	61.90±2.69	36.57±2.91	1.54±0.23	0.62±0.07
	顺坡垄作+植物篱	43.08±9.42	54.43±9.32	2.49±0.81	1.39±0.47
	横坡垄作	31.67±3.29	65.35±3.52	2.98±0.23	2.17±0.33
	顺坡垄作	29.34±10.86	68.33±10.17	2.33±0.74	2.83±1.72
	裸露对照	36.15±10.25	61.44±9.73	2.41±0.52	1.88±0.82

土壤中<0.05 mm 和>0.05 mm 粒级微团聚体的比例是土壤微团聚体分布的又一特征。从表 6-2 中可以看出，对于表层土壤，除顺坡垄作+植物篱和常规耕作+稻草覆盖措施外，其他保护型耕作措施下土壤这一团聚体比值高于裸露对照土壤，说明横坡垄作和顺坡垄作处理土壤<0.05 mm 粒级颗粒含量占微团聚体总量的比例较大、团聚程度较低，土壤小粒级微团聚体含量的增多更有利于土壤养分的释放。顺坡垄作+植物篱和常规耕作+稻草覆盖措施土壤中<0.05 mm 和>0.05 mm 粒级微团聚体的比例低于裸露对照地，说明这两种措施处理条件下土壤大粒级微团聚体含量的增多，更有利于土壤养分的保存。

（5）土壤机械组成

土壤机械组成（土壤质地）影响着土壤水分、空气和热量运动，也影响养分的转化，还影响土壤结构类型。土壤机械组成在土壤形成和农业利用中具有重要意义，改良和培肥土壤的主要目的就是为了改变土壤质地。表 6-3 列出了各处理土壤样本中各粒级机械组成的分配情况。

表 6-3　不同保护型耕作措施下土壤机械组成（美制）（%）

采样深度	措施类型	沙粒（2～0.05 mm）	粉粒（0.05～0.002 mm）	黏粒（<0.002 mm）
表土（0～20 cm）	常规耕作+稻草覆盖	20.41±2.89	51.02±2.89	28.57±0.00
	顺坡垄作+植物篱	22.45±8.66	46.94±2.89	30.61±11.54
	横坡垄作	32.65±17.32	43.88±18.76	23.47±1.44
	顺坡垄作	36.73±28.14	42.35±28.14	20.92±0.72
	裸露对照	17.35±1.44	59.18±2.89	23.47±1.44
底土（20～40 cm）	常规耕作+稻草覆盖	21.43±1.44	48.98±5.77	29.59±4.33
	顺坡垄作+植物篱	35.37±9.64	39.46±10.07	25.17±1.18
	横坡垄作	13.27±1.44	64.08±1.73	22.65±0.29
	顺坡垄作	20.41±3.53	54.76±6.15	24.83±3.28
	裸露对照	34.69±11.54	44.90±11.54	20.41±0.00

从表中可以看出，表层土壤颗粒的优势粒级总体上是 0.05～0.002 mm 粉粒，平均含量为 48.67%；次优势粒级是 2～0.05 mm 沙粒，平均为 25.92%；然后是 <0.002 mm 粒级的黏粒，平均含量为 25.41%。底层土壤颗粒的优势粒级总体上是 0.05～0.002 mm 粉粒，平均含量为 50.44%；次优势粒级是 2～0.05 mm 沙粒，平均为 25.03%；然后是 <0.002 mm 粒级的黏粒，平均含量为 24.53%。总体上，本试验区表层土壤质地为壤土，底层土壤质地为粉壤土，不同保护型耕作措施下土壤沙粒、粉粒和黏粒含量有所不同，但差异不显著。

（6）土壤抗蚀性

土壤抗蚀性是土壤抵抗外营力对其分散和破坏的能力。土壤的结构、质地、腐殖质含量、吸收性复合体的组成等是决定土壤抗蚀能力的主要因素。土壤分散性高，团聚力弱，胶体数量少，腐殖质含量低和坚实性大等，是土壤抗蚀能力小的基本标志。土壤颗粒是构成土壤结构的主要组分，通过抵抗水分散的微团聚体来反映土壤抗侵蚀性能的大小，而分散率的大小与粉粒含量有关，粉粒含量的减少会导致表层土壤颗粒团聚体性能的降低和分散性能的增加（杨玉盛等，1998）。

保护型耕作措施下表层土壤的干筛大团聚体、>0.5 mm 水稳性团聚体（WSA）、<1 μm 微团聚体含量、结构性颗粒指数均大于裸露对照地，结构体破坏率低于裸露对照地。垄作措施下表层土壤分散率大于裸露对照，可能与垄作扰动土壤、增加了土壤颗粒分散特性有关；常耕+覆盖措施下表层土壤分散率小于裸露对照地，表明该措施可以减小土壤分散性能。各措施处理下表层土壤水稳性团聚体平均质量直径（EMWD）和底层土壤各抗蚀性指标则无明显变化规律。可见，与裸露对照相比，保护型耕作措施能明显地增加表层土壤团聚状况，降低土壤分散率等，从而增加土壤抵抗侵蚀能力。与垄作相比，覆盖措施对降低土壤分散率效果较佳（表 6-4）。

综上，对于裸露坡耕地，保护型耕作对土壤容重和孔隙度、土壤水分参数、土壤大团聚体、微团聚体、机械组成等有不同程度的改善，说明保护型耕作措施抑制了地表蒸发，防止了表土板结，使土壤通透性变好，三相比更趋于合理，从而改善了肥力条件，为土壤良好结构的形成奠定了基础。采取保护型耕作措施后，表层土壤颗粒组成和分散特性均发生了一定的变化。与裸露对照相比，顺坡垄作+植物篱和常耕+稻草覆盖这两种保护型耕作措施能够较好地改善土壤团聚状况，降低土壤分散率。

表 6-4　不同保护型耕作措施下土壤抗蚀性指标

采样深度	措施类型	大团聚体（%）	WSA（%）	<1 μm 微团聚体含量（%）	结构体破坏率（%）	分散率（%）	结构性颗粒指数	EMWD
表土（0~20 cm）	常规耕作+稻草覆盖	98.88±0.02	51.29±3.35	0.54±0.19	25.94±1.26	70.34±9.10	0.56±0.03	0.86±0.00
	顺坡垄作+植物篱	98.34±0.56	53.23±12.89	1.65±0.57	22.16±9.63	102.03±41.65	0.44±0.43	0.85±0.20
	横坡垄作	98.76±0.36	68.71±0.00	2.31±0.32	14.01±0.00	110.39±37.47	0.60±0.29	1.27±0.00
	顺坡垄作	97.06±0.83	60.58±23.81	1.69±0.42	21.12±11.20	116.11±41.20	0.63±0.40	1.15±0.50
	裸露对照	96.64±1.69	47.30±21.99	1.14±0.29	27.14±17.30	78.72±14.05	0.40±0.04	0.88±0.37
底土（20~40 cm）	常规耕作+稻草覆盖	98.88±0.38	60.73±4.56	0.77±0.51	17.59±0.18	48.54±4.31	0.61±0.16	0.99±0.12
	顺坡垄作+植物篱	98.35±0.89	51.43±9.00	1.45±0.43	26.72±6.93	90.60±25.62	0.66±0.16	0.86±0.13
	横坡垄作	98.57±0.78	38.69±9.62	2.29±0.69	28.17±5.18	78.76±2.48	0.35±0.01	0.68±0.14
	顺坡垄作	98.24±0.14	63.24±12.73	1.65±1.06	20.38±7.72	88.51±9.74	0.46±0.11	1.09±0.21
	裸露对照	99.20±0.33	67.35±1.42	0.93±0.18	16.31±0.16	97.91±1.61	0.47±0.12	1.14±0.01

6.1.1.2　土壤化学质量与养分含量

（1）土壤有机质

土壤有机质是土壤的重要组成部分，是土壤生物多样性的必要条件，它能反映出气候、植被、水土保持等状况。土壤有机质是土壤中各种营养元素特别是氮、磷的重要来源。有机质由于具有胶体特性，能吸附较多的阳离子，因而使土壤具有保肥和供肥缓冲。土壤有机质能使土壤疏松和形成良好的脱粒结构，从而改善土壤的物理性状。土壤有机质是土壤微生物不可缺少的碳源和能源，因此除低洼地土壤外，土壤有机质含量是土壤肥力高低的一个重要指标。

由图 6-3 可知，不同保护型耕作措施类型土壤有机质含量变化显著，在 0~20 cm 深度范围内，不同保护型耕作措施类型土壤有机质含量均大于裸露对照地有机质含量，并以顺坡垄作+植物篱措施下土壤有机质含量最高，达 10.99 g/kg；在 20~40 cm 深度范围内，除顺坡垄作+植物篱土壤有机质含量仍明显大于裸露对照地有机质含量外，其他保护型耕作措施类型与裸露对照地的有机质含量无明显变化规律。土壤按有机质含量划分：小于 0.2%为瘠薄，0.2%~0.6%为较瘠薄，

0.6%～1.0%为较肥沃，大于 1.0%为肥沃。试验区不同措施处理下表层土壤有机质含量为 8.21～10.99 g/kg、底层土壤有机质含量为 6.11～19.45 g/kg，根据这一标准，试验区土壤有机质含量比较高。

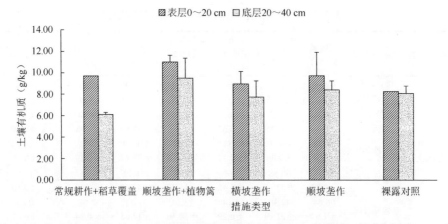

图 6-3　不同保护型耕作措施下土壤有机质含量

有机质含量的高低主要与两个因素有关，一是形成有机质的枯落物种类，二是有机质所处的环境条件。土壤、生物、气候等因素均影响土壤有机质含量。如顺坡垄作+植物篱，生物量较高，枯落物含量较丰富，易分解，土壤水分条件较好，有机质含量较高。横坡垄作措施下缺少黄花菜篱枯落物和秸秆归还，同时土壤侵蚀较顺坡垄作+植物篱严重，土壤微生物量较少，因此有机质含量较顺坡垄作+植物篱少。对照地因土壤表层裸露土壤流失严重，加之没有植物对地表的保护作用，也没有枯落物腐烂转变成有机质作为补充，导致对照地土壤有机质的含量最低（郑海金等，2016）。

（2）土壤氮元素

氮是植物生长的必需营养元素，它与植物的产量和品质有密切关系。土壤中氮素的含量受自然因素如母质、植被、温度和降水等的影响，同时也受到人为因素如利用方式、耕作、施肥及灌溉等措施的影响。氮素的含量往往被看成土壤肥沃程度的重要标志。氮素的营养作用有：氮是蛋白质的主要成分；氮是核酸的主要成分；氮是叶绿素的组成成分；氮是多种酶的组成成分；氮还是多种维生素和激素的组成成分。

1）土壤全氮

土壤全氮的含量是衡量土壤氮素供应状况的重要指标。如图 6-4 所示，无论在 0～20 cm 还是在 20～40 cm 范围内，不同保护型耕作措施类型土壤全氮含量均大于裸露对照地全氮含量；常规耕作+稻草覆盖措施下土壤全氮含量最高，表层和底层分别达 0.54 g/kg 和 0.52 g/kg，常规耕作+稻草覆盖措施下土壤全氮含量与横坡垄作和对照地土壤全氮含量差异达到显著水平（$P<0.05$）。土壤全氮含量主要决

定于有机质的积累和分解作用相对强度，因此其消长与土壤有机质质量分数的变化较为一致。

土壤全氮含量的变化受土壤母质、植被、温度、枯落物的分解速率等因素的影响。常规耕作+稻草覆盖措施下覆盖度相对较大，稻草秸秆相对丰富，易分解氮素养分归还多，因此常规耕作+稻草覆盖土壤全氮含量较高；裸露对照地土壤全氮含量最低。

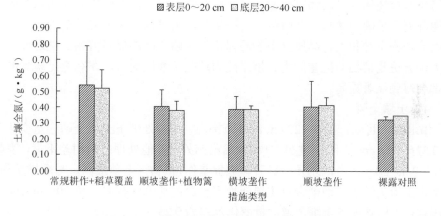

图 6-4　不同保护型耕作措施下土壤全氮含量

2）土壤碱解氮

土壤水解性氮或称碱解氮，也称有效氮，能反映土壤近期内氮素供应情况，包括无机态氮（铵态氮、硝态氮）及易水解的有机态氮（氨基酸、酰胺和易水解蛋白质）。无论在 0～20 cm 还是在 20～40 cm 范围内，顺坡垄作+植物篱土壤碱解氮含量均大于裸露对照地碱解氮含量，一定程度上说明顺坡垄作+植物篱易减少有效氮流失；其他保护型耕作措施下土壤碱解氮含量与裸露对照地无明显规律（图 6-5）。土壤中碱解氮含量的高低动态变化与水土流失程度、土壤生物活性、土壤速效氮的淋失及植物的吸收等相关。

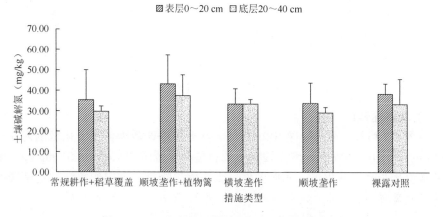

图 6-5　不同保护型耕作措施下土壤碱解氮含量

（3）土壤磷元素

磷是植物生长发育必需的三大营养元素之一。磷以多种方式参与植物体内的代谢过程，但是在我国有一半以上的土壤缺乏磷素，这不仅影响着作物的产量，而且影响农产品的质量。磷在植物生命活动中起着重要作用，主要表现在：①磷是植物重要化合物的组成成分，核酸、蛋白质、磷脂等重要化合物都离不开磷素；②磷参与植物体内三大物质代谢，碳水化合物的代谢、蛋白质的代谢以及脂肪的代谢都离不了磷的参与；③磷可以促进生长，磷可以较大地促进植物的营养生长从而为作物丰产和改善品质打下物质保证；④磷还能够提高植物的抗逆性和适应能力，无论是植物的抗寒能力、抗旱能力还是抗酸碱能力，在有充足磷素的情况下都会得到显著提高。

1）土壤全磷

由图 6-6 可知，在 0～20 cm 深度范围内，不同处理下土壤全磷含量变化范围为 0.32～0.54 g/kg，除顺坡垄作+植物篱最高外，其他处理之间相差不大，变幅在 0.01～0.09 g/kg 之内，差异不显著。顺坡垄作+植物篱全磷最高，与顺坡垄作+植物篱水土流失量小，而磷含量主要随地表径流泥沙流失有关。在 20～40 cm 深度范围内，不同处理下土壤全磷含量变化范围为 0.25～0.39 g/kg，无明显变化规律。土壤中磷素的含量受自然因素如母质、植被、温度和降水等的影响，同时也受到人为因素如利用方式、耕作、施肥及灌溉等措施的影响。

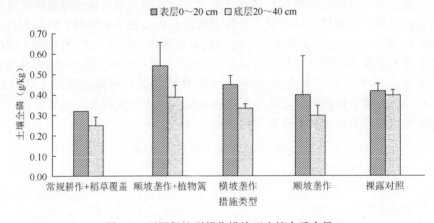

图 6-6　不同保护型耕作措施下土壤全磷含量

2）土壤速效磷

由图 6-7 可知，不同处理下 0～20 cm 深度土壤速效磷含量变化范围为 3.35～5.94 mg/kg，20～40 cm 深度土壤速效磷含量变化范围为 1.45～4.01 mg/kg。土壤速效磷含量与水土流失量、水肥条件、土壤微生物量、土壤酶活性特别是酸性磷酸酶活性等有关。

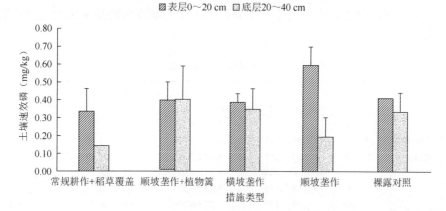

图 6-7　不同保护型耕作措施下土壤速效磷含量

6.1.1.3　土壤生物学质量

（1）土壤微生物数量

土壤微生物群落是土壤生物区系中最重要的功能组分，其群落组成对土壤环境条件变化反应敏感，土壤氨化、硝化、固氮及纤维素分解等生化作用强度是在土壤各主要微生物类群参与下进行的，对维持其生态系统的碳、氮平衡有着重要作用。农业土壤中微生物的数量与种类受耕作制度、作物种类、作物生育期等因素的影响，而微生物又是土壤活性的重要参与者，因此，可以通过选择耕作方式来调控土壤微生物，进而改善土壤肥力，用微生态方法来使作物达到最高效益。我国南方红壤由于高度风化，矿物释放的养分十分有限，微生物和土壤酶在土壤物质循环中所起的作用更大。研究表明，红壤微生物量与土壤肥力的化学指标及植物产量之间显著相关，可作为红壤肥力的指标之一（姚槐应和何振立，1999）。

1）不同措施类型的土壤微生物数量

本研究表明，不同措施类型土壤微生物数量有所不同（表 6-5）。0～20 cm 土壤细菌数量以横坡垄作最多，其次是顺坡垄作+植物篱和常规耕作+稻草覆盖，顺坡垄作细菌数量较少，裸露对照最少。放线菌数量以常规耕作+稻草覆盖最多，其次是顺坡垄作，裸露对照和横坡垄作放线菌数量较少，顺坡垄作+植物篱最少。真菌数量是以常规耕作+稻草覆盖最多，其次是顺坡垄作+植物篱，顺坡垄作、横坡垄作真菌较少，裸露对照最少。总体上，不同措施类型的 0～20 cm 土壤微生物总数量大小顺序是：常规耕作+稻草覆盖（73.98 万 CFU/g 干土）＞顺坡垄作（66.94 万 CFU/g 干土）＞横坡垄作（51.52 万 CFU/g 干土）＞顺坡垄作+植物篱（26.38 万 CFU/g 干土）＞裸露对照（35.18 万 CFU/g 干土），并呈现出放线菌和细菌数量明显大于真菌数量的变化特征。常规耕作+稻草覆盖土壤微生物数量最大，其原因可能是细菌、真菌和放线菌受土壤养分的影响较大，稻草覆盖小区提供了土壤细菌生长的基质，并因地表有机残茬分解而增加养分含量；同时，土壤表层温度、湿度和通气状况利于微生物的生存与繁衍，因而土壤微生物数量最大（周礼恺，1987）。

表 6-5　不同保护性耕作措施类型土壤微生物数量

处理名称	土层深度 （cm）	细菌总数 （10^4CFU/g 干土）	真菌总数 （10^4CFU/g 干土）	放线菌总数 （10^4CFU/g 干土）	合计 （10^4CFU/g 干土）
常规耕作+稻草覆盖	0~5	5.47±1.23	3.71±1.38	5.12±0.75	14.30±3.35
	5~10	3.45±2.94	0.97±0.72	20.89±23.80	25.31±21.58
	10~20	1.24±0.92	0.47±0.38	32.67±42.53	34.37±43.07
	小计	10.15±3.26	5.14±1.03	58.68±65.58	73.98±61.29
顺坡垄作	0~5	3.55±0.95	0.92±0.37	35.61±40.34	40.08±41.65
	5~10	2.48±0.32	0.77±0.70	4.66±0.22	7.91±0.61
	10~20	2.24±1.30	0.29±0.02	16.43±15.96	18.96±14.68
	小计	8.26±1.93	1.98±1.05	56.69±24.66	66.94±27.58
横坡垄作	0~5	18.06±21.63	0.52±0.00	4.52±1.49	23.10±20.14
	5~10	4.82±3.20	0.44±0.00	6.06±0.82	11.32±4.02
	10~20	5.48±4.58	0.21±0.01	11.42±12.32	17.10±16.89
	小计	28.35±13.85	1.17±0.00	22.00±14.63	51.52±0.77
顺坡垄作+植物篱	0~5	6.10±2.12	2.75±0.38	4.05±1.73	12.90±0.01
	5~10	2.19±0.92	0.28±0.17	3.92±2.04	6.39±3.13
	10~20	2.46±1.10	0.32±0.12	4.32±2.94	7.09±3.91
	小计	10.74±4.14	3.35±0.33	12.29±3.25	26.38±7.05
CK	0~5	2.29±0.08	0.22±0.02	2.81±0.43	5.33±0.34
	5~10	1.63±1.24	0.18±0.14	18.85±15.70	20.66±14.33
	10~20	1.57±1.09	0.17±0.13	7.45±5.57	9.19±4.35
	小计	5.50±3.24	0.58±2.37	29.10±2.54	35.18±8.16

2）土壤微生物的空间变化

土壤微生物种群数量一般随着土壤深度的增加而降低。本研究表明，除稻草覆盖措施下土壤放线菌随土壤深度的增加而增加外，其他措施下土壤微生物数量主要分布在 0~10 cm 的土层中，基本以 0~5 cm 微生物数量最多，表明总体上土壤微生物数量具有表聚特征。这是由于土壤表层积累了腐殖质，有机质含量高，有充分的营养源以利于微生物的生长，加之表层水热条件和通气状况好，利于微生物的生长和繁殖，因而使表层的土壤微生物数量较高。随着土壤剖面的加深，土壤环境条件变差，不利于土壤微生物数量的增加。常规耕作+稻草覆盖小区土壤细菌和真菌也表现为地表富集特征，随着土壤深度的增加而降低，但放线菌随土壤深度变化正好相反。这可能是因为放线菌耐干燥能力较细菌要强，它们随土壤深度的增加而减少的速度比细菌慢，因此，深层土壤中放线菌往往比其他微生物要多。

总的来说，裸露坡耕地由于较差的立地条件和严重的水土流失，土壤微生物主要生理类群数量极低，导致生化活性强度偏低，土壤碳、氮等物质元素转化速度较慢。采取保护型耕作措施后，土壤有机物质流失减少，土壤透气性和腐殖化作用增强，促进了微生物生长代谢所需的营养元素的形成与发育，微生物主要类群数量均呈现增加趋势，碳、氮等物质元素转化速率加快，生化活性强度增强。

（2）土壤酶活性

土壤酶主要来源于土壤微生物的活动、植物根系分泌物和腐解的动植物残体（关松荫，1986），参与土壤中各种有机质的分解、合成与转化，以及无机物质的氧化与还原等过程，是土壤生态系统代谢的一类重要动力。在很大程度上，不同的土壤酶活性可以从不同的方面反映土壤物质循环与转化的强度，常被用来反映土壤生态系统变化的预警和敏感指标（周礼恺，1987；中国科学院南京土壤研究所，1978）。本研究通过对红壤中 3 种常见酶的研究，探讨红壤酶活性与土壤肥力水平的联系。

1）不同措施类型的土壤酶活性

由表 6-6 可知，裸露坡耕地属于开放性的农田生态系统，大量的营养元素流失，土壤有机质和微生物量含量较低，其物质代谢速率较慢，酶活性较低。采取保护型耕作措施后，良好的水分条件和土壤结构有利于微生物的生长，从而促进了土壤物质元素的分解代谢，蔗糖酶、脲酶、酸性磷酸酶活性有所增加，表明保护型耕作措施不仅可以缓解生物氧化作用对土壤和生物体的破坏能力，而且可以促进土壤中可被植被生长利用的碳、氮、磷源物质的积累。

表 6-6　不同保护型措施下土壤酶活性

处理名称	土层深度（cm）	脲酶[μg/(g·24h)]	蔗糖酶活性[μg/(g·24h)]	磷酸酶活性[μg/(g·h)]
常规耕作+稻草覆盖	0～5	67.91±2.41	2.00±2.07	2264.80±375.09
	5～10	61.89±4.07	0.65±0.62	1337.97±781.86
	10～20	71.95±21.85	0.46±0.18	1861.77±841.01
	合计	201.75±23.50	3.12±2.87	5464.54±1247.78
顺坡垄作	0～5	86.59±14.61	3.90±0.88	2027.07±1134.78
	5～10	67.37±19.44	2.84±1.60	2002.83±1565.90
	10～20	74.83±10.42	1.17±1.20	1615.85±1018.26
	合计	228.79±44.46	7.90±3.68	5645.74±3718.93
横坡垄作	0～5	93.96±3.94	6.07±0.60	2278.86±1694.04
	5～10	67.73±7.50	4.77±1.12	2771.84±141.91
	10～20	78.69±9.27	1.70±0.92	928.42±82.49
	合计	240.38±2.16	12.55±1.44	5979.12±1918.44
顺坡垄作+植物篱	0～5	91.09±0.64	3.88±0.04	2216.51±1576.38
	5～10	77.43±0.64	1.60±0.03	2237.65±338.84
	10～20	76.89±3.68	2.66±0.38	1377.53±480.03
	合计	245.41±4.19	8.14±0.37	5831.69±757.52
CK	0～5	69.98±7.24	0.39±0.10	1313.06±782.13
	5～10	60.72±0.64	0.38±0.38	926.51±307.01
	10～20	63.87±9.40	0.44±0.13	1547.13±690.24
	合计	194.57±15.37	1.21±0.61	3786.70±215.12

2）土壤酶活性的垂直变化

五种措施处理下土壤酶活性具有显著的垂直变化，表现为 0～10 cm 土层中土壤酶活性高于 10～20 cm 土层，除裸露对照外，基本以 0～5 cm 土壤酶活性最大。许多土壤酶活性具有表层富集效应，这与已有的研究（陈蓓和张仁陟，2004）结果相同。原因主要有两个方面：一是土壤酶主要是以物理的或化学的结合形势吸附在土壤有机和无机颗粒上，或与腐殖质络合，所以随着土层加深土壤酶活性降低；二是随着土层深度的增加，通气状况越来越差，微生物种类和数量递减，导致土壤酶活性减弱。

（3）土壤呼吸

土壤呼吸作为土壤质量和肥力的重要生物学指标，在一定程度上可以反映土壤养分转化和供应能力，表征着土壤的生物学特性和物质代谢强度。

1）不同措施类型的土壤呼吸

由图 6-8 可知，坡耕地采取不同保护型耕作措施后，土壤呼吸速率有所不同。2014 年 5 月至 8 月花生生长季的监测数据显示，顺坡垄作+植物篱小区平均土壤呼吸速率最大，为 2.64 μmol•m^{-2}•s^{-1}；横坡垄作小区平均土壤呼吸速率次之，为 2.55 μmol•m^{-2}•s^{-1}；然后是常规耕作+稻草覆盖，为 2.27 μmol•m^{-2}•s^{-1}；顺坡垄作，为 1.98 μmol•m^{-2}•s^{-1}；裸露对照小区最低，为 1.20 μmol•m^{-2}•s^{-1}。方差结果显示，顺坡垄作+植物篱和横坡垄作措施下土壤呼吸速率与裸露对照地的土壤呼吸速率达到显著差异（$P<0.05$），其他措施之间无显著差异性。顺坡垄作+植物篱和横坡垄作小区土壤呼吸速率大，与该两种措施有效减少了土壤水分和养分流失，土壤微生物呼吸代谢的底物增加，基础呼吸强度增加有关；裸露对照小区土壤呼吸速率最低，与其土壤微生物量最小，释放的 CO_2 最少，微生物体的周转率慢有关。

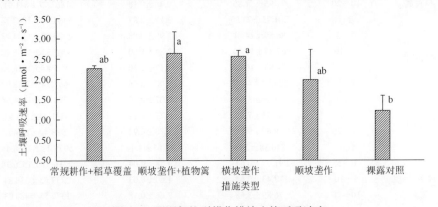

图 6-8　不同保护型耕作措施土壤呼吸速率

2）土壤呼吸及其影响因素季节变化

虽然影响土壤呼吸的因素较多，但是大多报道认为影响土壤呼吸的主要因素是土壤温度、土壤水分。由于土壤温度、土壤水分对土壤呼吸作用的性质不同，因此它们对土壤呼吸作用的程度亦不相同。土壤呼吸与土壤温度、土壤水分的关系一直是科学工作者研究的重点之一。

　　5 种措施方式（常规耕作+稻草覆盖、顺坡垄作+植物篱、横坡垄作、顺坡垄作和裸露对照）土壤呼吸速率的季节变化趋势均呈现出单峰型曲线，在 7 月份达到高峰，与土壤温度变化趋势一致，而与土壤水分的季节变化趋势有差异（图 6-9）。土壤呼吸季节变异率较大，在 19.86%～35.25%，而土壤温度季节变异仅在 10% 以下，表明土壤呼吸的季节变化不仅仅是受外界温度条件的影响，还受到植物生长

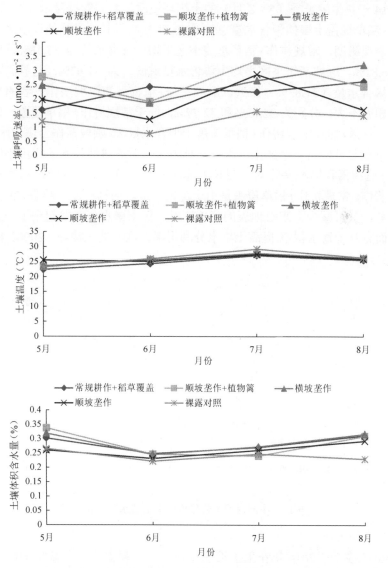

图 6-9　不同保护型耕作措施土壤呼吸速率、温度和水分的季节变化

状态和水分等因素的影响。相关研究也表明，根系呼吸占土壤总呼吸的比例具有较明显的季节变化，与根系生物量的季节动态十分接近（李凌浩等，2002）。土壤呼吸是很多生物因素和环境因素影响的复杂过程，这些影响因素具有很大的时空变异，由此而造成土壤呼吸变异性增大。

6.1.1.4　土壤环境质量

（1）土壤水分

2014 年花生生长季（5～8 月）的土壤环境质量监测数据显示（图 6-10），常规耕作+稻草覆盖土壤体积含水量总体最大，明显高于其他措施处理小区土壤含水量。整个观测期，常规耕作+稻草覆盖小区平均土壤含水量为 37.18%，比裸露对照高 16.81%。顺坡垄作小区平均土壤含水量最低，为 31.62%，与裸露对照小区平均土壤含水量（31.83%）接近。顺坡垄作+植物篱和横坡垄作二者的平均土壤含水量相差不大，分别为 32.02%和 32.77%，低于常规耕作+稻草覆盖，但高于顺坡垄作和裸露对照。常规耕作+稻草覆盖土壤含水量大，顺坡垄作土壤含水量最低，说明稻草覆盖可以明显增加土壤水分，顺坡垄作对坡耕地蓄水的作用不明显；顺坡垄作+植物篱和横坡垄作对坡耕地的蓄水作用虽次于常规耕作+稻草覆盖但优于顺坡垄作。常规耕作+稻草覆盖是由于覆盖于地表的秸秆既可吸收、保持一定数量的水分，又可减少太阳对地表的直接辐射，对土壤水分蒸发起到了一定阻隔作用，从而有利于蓄水保墒，提高土壤水分利用率，这与吴三妹等（2000）的研究结果一致。

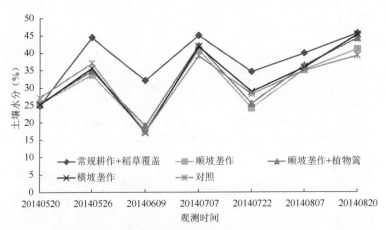

图 6-10　不同保护型耕作措施下土壤水分变化曲线

（2）土壤温度

图 6-11 表明，2014 年花生生长季（5～8 月）裸露地土壤温度（0～10 cm）总体最高，明显高于其他措施处理小区土壤温度。整个观测期，顺坡垄作+植物篱

小区平均土壤温度最低，为 26.94℃，比裸露对照低 1.86℃；常规耕作+植物篱、横坡垄作和顺坡垄作小区的土壤温度均低于裸露地，彼此之间相差不大。花生生长季正值当地炎热的夏季，保护型耕作措施小区土壤温度均低于裸露地，说明这几种保护型耕作措施具有调节土壤温度的作用，有利于作物抵抗高温，安全越夏。

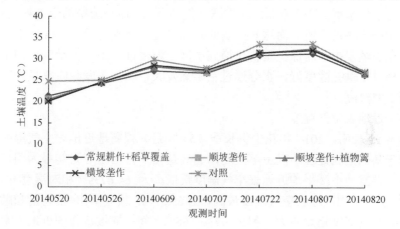

图 6-11　不同保护型耕作措施下土壤温度变化曲线

　　土壤表层温度除受地表植被覆盖度影响外，在很大程度上取决于土壤的结构。土壤结构越好，土壤毛管孔隙越多，恒温作用越强。裸露地侵蚀量大，地表疏松、结构良好的土壤被大量侵蚀，土壤结构变差，土壤水分通过孔隙蒸发少，从而导致裸露小区表土温度高于耕作措施小区。

　　（3）近地表空气温度

　　图 6-12 表明，2014 年花生生长季（5～8 月）常规耕作+稻草覆盖近地表空气温度总体最小，明显低于其他措施处理小区的近地表空气温度。整个观测期，常规耕作+稻草覆盖小区平均近地表空气温度为 32.73℃，比裸露对照低 1.66℃；顺坡垄作+植物篱小区平均近地表空气温度也较低，为 33.49℃，比裸露对照低 0.89℃。

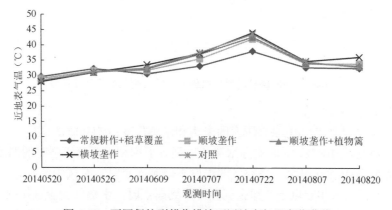

图 6-12　不同保护型耕作措施下近地表气温变化曲线

夏季常规耕作+稻草覆盖和顺坡垄作+植物篱近地表空气温度低，说明稻草覆盖和植物篱可以较好地降低近地表空气温度；顺坡垄作和横坡垄作近地表空气温度与裸露地相差不大，说明这两种措施对坡耕地近地表空气温度的作用不明显。

保护型耕作措施小区一方面由于农作物蒸腾吸收热量和枝叶遮阴作用降低了地面上方空气温度，另一方面由于裸露地侵蚀量大，地表疏松的土壤被大量侵蚀，相对硬实的土壤被保留，而这些土壤的孔隙度差，特别是毛管孔隙度少，土壤水分通过空隙蒸发少，而保护型耕作措施小区土壤侵蚀量小，大量疏松的土壤留在地表，地表土壤孔隙度好，水分通过空隙蒸发大，水分蒸发吸收热量大，从而降低地面上空温度。

（4）近地表空气湿度

图 6-13 表明，2014 年花生生长季（5~8 月）裸露地近地表空气湿度总体最低，低于其他措施处理小区土壤湿度，尤其是在 7 月初至 8 月初最为明显。整个观测期，裸露地小区平均近地表空气湿度最低，为 64.67%（相对湿度）；常规耕作+稻草覆盖平均近地表空气湿度最高，为 69.55%；顺坡垄作+植物篱和顺坡垄作的近地表空气湿度相差不大，都在 67%~68%之间；横坡垄作的近地表空气湿度低于其他保护型耕作措施但高于裸露地。花生生长季正值当地炎热的夏季，保护型耕作措施小区近地表空气湿度均高于裸露地，说明这几种保护型耕作措施具有调节地面上空湿度的作用，有利于土壤抗旱保墒。

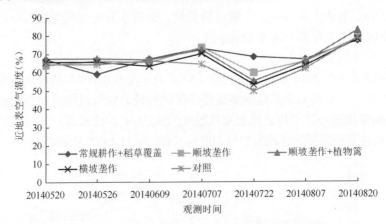

图 6-13　不同保护型耕作措施下近地表空气湿度变化曲线

（5）露点温度

露点温度是使空气中原来所含的未饱和水蒸气变成饱和时的温度，也是空气的相对湿度变成 100%时，即实际水蒸气压强等于饱和水蒸气压强时的温度。露点的测定在农业上意义很大。当空气的湿度下降到露点时，空气中的水蒸气就凝结成露。如果露点在 0℃以下，那么气温下降到露点时，水蒸气就会直接凝结成霜。知道了露点，就可以预报是否发生霜冻，使农作物免受损害。图 6-15 表明，2014

年花生生长季裸露地和各保护型耕作措施下露点温度无明显差异，这可能与花生生长在 5～8 月、气温总体较高有关。

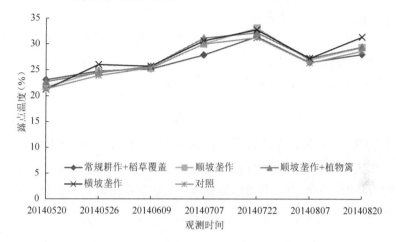

图 6-14　不同保护型耕作措施下露点温度变化曲线

6.1.1.5　土壤质量综合评价

目前，将不同量纲的因素归一化处理后加权求和来求土壤质量指数的方法被广泛使用（谢瑾等，2011），因子的隶属度值及权重的确定方法直接决定了最后结果。为了探讨红壤坡耕地采取保护型耕作措施后土壤质量变化差异，对土壤属性进行定量评价。本研究采用指标体系评价法，以上述分析的 30 个土壤质量物理、化学、生物和环境指标为评价指标。首先运用极差法对诊断指标进行标准化处理，然后运用主成分分析法计算获取各指标权重，进一步运用模糊数学中模糊集的加权函数法，建立土壤质量综合评价模型，计算不同措施下的土壤质量指数（soil quality index，SQI）（薛萐等，2011）：

$$\text{SQI} = \sum_{i=1}^{n} N_i W_i$$

式中，SQI 为土壤质量指数；N_i 和 W_i 分别表示第 i 种评价指标所对应的隶属度值和权重系数；n 为参评因子数。

土壤综合评价模型的物理意义是：N_i 是各评价指标的隶属度，它的大小体现各评价指标的优劣；W_i 是各评价指标的权重，它的大小是各评价指标的重要性质；$N_i \times W_i$ 体现各评价指标对土壤质量的贡献率；加和运算体现各评价因素间的平行作用。

因子的隶属度值 N_i 是由各评价指标采用连续性质的隶属度函数得出，并采用极差标准化方法计算各指标的隶属度值，并实现对各土壤性质的量纲归一化（薛萐等，2011）：

$$N(x_i) = (X_{ij} - X_{i_{min}}) / (X_{i_{max}} - X_{i_{min}})$$

式中，$N(x_i)$ 为土壤各因子的隶属度值；X_{ij} 为土壤各因子值；$X_{i_{max}}$ 和 $X_{i_{min}}$ 分别表示第 i 项土壤因子的最大值和最小值。

权重向量 W_i 表示各个土壤质量因子的重要性程度，利用 SPSS 软件计算各质量因子主成分的特征值、贡献率和累计贡献率，通过主成分分析的因子负荷量，计算各质量因子在土壤质量中的作用大小，确定其权重。

$$W_i = C_i / \sum_{i=1}^{n} C_i$$

式中，W_i 为第 i 个评价因素的权重；C_i 为第 i 项土壤质量因子的因子负荷量。

SQI 作为土壤理化和生物学性质的综合反映，其高低在一定程度上可以表示土壤的肥力和潜在生产力，不同措施处理下土壤质量指数如图 6-15 所示。

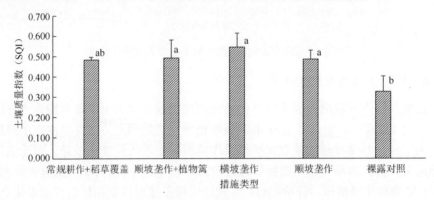

图 6-15　不同保护型耕作措施下土壤综合质量指数

注：小写字母不同表示在 95%的置信水平差异显著，下同

由图 6-15 可知，对于 0～20 cm 土层，常规耕作+稻草覆盖、顺坡垄作+植物篱、横坡垄作、顺坡垄作四种措施下土壤质量指数较高，在 0.482～0.545 之间，且三者之间无明显差异（$P<0.05$）；裸露对照地土壤质量指数最小，仅为 0.329，与顺坡垄作+植物篱、横坡垄作、顺坡垄作差异显著。常规耕作+稻草覆盖土壤质量指数与对照地相差不大，这与该措施实施仅半年，对土壤质量改良作用尚未明显发挥有关。红壤坡耕地受到人为耕作活动的干扰，水土流失极其严重，土壤物理、化学、生物和环境属性较差，综合质量较低。通过实施保护型耕作措施后，显著地降低了水土流失强度，加之生物的自肥作用，从而有效地促进了养分的就地积累，土壤结构得到了有效改善，促进了水分和养分的就地储存，同时土壤中归还物质的增多，有机质分解作用的增强，进一步促进了土壤团粒结构的形成和微生物量的增加，土壤生化活性明显增加，SQI 明显改善。

6.1.2　不同保护型耕作措施类型作物生长产量变化

6.1.2.1　作物冠层光谱特征

花生是我国南方红壤丘陵区重要的经济作物之一。生产中及时准确地监测花生长势状况对于花生的生长诊断和精准管理具有重要意义。作物归一化植被指数（NDVI）、作物比值植被指数（RVI）等是反映作物长势、应用比较广泛的重要生物学指标。近年来，作物冠层光谱分析为作物长势和估产监测提供了新的方法，并呈现出良好的应用前景（冯伟等，2009；李映雪等，2006；谭昌伟等，2008）。作物的反射光谱主要由叶片中的叶肉细胞、叶绿素、水分含量和其他生物化学成分对光线的吸收和反射形成的（吴长山等，2000）。作物在可见光（460～680 nm）和近红外（760～1200 nm）波段的光谱反射率值较稳定，在中红外和远红外（1300～2500 nm）波段，受大气水分的影响，光谱反射率值不稳定，特别是 1400 nm 和 1900 nm 附近水汽吸收带，大气中水汽吸收的干扰作用较大（申广荣和王人潮，2001）。因此，以下主要对可见光和近红外波段的作物（花生）冠层光谱归一化植被指数和比值植被指数进行分析。

图 6-16 为不同保护型耕作措施下作物不同生育期的 NDVI 值。由图可知，在花生整个生育期内，随着发育期推移，4 种保护型耕作措施处理的花生 NDVI 均呈增大的趋势，表明随着作物的生长，其冠层覆盖度逐渐增大。常规耕作+稻草覆盖措施下花生 NDVI 值在播种期、幼苗期最小，在开花结荚期增大，仅次于横坡垄作，到荚果成熟期 NDVI 值最大，说明该种措施可以促进花生，尤其是花生开花-结荚时期的生长。顺坡垄作+植物篱措施能促进播种期花生生长，期间其 NDVI 值最大，但到后期尤其是开花结荚和荚果成熟期，顺坡垄作+植物篱措施促进作物生长效应并不明显，与顺坡垄作不相上下。横坡垄作措施下 NDVI 值在幼苗期和开花结荚期最大，但在播种期和荚果成熟期其 NDVI 值与顺坡垄作+植物篱措施相差不大。不同保护型耕作措施下作物不同生育期的 RVI 值变化与 NDVI 值的变化一致（图 6-17）。

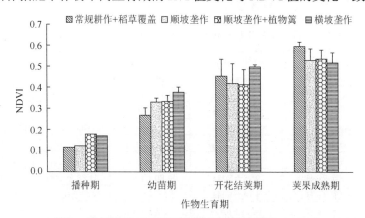

图 6-16　不同保护型耕作措施下坡耕地花生 NDVI 值

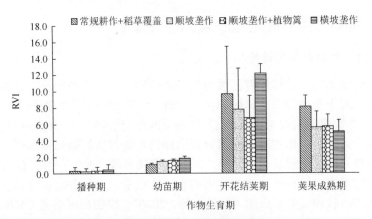

图 6-17　不同保护型耕作措施下坡耕地花生 RVI 值

综上，在花生整个生育期内，随发育期推移，各保护型耕作措施下光谱植被指数呈增加趋势，符合作物生长的基本规律。从 RVI 与 NDVI 的变化来看，常规耕作+稻草覆盖措施主要促进花生开花结荚期和荚果成熟期的生长，顺坡垄作+植物篱措施主要促进花生播种期的生长，而横坡垄作主要促进花生幼苗期和开花结荚期的生长。

6.1.2.2　作物生长农艺特性

（1）花生结荚期生长状况

花生结荚期经人工取样测定的单株花生的根、茎、叶、果、生物量等指标数据见表 6-7。根据表 6-7，顺坡垄作+植物篱能促进花生根、茎、果发育，其主茎长、根重、果重最大，从而导致地下生物量最大；顺坡垄作能促进花生叶生长，其叶重、叶面积等指标值最大，从而导致地上生物量最大；横坡垄作能促进花生主茎发育，从而导致地上生物量最大。但总的来说，不同处理花生茎、叶、果、生物量等农艺性状指标无显著差异性。

表 6-7　保护型耕作措施坡耕地花生调查结果（2014 年 7 月）

作物生长指标		常规耕作+稻草覆盖	顺坡垄作	横坡垄作	顺坡垄作+植物篱
茎	干重（g/株）	4.58±2.13a	4.59±0.94a	6.45±2.07a	3.06±1.45a
	主茎长（cm/株）	7.45±0.16a	7.37±0.19a	7.70±0.15a	7.95±0.16a
叶	干重（g/株）	5.40±3.15a	7.21±0.92a	5.44±0.41a	5.71±0.43a
	叶面积（cm²/株）	891.21±195.93b	1602.17±217.36a	1215.00±89.57a	1366.50±218.69a
根	干重（g/株）	2.66±1.47a	3.69±1.18a	2.76±0.67a	3.86±0.34a
果	干重（g/株）	1.49±0.03b	1.84±0.38b	1.53±0.20a	2.91±0.21a
地上生物量	干重（g/株）	9.98±5.28a	11.80±1.63a	11.88±2.48a	8.77±1.03a
地下生物量	干重（g/株）	4.14±1.44a	5.53±1.53a	4.29±0.87a	6.76±0.54a
总生物量	干重（g/株）	14.13±6.72a	17.33±3.06a	16.17±3.35a	15.53±0.49a

注：平均值±标准差，$P < 0.05$（LSD），下同

（2）花生成熟期生长状况

花生成熟期经人工取样测定的单株花生的根、茎、叶、果、生物量等指标数据见表 6-8。常规耕作+稻草覆盖能促进花生根、茎、叶、果生长发育，除主根长指标外，其他农艺性状指标均最大，从而导致地上生物量、地下生物量和总生物量最大。其他三种处理对花生茎、叶、果、生物量等农艺性状指标皆无显著差异性。

表 6-8　保护型耕作措施坡耕地花生调查结果（2014 年 8 月）

作物生长指标		常规耕作+稻草覆盖	顺坡垄作	横坡垄作	顺坡垄作+植物篱
茎	干重（g/株）	19.09±6.48a	13.01±4.96a	10.35±1.61a	11.04±5.36a
	主茎长（cm/株）	67.67±7.07a	58.56±7.85a	55.78±8.19a	55.83±5.89a
叶	叶面积（cm²/株）	14.91±2.59a	3.22±0.72b	3.70±2.32b	2.79±0.45b
	干重（g/株）	1759.83±59.16a	575.11±204.11b	612.44±237.11b	579.50±233.58b
根	干重（g/株）	6.05±1.57a	3.30±0.38b	3.04±0.69b	2.70±0.38b
	干重（g/株）	17.83±3.54a	18.00±1.20a	17.67±2.52a	17.67±2.83a
果	干重（g/株）	29.39±10.26a	19.22±4.01a	21.34±4.56a	17.19±2.42a
地下生物量	干重（g/株）	35.44±11.82a	22.52±4.33a	24.38±5.25a	19.89±2.04a
地上生物量	干重（g/株）	29.00±16.14a	16.23±4.49b	14.05±3.85b	13.84±5.81b
总生物量	干重（g/株）	64.44±27.96a	38.75±0.18b	38.43±5.22b	33.72±3.77b

结合花生不同时期的冠层光谱特征及农艺生长特性指标分析，可以看出：常规耕作+稻草覆盖措施主要促进花生开花结荚期和荚果成熟期的生长，能促进花生根、茎、叶、果生长发育；顺坡垄作+植物篱措施主要促进花生播种期的生长，以及开花结荚期花生根、茎、果的发育，而横坡垄作主要促进花生幼苗期和开花结荚期的生长，对这段时期主茎生长的促进作用较明显。

6.1.2.3　作物产量产值分析

通过对江西水土保持生态科技示范园坡耕地试验区 2012～2014 年连续 3 年的作物收获和称重分析，得到表 6-9 数据，以进一步揭示坡耕地不同保护型耕作措施对作物产量的影响。

表 6-9　不同保护型耕作处理措施的作物产量与产值

措施类型	花生产量（干重）（kg）				作物（含黄花菜）产值（元）			
	2012 年	2013 年	2014 年	平均	2012 年	2013 年	2014 年	平均
常规耕作+稻草覆盖			25.12±0.13	25.12±0.13			150.75	150.75
顺坡垄作+植物篱	18.20±2.29	15.27±2.17	18.78±1.94	17.41±1.28	180.79	210.13	312.08	234.34
横坡垄作	23.90±2.83	18.76±2.38	19.92±4.20	20.86±3.13	143.40	112.55	119.51	125.15
顺坡垄作	24.73±1.79	18.94±2.64	23.21±4.98	22.29±2.36	148.40	113.64	139.24	133.76

　　试验结果表明：采取常规耕作+稻草覆盖、顺坡垄作+黄花菜植物篱、横坡垄作和顺坡垄作措施的坡耕地花生平均产量分别为 25.12 kg、17.41 kg、20.86 kg 和 22.29 kg，折合产量为 2512 kg/hm²、1741 kg/hm²、2086 kg/hm²、2229 kg/hm²，如图 6-19 所示。由图可知，常规耕作+稻草覆盖措施下花生的产量最高，其次是顺坡垄作措施下花生的产量；顺坡垄作+黄花菜植物篱措施下花生的产量最低，其次是横坡垄作措施下花生的产量。顺坡垄作+黄花菜植物篱措施下花生的产量低，主要是由于黄花菜篱占用土地面积，直接导致每小区实际种植花生的面积减少。调查数据显示，至 2014 年每小区黄花菜篱占地面积达 25.6%（每条篱宽 1.28 m，长 5 m）。许多研究表明，等高耕作比顺坡垄作，水蚀减少 25%～78%，平均增产玉米 10%、小麦 29%、大豆 11%、高粱 28%（杨春峰,1986）。但也有研究指出：等高耕作一般适应于小于 10° 的缓坡地，随着坡度增加，它的作用降低（刘禩浩和牟正国，1993）。本试验结果表明：横坡垄作措施下花生的产量低于顺坡垄作。究其原因，一方面与试验区坡耕地坡度较大（10°）、等高耕作增产效应降低有关；另一方面是由于试验区位于我国南方地区，降雨量大，且土质黏重，降雨后会较快地在等高沟垄的沟内聚集径流，而单纯的等高垄作措施难以及时疏排雨水，加上花生又属于旱生作物，其生长季正处于当地雨季，降雨多，雨强大，极易在沟内形成积涝影响花生产量。方差结果显示，尽管这四种保护型耕作措施下的花生产量有所差异，但均未达到显著水平（$P<0.05$）。

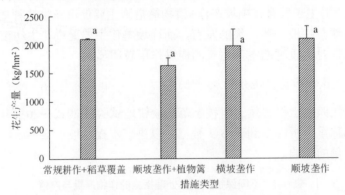

图 6-18　不同保护型耕作处理措施的作物（花生）平均产量

　　根据当地农作物市场价格，按花生 3 元/斤、黄花菜 18 元/斤的单价计算每个小区作物的产值，结果见图 6-19。由图可知，采取常规耕作+稻草覆盖、顺坡垄作+黄花菜植物篱、横坡垄作和顺坡垄作措施的坡耕地作物平均产值分别为 150.75 元、234.34 元、125.15 元和 133.76 元，折合产值依次为 1.51 万元/hm²、2.34 万元/hm²、1.25 万元/hm² 和 1.34 万元/hm²。可以看出，顺坡垄作+黄花菜植物篱措施下的作物产值最高，比其他三种措施下的作物产值高出 44.66%～48.19%，常规耕作+稻草覆盖措施下花生的产值次之。横坡垄作措施下花生的产值最低，顺坡垄作措施下花生的产值小于顺坡垄作+黄花菜植物篱和常规耕作+稻草覆盖措施但又大于横坡垄作措施。方差结果显示，除了顺坡垄作+黄花菜植物篱措施下的作物产值与其他三种措施都达到显著差异外，常规耕作+稻草覆盖、顺坡垄作和横坡垄作三种措施之间无显著差异（$P<0.05$）。

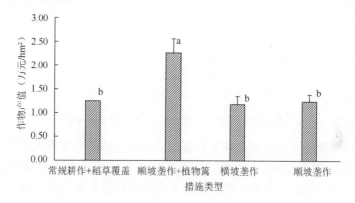

图 6-19　不同保护型耕作处理措施的作物平均产值

6.2　农林复合系统对土壤质量和作物产量的影响

本研究在位于江西省德安县的江西水土保持生态科技示范园内，布设柑橘+大豆萝卜轮作+等高草带（农-林-草型）、柑橘+大豆萝卜横坡轮作（水保农-林型）、柑橘+大豆萝卜顺坡轮作（传统农-林型）、柑橘清耕（纯林型）4 种类型的农林复合措施，并设置裸露地为对照，于 2001～2014 年进行定位观测试验，对比分析不同农林复合系统对土壤肥力、环境质量和作物产量变化的影响，以期为该地区农林复合系统的构建、土壤肥力的高效利用及实现坡地生态农业提供理论依据。

6.2.1　不同农林复合系统类型土壤质量变化

本书作者课题组于 2013 年 11 月 21 日，对柑橘园不同农林复合措施小区进行土壤样品采集与分析测试，分析不同农林复合系统类型下土壤物理、化学和生物学质量差异。

6.2.1.1　土壤物理学质量及抗蚀性

（1）土壤容重和水分

由图 6-20 可以看出，无论是农-林-草型，还是水保农-林型，抑或传统农-林型，都有利于改善表层土壤容重，其土壤容重水平为 1.22～1.28 g/cm³，不仅低于裸露对照（1.31 g/cm³），也低于纯林型措施（1.30 g/cm³）。可见，采取合理的农林复合措施对改良土壤结构具有一定的作用。

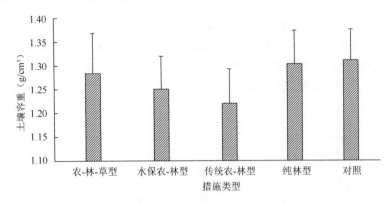

图 6-20　不同农林复合措施下表层土壤容重

　　图 6-21 表明：本试验区农林复合措施下表层红壤的毛管持水量占最大持水量（饱和持水量）的 76.26%～93.28%（即毛/饱持水量），田间持水量占毛管持水量的 88.03%～98.59%；采样时土壤质量含水量占田间持水量的 56.21%～73.83%（即相对含水量）。与裸露对照小区相比，农林复合措施小区土壤最大持水量平均提高比例达 9.22%，最好的水保农-林型措施小区增加比例达 17.46%，最差的传统农-林型措施小区增加比例也达 4.85%；农林复合措施的土壤含水量、田间持水量和毛管持水量与裸露对照小区无明显变化规律。总体上，红壤坡耕地采取水保农-林型措施，减少了水土流失，增加了降雨入渗，可以有效地改善土壤水分。

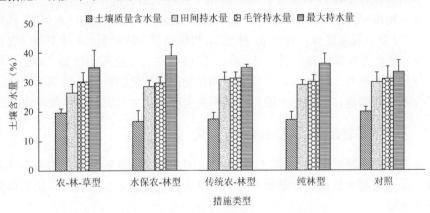

图 6-21　不同农林复合措施下表层土壤含水量

（2）土壤微团聚体

　　表 6-10 列出了各处理土壤样本中各粒级微团聚体在微团聚体总量中的分配情况。从表中可以看出，无论表层还是底层，土壤微团聚体的优势粒级都是 0.05～0.002 mm，表层和底层的平均含量分别为 51.64% 和 47.45%；次优势粒级是 2～0.05 mm，平均为 36.31% 和 46.42%；<0.002 mm 粒级的微团聚体含量最少，平均为 12.05% 和 5.86%。

表 6-10　不同农林复合系统下土壤微团聚体粒径含量（%）

粒径组成		农-林-草型	水保农-林型	传统农-林型	纯林型	对照
表层土壤（0~20 cm）	2~0.05 mm	27.23 ±4.26	27.03 ±2.86	30.38 ±6.93	33.57 ±8.82	35.94 ±14.11
	0.05~0.002 mm	55.88 ±4.09	60.40 ±2.06	61.91 ±7.58	53.41 ±7.21	62.11 ±17.70
	<0.002 mm	16.89 ±0.81	12.57 ±1.08	17.84 ±10.69	13.01 ±2.22	13.93 ±5.50
	<0.05 mm/>0.05 mm	2.67	2.70	2.62	1.98	2.12
底层土壤（20~40 cm）	2~0.05 mm	31.19 ±8.34	46.20 ±8.54	54.09 ±10.42	58.39 ±3.99	43.21 ±19.09
	0.05~0.002 mm	58.07 ±1.70	48.83 ±6.94	42.73 ±5.05	39.80 ±5.52	52.53 ±12.28
	<0.002 mm	15.62 ±0.14	14.92 ±5.34	9.52 ±6.23	5.44 ±4.56	12.76 ±10.23
	<0.05 mm/>0.05 mm	2.36	1.38	0.97	0.77	1.51

注：平均值±标准差，下同

　　不同处理比较，农林复合措施下表层土壤 0.05~0.002 mm、2~0.05 mm 粒级微团聚体含量低于裸露对照处理土壤，除水保农-林型和纯林型外，农林复合措施下土壤<0.002 mm 粒级微团聚体含量则高于对照处理；各处理土壤中<0.05 mm 和>0.05 mm 粒级微团聚体的比例总体大于 1，说明这几种措施处理条件下土壤小粒级微团聚体含量的增多，更有利于土壤养分的保存。对于底层土壤，不同农林复合措施下土壤微团聚体变化较为复杂。除农-林-草型外，农林复合措施土壤 2~0.05 mm 粒级微团聚体含量高于裸露对照处理土壤，而 0.05~0.002 mm 粒级微团聚体含量则低于对照处理；农-林-草型和水保农-林型土壤<0.002 mm 粒级微团聚体含量较高，土壤中<0.05 mm 和>0.05 mm 粒级微团聚体的比例大于 1，说明这两种措施处理条件下土壤小粒级微团聚体含量的增多，更有利于土壤养分的保存；传统农-林型和纯林型措施下土壤中<0.05 mm 和>0.05 mm 粒级微团聚体的比例小于 1，说明这两种措施处理条件下土壤小粒级微团聚体含量的减少，不利于土壤养分的保存。

　　（3）土壤机械组成

　　图 6-22 显示了各处理土壤样本中各粒级机械组成的分配情况。从图中可以看出，土壤颗粒的优势粒级总体上为 0.02~0.002 mm 粉粒，表层和底层土壤平均含量分别为 43.34%和 46.98%；次优势粒级是 2~0.02 mm 沙粒，平均为 33.74%和 30.89%；<0.002 mm 粒级的黏粒含量最少，平均为 22.92%和 22.13%。本试验区土壤质地为粉砂壤土和粉砂质黏壤土，不同处理措施下土壤沙粒、粉粒和黏粒含

量有所不同。总体上，对于表层土壤，农林复合系统的土壤黏粒和粉粒含量较对照地增加，而沙粒含量较对照地减少；对于底层土壤，这种规律表现不明显。这说明农林复合系统能较好地改善表层土壤质地，但对底层土壤质地影响较小。

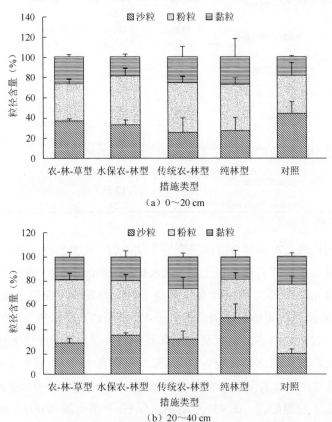

（a）0～20 cm

（b）20～40 cm

图 6-22　不同农林复合系统土壤机械组成变化

（4）土壤抗蚀性

表 6-11 显示，无论表层还是底层土壤，团聚状况、结构系数、物理性黏粒含量、团聚度和结构性颗粒指数表现出农林复合系统高于对照地，而农林复合系统的分散系数则低于对照地。红壤坡耕地抗蚀性差，由于不合理的耕作方式，造成土壤物理特性和抗蚀性能低下，表现为较低的土壤团聚状况、结构系数、物理性黏粒含量、团聚度和结构性颗粒指数和较高的土壤分散系数。通过农林复合系统营建，保水保土功能较大，土壤中各种胶结物质数量增加，特别是有机物质的增多，促进了土壤颗粒的团聚作用，加之根系的分割、微生物的分解代谢和土壤动物的活动，土壤物理结构得到改善，抗蚀性得以增强。

表 6-11 不同农林复合系统土壤物理性状及抗蚀性

	物理性状指标	农-林-草型	水保农-林型	传统农-林型	纯林型	裸露对照
表层土壤 (0~20 cm)	团聚状况（%）	21.8±3.20	19.63±6.15	21.6±8.94	22.5±4.84	15.75±5.23
	结构系数（%）	60.8±3.23	55.86±4.13	60.56±11.11	54.23±11.11	31.17±8.95
	分散系数（%）	39.2±4.13	44.14±11.11	39.44±11.11	45.77±11.11	47.64±29.97
	团聚度（%）	70.96±3.56	71.65±14.60	69.55±13.56	78±7.48	65.49±9.56
	物理性黏粒（%）	53.68±1.73	54.55±0.60	56.23±3.03	53.63±2.04	52.31±3.25
	结构性颗粒指数	0.26±0.04	0.30±0.06	0.37±0.06	0.31±0.05	0.27±0.11
底层土壤 (20~40 cm)	团聚状况（%）	25.68±3.90	39.29±9.71	42.06±12.13	38.20±5.36	16.28±9.57
	结构系数（%）	46.19±9.56	57.95±6.53	74.41±12.36	84.20±14.38	57.92±9.89
	分散系数（%）	31.88±8.03	16.15±3.46	10.80±4.11	15.8±3.56	42.08±2.28
	团聚度（%）	75.86±9.34	84.44±4.98	82.97±5.13	70.69±4.23	73.20±3.56
	物理性黏粒（%）	54.55±1.07	56.79±3.19	59.24±1.76	57.08±3.69	58.83±3.19
	结构性颗粒指数	0.58±0.05	0.54±0.04	0.57±0.02	0.53±0.06	0.47±0.10

6.2.1.2 土壤化学质量及养分含量

（1）土壤有机质和活性有机碳

由图 6-23 可知，不同农林复合系统类型土壤有机质含量变化显著，无论表层

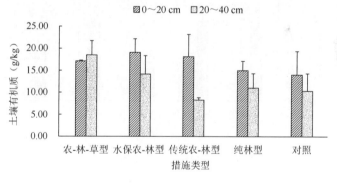

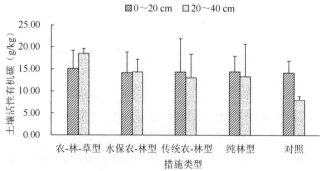

图 6-23 不同农林复合系统类型下土壤总有机碳量和活性有机碳含量

还是底层,不同农林复合系统类型土壤有机质含量均大于裸露对照地有机质含量;并以农-林-草型和水保农-林型措施下土壤有机质含量较高。不同农林复合系统类型土壤活性有机碳含量变化显著,在0~20 cm和20~40 cm深度范围内,不同农林复合系统类型土壤活性有机碳含量均大于裸露对照地的含量,以农-林-草型和水保农-林型措施下土壤活性有机碳含量高较高。

（2）土壤全氮和碱解氮

由图6-24可知,在0~20 cm深度范围内,农-林-草型、水保农-林型和纯林型土壤全氮含量均高于裸露对照地全氮含量,但传统农-林型土壤全氮含量则低于裸露对照地;在20~40 cm深度范围内,只有农-林-草型和纯林型土壤全氮含量均高于裸露对照地全氮含量,其他农林复合系统土壤全氮含量则低于裸露对照地。在0~20 cm深度范围内,农-林-草型和水保农-林型土壤碱解氮含量高于裸露对照地,也高于传统农-林型和纯林型;在20~40 cm深度范围内,不同农林复合系统类型下土壤均高于裸露对照地,而农-林-草型和水保农-林型土壤碱解氮含量高于传统农-林型和纯林型。

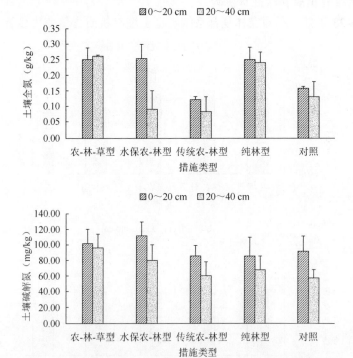

图6-24　不同农林复合系统类型下土壤全氮和碱解氮含量

以上表明,在裸露荒坡地营建农林复合系统,总体上能够提高土壤全氮和碱解氮含量,以构建农-林-草型和水保农-林型效果较好。

（3）土壤全磷和速效磷

由图 6-25 可知，在 0～20 cm 深度范围内，不同处理下土壤全磷含量变化范围为 0.07～0.20 g/kg，以裸露对照最低（仅为 0.07 g/kg）。在 20～40 cm 深度范围内，不同处理下土壤全磷含量变化范围为 0.07～0.13 g/kg，各处理之间相差不大。不同处理下土壤速效磷含量变化较大。表层土壤速效磷以对照地最低，仅为 1.20 mg/kg，纯林型土壤其次，为 2.54 mg/kg；而农-林-草型土壤速效磷含量最高，为 23.02 mg/kg；水保农-林型土壤速效磷含量低于农-林-草型但高于传统农-林型。底层土壤速效磷含量以农-林-草型＞水保农林型＞传统农-林型＞纯林型＞对照地。可见，无论表层还是底层，农林复合系统土壤速效磷含量高于裸露对照地，且农-林-草型和水保农-林型高于传统农-林型和纯林型。

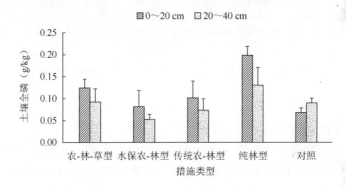

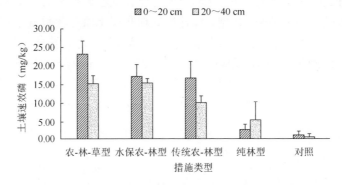

图 6-25　不同农林复合系统类型下土壤全磷和速效磷含量

以上表明，在裸露荒坡地营建农林复合系统，能够显著提高土壤速效磷含量，且以构建农-林-草型和水保农-林型效果较好；本试验中，营建农林复合系统对提高土壤全磷效果不如对提高土壤速效磷效果明显。

（4）土壤阳离子交换量

由图 6-26 可知，在 0～20 cm 深度范围内，不同处理土壤阳离子交换量（CEC）变化范围为 9.96～11.95 cmol/kg，除对照地最低（仅为 9.96 cmol/kg）外，其他处理之间相差仅 0.06～0.65 cmol/kg，差异不显著。在 20～40 cm 深度范围内，不同处理下土壤阳离子交换量变化范围为 10.78～12.77 cmol/kg，除对照地最低外，其他处理之间相差不大，差异不显著。对照地和纯林地土壤 CEC 最低，一定程度上说明纯林型和裸露荒坡地易导致土壤肥力下降。

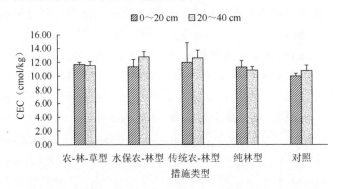

图 6-26　不同农林复合系统类型下土壤阳离子交换量

6.2.1.3　土壤生物学质量

（1）土壤微生物数量

从土壤细菌数量变化来看（表 6-12），农-林-草型、水保农-林型、传统农-林型、纯林型处理表层土壤细菌数量分别比对照地增加 1.28、10.70、3.73 和 1.02 倍，其中水保农-林型和传统农-林型处理与裸露荒坡地处理的土壤细菌数量差异显著；农-林-草型、水保农-林型、纯林型处理底层土壤细菌数量分别比裸露对照增加 8.15、31.10 和 0.56 倍，其中水保农-林型与对照之间差异显著，传统农-林型处理底层土壤细菌数量比裸露对照虽减少 23.48%，但差异不显著。从土壤真菌数量变化来看，与裸露对照相比，各类农林复合处理表层土壤真菌数量增加了 1.39～6.18 倍，传统农-林型、纯林型处理与对照处理之间差异显著；各类农林复

表 6-12　不同农林复合系统类型土壤微生物数量　（单位：10^4CFU/g 干土）

采样深度	土壤微生物类型	农-林-草型	水保农-林型	传统农-林型	纯林型	CK
表层（0～20 cm）	细菌数量	38.75±18.27c	199.09±15.45a	80.52±59.01b	34.44±27.83c	17.02±10.73c
	真菌数量	1.07±0.63b	0.67±0.50b	2.01±0.36a	1.76±0.56a	0.28±0.05b
	放线菌数量	17.83±7.37b	40.58±11.94a	44.01±11.23a	38.13±2.21a	11.07±9.87b
	微生物总数	57.65±25.24c	240.34±5.58a	126.55±68.59bc	74.33±27.39c	3.28±0.33c
底层（20～40 cm）	细菌数量	30.00±16.40b	105.29±52.23a	2.51±0.18b	5.12±3.78b	3.28±0.33b
	真菌数量	0.51±0.22a	0.75±0.34a	0.66±0.71a	0.31±0.08a	0.14±0.11a
	放线菌数量	11.22±7.78b	26.52±4.47a	5.50±3.68bc	3.41±0.32bc	1.64±1.64c
	微生物总数	41.72±21.80b	132.55±56.71a	5.99±4.66cd	5.90±5.85d	3.97±3.03d

注：表中数值为平均值±标准差；同列字母不同表示数值间差异在 $p<0.05$ 水平显著；下同

合处理底层土壤真菌数量增加了 1.21～4.36 倍，但差异不明显。从土壤放线菌数量变化来看，各类农林复合处理表层土壤放线菌数量比裸露对照增加 0.61～2.98 倍；除农-林-草型处理外，其他农林复合处理与裸露对照土壤放线菌数量差异显著；各类农林复合系统处理底层土壤放线菌数量比裸露对照增加 1.08～15.17 倍，其中农-林-草型和水保农-林型处理土壤放线菌数量与裸露对照土壤放线菌数量差异显著。

从土壤细菌、真菌和放线菌 3 种主要微生物类群总量来看，无论表层还是底层土壤，均以水保农-林型最多，分别为 240.34 ×10⁴ CFU/g 干土和 132.55×10⁴ CFU/g 干土，传统农-林型次之，依次为 126.55 ×10⁴ CFU/g 干土和 5.99×10⁴ CFU/g 干土；而以裸露对照最少，表层和底层土壤中 3 种主要微生物类群总量分别仅为 3.28 ×10⁴ CFU/g 干土和 3.97 ×10⁴ CFU/g 干土，纯林次之，依次为 74.33×10⁴ CFU/g 干土和 5.90 ×10⁴ CFU/g 干土。可见，不同农林复合系统对土壤微生物类群数量的影响存在差异，各农林复合系统土壤细菌、放线菌和真菌数量明显高于裸露荒坡地，尤其是水保农-林型措施下土壤微生物类群数量最高。

从表 6-12 中还可以看出，各处理中土壤微生物数量以表层较大，随土层深度增加而减少。各处理中土壤微生物数量呈现出相同的变化趋势，即细菌>放线菌>真菌。细菌是土壤微生物的主要类群，数量最多，表明在农林复合系统中，细菌的繁殖力、竞争力以及土壤养分有效转化能力强于其他类群；放线菌与真菌数量虽不及细菌，但其绝对数量也较多，对不同农林复合系统下的物质循环、能量流动具有重要的调控作用。

（2）土壤酶活性

选择广泛存在于土壤中的蔗糖酶、脲酶、酸性磷酸酶、过氧化氢酶和蛋白酶，这些酶对土壤的生物呼吸强度和土壤的 C、N、P、K 等主要营养物质的转化起着最重要的作用（郑海金等，2015）。由表 6-13 可以看出，原侵蚀红壤坡地营造不同农林复合系统后，土壤酶活性表现出了不同程度的变化。对于 0～20 cm 土壤，农-林-草型、传统农-林型和纯林型 3 种农林复合系统下土壤蔗糖酶活性都大于裸露对照地，分别提高了 1.87%、10.68%和 6.25%；但水保农-林型处理土壤蔗糖酶活性明显低于对照地，降低了 44.24%。对于 20～40 cm 土壤，农-林-草型、水保农-林型、传统农-林型和纯林型土壤蔗糖酶活性分别比对照地提高了 46.50%、22.15%、42.66%和 40.35%。不同土层土壤脲酶活性大小排序都是纯林型>传统农-林型>水保农-林型>对照地>农-林草型。在农林复合系统中，无论表层还是底层，纯林型处理土壤脲酶活性最大，与各处理之间基本存在显著差异；农-林-草型处理土壤脲酶活性最小，与传统农-林型、纯林型处理之间基本存在显著差异。与对照处理相比，水保农-林型、传统农-林型和纯林型处理表层土壤脲酶活性分别提高了 9.52%、25.40%和 144.44%，底层土壤脲酶活性分别提高了 29.63%、303.70%和 503.70%，但表层和底层农-林-草型处理较对照地依次降低了 49.21%和

18.52%。不同措施处理土壤过氧化氢酶、酸性磷酸酶和蛋白酶活性不同。几种农林复合系统处理土壤过氧化氢酶量虽总体低于对照处理，但差异不明显；土壤酸性磷酸酶和蛋白酶分别介于 0.122～0.146 mg/(g•h)和 0.007～0.016 mg/(g•d)，各处理之间虽有差异但不明显。

表6-13　不同农林复合系统下土壤酶活性

采样深度	土壤酶类型	农-林-草型	水保农-林型	传统农-林型	纯-林型	CK
表层 (0～20 cm)	蔗糖酶[mg/(g•d)]	2.395± 1.111a	1.311± 0.191b	2.602± 0.351a	2.498± 0.411a	2.351± 0.728a
	脲酶[mg•(g•d)]	0.032± 0.011b	0.069± 0.037b	0.079± 0.019b	0.154± 0.048a	0.063± 0.039b
	酸性磷酸酶[mg/(g•h)]	0.146± 0.005a	0.135± 0.012a	0.141± 0.004a	0.134± 0.008a	0.131± 0.017a
	过氧化氢酶[mL(0.1 mol /L KMnO₄)/(h•g))]	0.853± 0.299a	0.808± 0.258a	0.893± 0.160a	0.935± 0.106a	0.932± 0.224a
	蛋白酶[mg/(g•d)]	0.016± 0.006a	0.013± 0.002a	0.008± 0.003a	0.009± 0.004a	0.010± 0.005a
底层 (20～40 cm)	蔗糖酶[mg/(g•d)]	2.262± 0.620a	1.886± 0.294a	2.203± 0.378a	2.167± 0.340a	1.544± 0.358a
	脲酶[mg/(g•d)]	0.022± 0.003b	0.035± 0.014b	0.109± 0.064a	0.163± 0.036a	0.027± 0.009b
	酸性磷酸酶[mg/(g•h)]	0.122± 0.018a	0.136± 0.009a	0.134± 0.006a	0.137± 0.004a	0.117± 0.009a
	过氧化氢酶[mL(0.1 mol /L KMnO₄)/(h•g)]	0.689± 0.322a	0.718± 0.146a	0.529± 0.170a	0.597± 0.154a	0.703± 0.275a
	蛋白酶[mg/(g•d)]	0.010± 0.006a	0.011± 0.005a	0.009± 0.003a	0.007± 0.002a	0.012± 0.005a

分析结果还表明，这5种处理措施下土壤酶活性具有显著的垂直变化，表现为0～20 cm 土层中土壤酶活性高于 20～40cm 土层，说明这几种土壤酶活性的表聚效应明显，这与已有的研究结果（陈蓓和张仁陟，2004）相同。

本研究表明，土壤酶活性因农林复合系统类型不同而存在明显差异。裸露荒坡地属于开放性的农田生态系统，大量的营养元素流失，土壤有机质和微生物量含量较低，其物质代谢速率较慢，酶活性较低；采用合理的农林复合系统能有效改善坡地土壤生态环境，提高土壤酶活性，促进土壤肥力的持续有效利用。原裸露荒坡地建立农林复合系统后，总体上显著提高了土壤蔗糖酶和脲酶活性，酸性磷酸酶也有所增加，有利于土壤氮、碳、磷转化；但构建农-林-草系统后降低了过氧化氢酶和脲酶活性，其原因可能是大豆/萝卜横坡轮作和百喜草篱与柑橘树根系争夺土壤水分、养分，而且柑橘园是雨养果园，11月份降雨较少，这也会影响土壤酶活性的大小。已有研究也表明，果园生草覆盖后牧草与果树在 0～40 cm 土层存在光、温、水、肥等竞争，其作用与生草年限呈正相关（李会科等，2007），具体原因有待进一步深入研究。

（3）土壤呼吸

1）不同措施类型的土壤呼吸

由图 6-27 可知，坡耕地采取不同农林复合措施后，土壤呼吸速率有所不同。2014 年农林复合系统 4～12 月的监测数据显示，农-林-草型平均土壤呼吸速率最大，为 2.46 $\mu mol \cdot m^{-2} \cdot s^{-1}$；水保农-林型平均土壤呼吸速率次之，为 2.39 $\mu mol \cdot m^{-2} \cdot s^{-1}$；然后是纯林型，为 2.16 $\mu mol \cdot m^{-2} \cdot s^{-1}$；传统农-林型最低，为 1.97 $\mu mol \cdot m^{-2} \cdot s^{-1}$。农-林-草型和水保农-林型土壤呼吸速率大，与该两措施有效减少了土壤水分和养分流失，土壤微生物呼吸代谢的底物增加，基础呼吸强度增加有关；传统农-林型和纯林型土壤呼吸速率低，与其水土流失量大，土壤微生物量小，释放的 CO_2 少，微生物体的周转率慢有关。

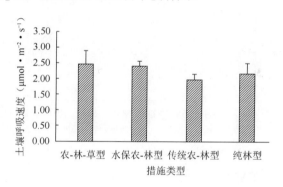

图 6-27　不同农林复合措施土壤呼吸速率

2）土壤呼吸及其影响因素季节变化

图 6-28 显示，5 种农林复合措施方式土壤呼吸速率的季节变化趋势均呈现出单峰型曲线，在 7 月份达到高峰，与土壤温度变化趋势一致，而与土壤水分的季节变化趋势有差异。土壤呼吸的季节变化不仅仅受外界温度条件的影响，还受到植物生长状态和水分等因素的影响。土壤呼吸季节变异率较大，变异系数在 0.44～0.57；土壤呼吸影响因素具有很大的时空变异，土壤水分变异系数在 0.29～0.38，土壤温度季节变异为 0.30 以下，由此而造成土壤呼吸变异性增大。

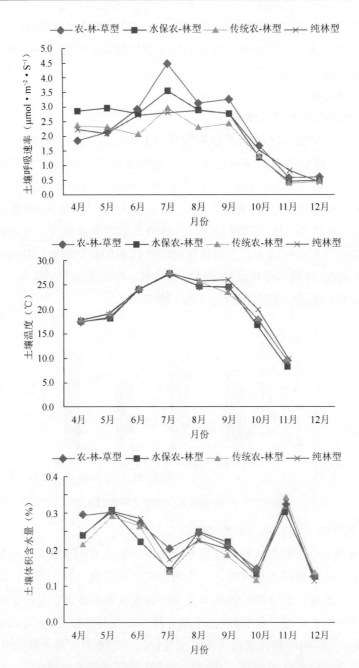

图6-28　不同农林复合措施土壤呼吸、温度和水分季节变化

6.2.1.4　土壤综合质量评价

　　为了探讨红壤坡耕地采取农林复合措施后土壤质量变化差异，对土壤属性进行定量评价。本研究采用指标体系评价法，以上述分析的30个土壤质量物理、化

学、生物和环境指标进行综合。首先运用极差法对诊断指标进行标准化处理，然后运用主成分分析法计算获取各指标权重，进一步运用模糊数学中模糊集的加权函数法，建立土壤质量综合评价模型，计算不同措施下的土壤质量指数（SQI），不同措施处理下土壤质量指数如图 6-29 所示。

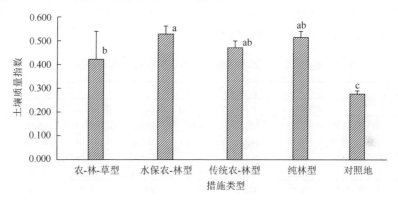

图 6-29　不同农林复合措施下土壤综合质量指数

由此可知，水保农-林措施下土壤质量指数最高（0.529），其次是纯林地土壤质量指数（0.516），二者相差不大；裸露对照地土壤质量指数最低（0.279），传统农-林措施和农-林-草措施的土壤质量指数高于对照地，且二者之间相差也不大（分别为 0.473 和 0.425）。方差显著性检验表明，4 种农林复合措施下土壤质量指数均与对照地土壤质量指数存在显著差异性，水保农-林型与农-林-草措施之间土壤质量指数差异显著，其他措施之间土壤质量指数虽有变化，但差异不显著（$p<0.05$）。

裸露荒坡地水土流失量大，养分随径流泥沙流失量也较大，土壤有机质、全氮等营养元素减少，进而影响微生物类群的生长发育和土壤酶活性，土壤综合质量较差。通过实施农林复合措施后，显著地降低了水土流失强度，土壤有机物质流失减少，土壤透气性和腐殖化作用增强，微生物主要类群数量和土壤酶活性呈现增加趋势，土壤综合质量得以明显改善。但受草类与作物和果树间竞争等影响，侵蚀环境下的红壤丘陵区坡地营造农-林-草系统虽对减少水土流失作用显著，但对提升土壤生物学质量，尤其是促进微生物学活性的作用不如其他农林复合措施显著。

6.2.2　不同农林复合措施类型作物产量产值变化

各试验小区的柑橘于 2003 年开始挂果，选择不同时期各处理小区作物的定期观测数据进行分析，结果如表 6-14。

从柑橘年产量来看，水保农-林小区产量最高，年平均为 139.86 kg，其次是纯林型小区，其柑橘年产量平均为 112.87 kg；至于农-林-草型小区和传统农-林

型小区，椪柑产量较小，年产量分别为 89.81 kg 和 108.06 kg。相比纯林地，果园
采取合理复合农林系统（如水保农-林型），不仅可以增加主体作物（椪柑）产量，
还可增加单位面积土地产出，如水保农-林型小区果树下萝卜和黄豆轮作，每年平
均可增加萝卜产量近 165 kg（鲜重）、黄豆产量近 4 kg（干重）。水保农-林型措施
较纯林措施平均增产椪柑 23.92%，较传统农-林型措施平均增产椪柑 29.43%，较
农-林-草措施平均增产椪柑 55.73%。

表 6-14　不同农林复合措施小区作物产量与产值

年份	措施名称	产量			产值			
		柑橘（kg）	萝卜（kg）	黄豆（kg）	柑橘（元）	萝卜（元）	黄豆（元）	合计（元）
2003 年 （始果期）	农-林-草型	61.90	190.80	4.96	185.70	286.19	16.86	488.75
	水保农-林型	61.35	242.36	6.94	184.05	363.54	23.60	571.20
	传统农-林型	48.55	261.70	5.95	145.65	392.55	20.23	558.43
	纯林型	91.00	0.00	0.00	273.00	0.00	0.00	273.00
2004 年 （稳产期）	农-林-草型	78.10	180.5	2.0	234.30	270.72	6.74	511.77
	水保农-林型	122.80	160.5	3.0	368.40	240.75	10.11	619.27
	传统农-林型	79.30	156.1	3.0	237.90	234.18	10.11	482.19
	纯林型	131.80	0.00	0.00	395.40	0.00	0.00	395.40
2014 年 （盛产期）	农-林-草型	129.44	87.00	0.20	388.32	130.50	0.67	519.49
	水保农-林型	235.44	91.00	1.98	706.32	136.50	6.74	849.56
	传统农-林型	196.34	120.60	0.20	589.02	180.90	0.67	770.59
	纯林型	115.80	0.00	0.00	347.40	0.00	0.00	347.40

注：椪柑和萝卜产量指鲜重，黄豆产量指干重

　　从单位面积作物产值来看（图 6-30），水保农-林型小区产值最高，为 5.71～
8.50 万元/hm²；其次是传统农-林型小区，为 4.82～7.71 万元/hm²；至于农-林-草
型小区和纯林型小区，作物产值分别为 4.89～5.19 万元/hm² 和 2.73～3.95 万元
/hm²。水保农-林型农林复合系统较纯林地增加产值 2.24 万～5.02 万元/hm²，较传
统农-林型复合系统增加产值 0.13 万～1.37 万元/hm²，较农-林-草型复合系统增
加产值 0.82 万～3.30 万元/hm²。

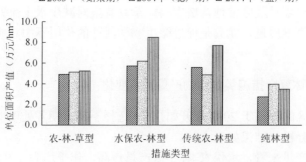

图 6-30　不同农林复合措施下单位面积产值

可见,水保农-林型农林复合系统是一项值得在果园开发中推广的优良水土保持技术。若在果树下间轮作经济价值高的农作物,则水保农-林型复合系统的增产增收效果更佳。

6.3 小 结

受长期不合理耕作和超强开发等影响,红壤坡耕地水土流失严重,土壤物理、化学和生物学性质极其低下。采用不同类型水土保持农业技术措施后,其土壤性质和作物产量等变化显著,主要表现为:

（1）通过原状土样品采集与分析测试,探讨了不同保护型耕作措施和不同农林复合系统的土壤物理学、化学和生物学质量改良差异,认为通过实施水土流失防治技术后,显著地降低了水土流失,减少了土壤养分流失,从而促进了水、土和养分的储存积累,土壤结构得到了有效改善,土壤生化活性明显增加,土壤质量和土壤肥力得以改善。

（2）通过连续多年的作物收获和称重分析,分析了不同保护型耕作措施和不同农林复合系统的作物产量和产值变化,结果表明常规耕作+稻草覆盖、顺坡垄作+黄花菜植物篱措施可分别作为红壤丘陵区坡耕地保护型耕作措施单位面积产量和单位面积产值的成功典范,值得在红壤丘陵区大力推广和使用。水保农-林型农林复合系统是一项值得在果园开发中推广的优良水土保持技术;若在果树下间轮作经济价值高的农作物,则水保农-林型复合系统的增产增收效果更佳。

参 考 文 献

陈蓓, 张仁陟. 2004. 免耕与覆盖对土壤微生物数量及组成的影响[J]. 甘肃农业大学报, 39(6): 634-638.

邓嘉农, 徐航, 郭甜, 等. 2011. 长江流域坡耕地"坡式梯田+坡面水系"治理模式及综合效益探讨[J]. 中国水土保持, (10): 4-6.

冯伟, 朱艳, 姚霞, 等. 2009. 基于高光谱遥感的小麦叶干重和叶面积指数监测[J]. 植物生态学报, 33(1): 34-44.

关松荫. 1986. 土壤酶及其研究法[M]. 北京: 农业出版社.

李会科, 张广军, 赵政阳, 等. 2007. 生草对黄土高原旱地苹果园土壤性状的影响[J]. 草业学报, 16(2): 32-39.

李凌浩, 韩兴国, 王其兵, 等. 2002. 锡林河流域一个放牧草原群落中根系呼吸占土壤总呼吸比例的初步估计[J]. 植物生态学报, 26(01): 29-32.

李映雪, 朱艳, 戴廷波, 等. 2006. 小麦叶面积指数与冠层反射光谱的定量关系[J]. 应用生态学报, 17(8):1443-1447.

刘襸浩, 牟正国. 1993. 中国耕作制度[M]. 北京: 中国农业出版社.

申广荣, 王人潮. 2001. 植被光谱遥感数据的研究现状及其展望[J].浙江大学学报, 27 (6):682-90.

水利部, 中国科学院, 中国工程院. 2010. 中国水土流失防治与生态安全[M]. 北京: 科学出版社.

谭昌伟, 郭文善, 朱新开, 等. 2008.不同条件下夏玉米冠层反射光谱响应特性的研究[J]. 农业工程学报, 24(9): 131-136.

唐克丽. 2004. 中国水土保持[M]. 北京:科学出版社.

汪邦稳, 方少文, 沈乐, 等. 2013. 赣北红壤区坡面水系工程截流拦沙控污效应分析[J]. 人民长江, 44(5): 95-99.

吴长山, 童庆禧, 郑兰芬, 等. 2000. 水稻、玉米的光谱数据与叶绿素的相关分析[J]. 应用基础与工程科学学报, (3): 31-37.

吴三妹, 杨文华. 2000. 稻草覆盖油菜地效应研究[J]. 上海科技, 2000 (1): 51-52.

武艺, 汪邦稳, 杨洁. 2010. 南方红壤区水土保持雨水集蓄模式研究[J].中国水土保持, (5) : 23-25.

谢瑾, 李朝丽, 李永梅. 2011. 纳板河流域不同土地利用类型土壤质量评价[J]. 应用生态学报 22(12) : 3169-3176.

薛萐, 刘国彬, 张超, 等. 2011. 黄土高原丘陵区坡改梯后的土壤质量效应[J]. 农业工程学报, 27(4): 310-316.

杨春峰. 1986. 耕作学(西北本)[M]. 银川: 宁夏人民出版社.

杨文荣, 郑小斌, 胡明强. 2006. 红壤坡面水系防护工程设计与建设及其生态作用[J]. 亚热带水土保持, 18(3) : 47-49.

杨玉盛, 何宗明, 林光耀, 等. 1998. 不同治理措施对闽东南侵蚀性赤红壤肥力的研究[J]. 植物生态学报, 22(3): 281-288.

姚槐应, 何振立. 1999. 红壤微生物量在土壤——黑麦草系统中的肥力意义[J]. 应用生态学报, 10(6):725-728.

张长印. 2004. 坡面水系工程技术应用研究[J]. 中国水土保持, (10) : 15-17.

赵其国. 2002. 中国东部红壤地区土壤退化的时空变化、机理及调控[M]. 北京: 科学出版社.

赵其国, 孙波, 张桃林. 1997. 土壤质量与持续环境 I. 土壤质量的定义及评价方法[J].土壤,(3):113-120.

赵其国, 谢为民, 贺湘逸, 等. 1988. 江西红壤[M]. 南昌: 江西科学技术出版社.

郑海金, 杨洁, 黄鹏飞, 等. 2016. 覆盖和草篱对红壤坡耕地花生生长和土壤特性的影响[J]. 农业机械学报, 47(4): 119-126.

郑海金, 杨洁, 王凌云, 等. 2015.农林复合系统对侵蚀红壤酶活性和微生物类群特性的影响[J]. 土壤通报, 46(4): 889-894.

中国科学院南京土壤研究所. 1978. 土壤理化分析[M]. 上海: 上海科技出版社.

周礼恺. 1987. 土壤酶学[M]. 北京: 科学出版社.

第7章 基于斑块的红壤坡耕地水土流失治理成效分析

为了更好地从宏观层面对坡耕地水土流失治理开展效益分析,本章结合在江西实施的坡耕地水土保持综合治理试点工程,应用"3S"信息技术,结合地面实地调查数据和相关调查资料,主要从斑块尺度对坡耕地水土流失治理的效益进行跟踪监测和评价研究,从而为南方红壤区乃至全国坡耕地的水土流失治理工作提供强有力的技术支撑。

7.1 研究区概况

高安市坡耕地面积位列江西省第二。截至 2007 年底,高安市坡耕地面积 216.93 km²,占土地总面积的 8.89%。其中 5°~15°坡耕地面积 131.07 km²,占坡耕地总面积的 60.4%;15°~25°坡耕地面积 77.46 km²,占坡耕地总面积的 35.7%;25°以上的坡耕地面积 8.4 km²,占坡耕地总面积的 3.9%。高安市坡耕地坡长多在 100~200 m 之间。土壤质地肥沃。主要农作物有水稻、蔬菜、花生、油菜、棉花、红薯、牧草等,坡耕地多种植花生,少量种植蔬菜、牧草。亚热带湿润季风气候,全年平均年降雨量 1560 mm,年平均气温 17.7℃,年平均无霜期 276 d。

锦江流域面积为 113.097 km²,流域内土地利用以耕地为主,林地和草地只分布在局部较高地势或石质丘陵出露部位。通过现场考察,治理前旱地大多为坡耕地,坡改梯是治理的基本措施,此次坡耕地水土保持综合治理试点工程的实施时限为 2008~2010 年。锦江流域地理位置如图 7-1 所示。

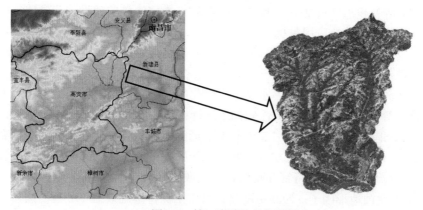

图 7-1 锦江流域地理位置图

7.2　基于数字流域斑块的水土流失动态评价方法

7.2.1　数字流域概念

流域是地表降水或冰雪融水向某点汇集的区域。接受水流汇集的点称流域出口，通过该点流域与其他水体（更大河流、湖泊、湿地、海洋等）连成一体。流域之间的边界称为分水线，所以流域也就是被分水线包围的地面区域（图7-2）。传统的流域研究基于地形图进行流域边界划分，并收集有关数据资料进行分析。随着数字地球概念的提出和国家基础地理信息设施的建设，数字流域被研究者应用（刘家宏等，2006）。

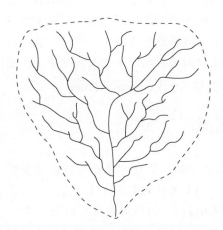

图7-2　流域和水系

从 GIS 建立和应用看，数字流域实质上是用数字化专题图形、图像、表格和相应的模型对流域各要素的数字表达（王光谦等，2005）。数字流域建设中，无疑涉及遥感、地理信息系统等技术和关于流域的各种相关数据资料。本研究针对南方坡耕地治理监测评价的要求，尝试建立数字流域并加以应用。

7.2.2　数字流域结构设计

根据流域的概念，流域的基本属性有形态特征（坡度、流水线长度或坡长、沟壑密度、河流级别等）、几何特征（面积、宽度、周长）、环境特征（如地形、土壤、植被等）和水文特征（如水位、流量等）。数字流域的建设，首先就是根据流域的基本属性，结合应用目标，进行数字流域结构的设计。本研究的目标就是，初步构建一个对上述全部或部分流域特征进行数字化表达的数据环境，实现对项目建设效益的评价。

根据研究区坡面整治技术、水系工程优化配置、农路基础设施配套和水土保持耕作技术等研究和监测的需要，做如下设计：

1）基本地形信息：基于1:5万数字地形图中的有关专题层（等高线、高程点和河流），建立 DEM（罗仪宁等，2011；杨勤科等，2007，2006；张彩霞等，2006），作为流域基本形态特征和集合特征提取的基础。

2）土壤侵蚀地形因子：为满足本项目对水土保持基础效益（土壤侵蚀强度变化）进行评价的要求，提取一系列因子，包括坡度、侵蚀学坡长、单位汇水面积等（杨勤科等，2009）。

3）流域基本环境因子：利用遥感调查、结合地面调查方法，完成对植被、土地利用和水土保持措施的调查，编制相应专题地图。

7.2.3　数字流域水土流失动态监测方法

坡耕地动态监测和基础效益评价研究主要是将水土保持学科、遥感与地理信息系统科学技术手段相结合，配合坡耕地综合整治，开展对典型流域治理状况的监测，并收集整理有关数据资料，依托 GIS 技术，建立数字流域，实现对水土流失强度变化的评价；主要技术环节和方法流程如图 7-3 所示。

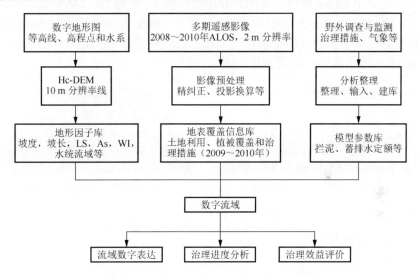

图 7-3　数字流域建设与治理效益评价流程

7.3　评价指标的获取

7.3.1　水土流失地形因子提取

水土流失是侵蚀地区各种自然要素（气候、地形、土壤、植被、土地利用和水土保持措施）（朱显谟，1982；Musgrave，1947；Smith，1957）和人为作用影响下发生的。地形因子是影响水土流失的主要因子（杨勤科等，2010；朱显谟，1981；陈永宗，1983）。

7.3.1.1　数据基础与处理

利用从国家测绘地理信息局购买的 1：5 万 DLG 为基本地形数据，基本地形要素包括等高线、高程点和水系（河流和湖泊）。其等高距为 10 m。在建立 DEM 前，对数据进行了格式转换、投影变换和错误检查等处理。在建立 DEM 前，对数据进行了格式转换、投影变换和错误检查等处理。

7.3.1.2　Hc-DEM 建立

根据 DEM 对水文特征和地貌关系的表现能力，可将 DEM 分为两类：水文地貌增强的 DEM（hydro-logically enhanced DEM/drainage enforced DEM）（Underwood and Crystal，2002）和非水文地貌增强的 DEM。前者充分考虑或专门处理了地形与水文特征的关系，也称为水文地貌关系正确的 DEM（hydro-logically correct DEM, Hc-DEM）（杨勤科等，2007；Hutchinson，1989；Verdin and Greenlce，1998）。在与水文和水土流失相关的研究和应用中，一般都用 Hc-DEM（杨勤科等，2007，2010）。

本研究所用 DEM 是利用 ANUDEM 软件和 1∶5 万 DLG 数据建立的。建立过程中，将 ANUDEM 所需要格式的地形图（一种文本格式）输入 ANUDEM 系统，设置必要输出参数，即可输出文本或二进制格式的 Hc-DEM（图 7-4），然后在 ArcGIS 环境下做进一步的分析和因子提取。

（a）数字高程模型与水系层的套合　　　　　　（b）光照模拟效果与水系的套合

图 7-4　研究区 Hc-DEM

7.3.1.3　地形因子提取与计算

从 Hc-DEM 中可以提取许多地形因子，本章节主要提取了坡度、侵蚀学坡长与单位汇水面积（图 7-5～图 7-7）。

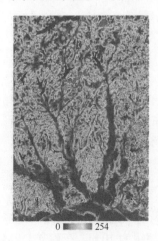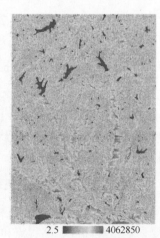

0　　254　　　　　　　　0　　　2355.44　　　　　2.5　　　4062850

图 7-5　坡度（°）　　　图 7-6　侵蚀学坡长（m）　　图 7-7　单位汇水面积（m²/m）

（1）坡度

坡度是地表面任一点的切平面与水平地面的夹角，坡度表示了地表面在该点的倾斜程度。由于坡度影响地表径流速度，因而是影响土壤侵蚀的最主要地形因子。利用 ArcGIS 中的坡度算法，在 ARC/INFO workstation 环境下完成了坡度的提取。

（2）侵蚀学坡长

这里的侵蚀学坡长，指径流发生点到固定沟道，或到发生沉积点的水平距离（Wischmeier and Smith，1978）。侵蚀学坡长的提前，须以 Hc-DEM 为基础、以流域为单元，依据土壤侵蚀学原理，在 GIS 环境下，利用数字地形分析的技术方法完成（杨勤科等，2010）（图 7-6）。

（3）单位汇水面积

单位等高线长度上游的产流面积（Gallant and Hwtchinson，2011），这一指标与土壤水分含量有良好相关关系，也是 Topmodel 的基本参数，因而被广泛应用于流域水文模拟计算中（张彩霞，2005）（图 7-7）。

利用上面计算的地形因子中的坡度和坡长，借助水土流失方程编程，可以得到 CSLE 中的坡度坡长因子 LS（图 7-8）和 Topmodel 中的地形湿度指数 WI（图 7-9）。

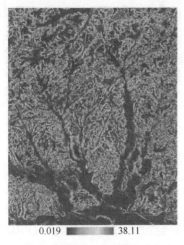

0.019 ▬▬▬ 38.11

图 7-8　LS 因子

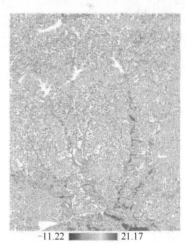

−11.22 ▬▬▬ 21.17

图 7-9　湿度指数

（4）地形特征简析

统计表明（表 7-1，图 7-10），流域平均海拔 49.74 m，为江西北部低地。平均坡度 2.97°，地形起伏小，约 50%面积小于 2°，为波状起伏平原；坡长平均值 78.98 m，LS 因子值 1.03，地形对水土流失的影响比较小（表 7-1）。

表 7-1 地形因子统计特征

统计特征	高程（m）	坡度（°）	坡长（m）	LS	As	WI
最大值	202.327	47.439	1192.357	33.581	3266085	21.057
最小值	19.257	0	2.5	0.019	2.5	-11.226
平均值	49.735	2.968	78.98	1.031	1893.243	4.226
标准差	14.293	3.091	89.267	1.361	38556.274	2.12

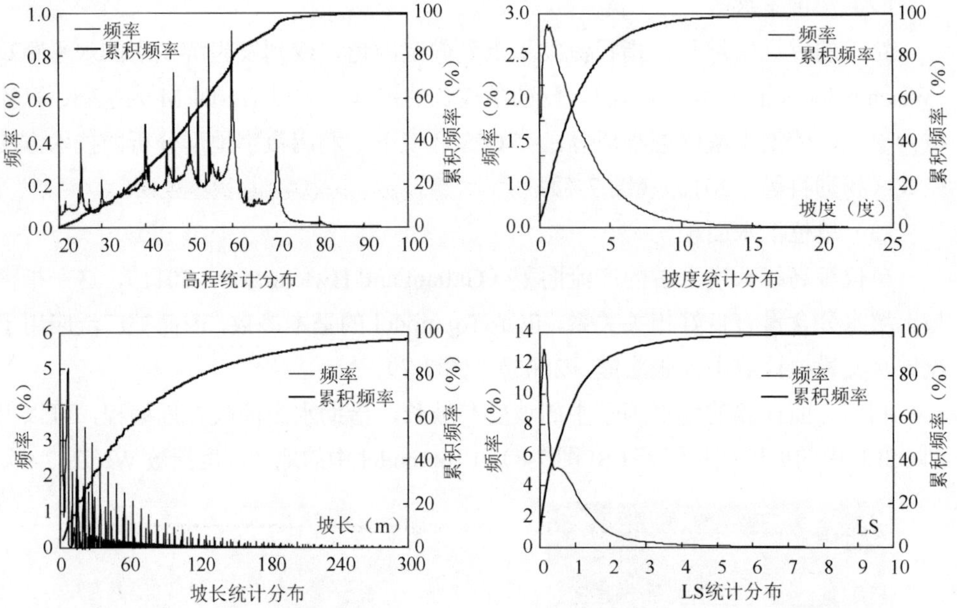

图 7-10 主要地形指标的统计分布

7.3.2 土地利用与水保措施因子获取

7.3.2.1 数据源与预处理

高安市土地利用与水土保持遥感监测以 ALOS 数据为基本数据源，辅助数据有地形数据、Google Earth 影像、前期土地利用图等数据。

（1）基础数据源

ALOS 卫星为日本对地观测卫星，其搭载有全色遥感立体测绘仪（PRISM）、可见光与近红外辐射计-2（AVNIR-2）以及相控阵型 L 波段合成孔径雷达（PALSAR）三个传感器；ALOS 卫星采用了高速大容量数据处理技术与卫星精确定位和姿态控制技术，旨在获取更灵活更高分辨率的对地观测数据，其在测绘、区域性观测以及灾害监测等领域中应用广泛。

本章节采用的是 ALOS 的 PRISM 和 AVNIR-2 数据产品。PRISM 为全色数据，其波段范围：520～770 nm，星下点空间分辨率为 2.5 m；AVNIR-2 数据产品共有 4 个波段，空间分辨率均为 10 m，各波段具体特点见表 7-2，这些波段为区域环境监测提供土地覆盖图和土地利用分类图。根据地物的光谱特性，选择波段，进行组合，提取土地利用信息，可以满足土地利用解译要求。原始影像数据的基本特征见表 7-3。

表 7-2　ALOS AVNIR-2 数据产品各波段信息

波段	波长范围	主要应用
band 1 （蓝波段）	420～500 nm	对水体透穿力强，易于调查水质、水深，沿海水流和泥沙情况。对叶绿素和叶绿素浓度反应敏感。对于区分干燥的土壤及茂密的植物效果也较好
band 2 （绿波段）	520～600 nm	对健康茂盛绿色植物反射敏感，对水体的穿透力较强。探测健康植物在绿波段的反射率，可评价植物生长活力，区分林型、树种，反映水下地形
band 3 （红波段）	610～690 nm	为叶绿素的主要吸收波段。根据它对叶绿素吸收的能力可判断植物健康状况，也用于区分植物的种类和植物覆盖度。其还广泛用于地貌、岩性、土壤、植被、水中泥沙等方面。其信息量大，为可见光最佳波段
band 4 （近红外）	760～890 nm	为植物通用波段。常用于生物量调查，作物长势测定。还可显示水体的细微变化和水域范围

表 7-3　ALOS AVNIR-2 数据产品基本描述

编号	景编号	PATH NO	拍摄日期	格式	投影
		全色 2.5 m(70 km×35 km)			
11	A1002224-013		2008-11-12	tif	Geographic/WGS84
12	ALPSMW249883025	110	2010-10-3	tif	UTM
		多光谱 10 m(70 km×70 km)			
21	A1002224-063		2008-11-12	tif	Geographic/WGS84
22	ALAV2A249883030	110	2010-10-3	tif	UTM

（2）数据预处理

为了分别从利用色彩在遥感图像判读中的优势，常常利用彩色合成的方法对多光谱图像进行处理。根据最佳目视效果原则，对现有的 ALOS 的 AVNIR-2 数据产品进行了标准假彩色合成（图 7-11、图 7-12），对高安地区遥感影像进行解译，可以较好地提取土地利用信息。

2008 年 2.5 m 全色波段　　　　　2008 年假彩色融合影像

图 7-11　研究区 2008 年遥感影像

2010 年 2.5 m 全色波段   2010 年假彩色融合影像

图 7-12   研究区 2010 年遥感影像

7.3.2.2   土地利用和水保治理措施获取

（1）土地利用分类系统

根据对综合治理实施状况的了解，主要考虑到措施监测和评价的需要，在对当地情况初步考察的基础上，结合信息源可解译能力，制定了一个简单的分类系统。

根据水土流失评价需要，采用全国农业区划 1984 年《土地利用现状调查技术规程》，同时受解译影像分辨率影响以及地类的可解译性和各土地利用方式对水土流失的影响及植被的水土保持效益，本次解译拟定以下土地利用分类系统，如表 7-4 所示。

表 7-4   土地利用分类系统

编号	名称	含义
1	耕地	指种植农作物的土地，包括熟耕地、新开荒地、休闲地、轮歇地、草田轮作地；以种植农作物为主的果农、农桑、农林用地；耕种三年以上的滩地和滩涂
11	水田	指有水源保证和灌溉设施，在一般年景能正常灌溉，用以种植水稻、莲藕等水生农作物的耕地，包括实行水稻和旱地作物轮种的耕地
12	旱地	指无灌溉水源及设施，靠天然降水生长作物的耕地；有水源和浇灌设施，在一般年景下能正常灌溉的旱作物耕地；以种菜为主的耕地，正常轮作的休闲地和轮歇地
13	果园	常年种植果树的地
2	林地	指生长乔木、灌木、竹类，以及沿海红树林地等林业用地
3	草地	指以生长草本植物为主，覆盖度在 5% 以上的各类草地，包括以牧为主的灌丛草地和郁闭度在 10% 以下的疏林草地
4	水域	指天然陆地水域和水利设施用地
5	城乡、工矿、居民用地	指城乡居民点及县镇以外的工矿、交通等用地
6	未利用土地	目前还未利用的土地，包括难利用的土地

（2）土地利用解译

参照已有 1∶5 万土地利用图，基于目视解译方法分别对水田、梯田、林地、草地、水体、居民地、建设用地（主要为道路）以及其他 8 类地物进行采样，共计选取 135 个样区（图 7-13）。

运用遥感图像处理软件并结合解译标志对遥感影像进行监督分类，得到高安市锦江流域 2008 年土地利用图（图 7-14）。在对 2010 年解译结果到现场核对并修改后，得到锦江流域 2010 年土地利用图（图 7-15）。

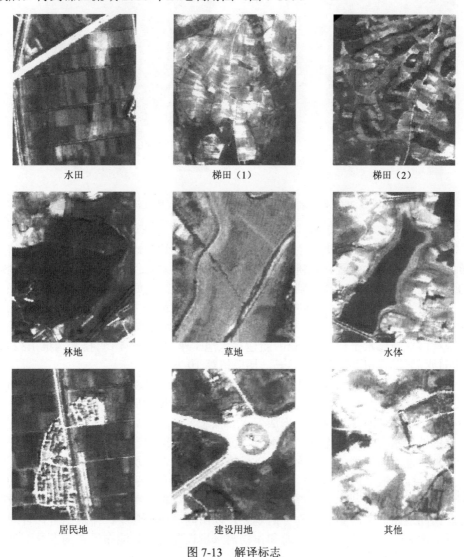

图 7-13　解译标志

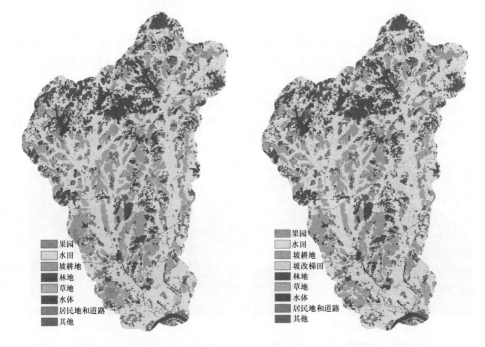

果园
水田
坡耕地
林地
草地
水体
居民地和道路
其他

果园
水田
坡耕地
坡改梯田
林地
草地
水体
居民地和道路
其他

图 7-14　锦江流域 2008 年土地利用图　　　图 7-15　锦江流域 2010 年土地利用图

（3）水保综合治理措施

本项目的综合治理措施主要包括：蓄水保土的坡耕地坡面整治措施、坡耕地坡面水系工程优化配置、坡耕地农路配套和坡耕地水土保持耕作法等。这些措施的判读主要是在野外调查基础上得到的。主要措施简述如下：

坡耕地坡面整治措施：主要分布在高安市大成镇境内。坡耕地坡面水系工程优化配置有蓄水池、沉砂池、排灌沟渠（含过水涵管）；本次主要野外调研邓龙村坡改梯区域新修水平梯田 99 hm²，新建蓄水池 1 座，沉砂池 4 口，排灌沟渠 1.32 km（含过水涵管），田间道路 0.67 km，梯壁植草 10 296 hm²。

坡耕地坡面水系工程优化配置：坡耕地坡面整治措施以小流域为单元，山、水、田、林、路、村统一规划，综合治理，治理措施以保土、蓄水措施为主，建设内容以新建坡改梯为重点，形成保水、保肥、保土的高产基本农田，同时配套必要的坡面水系（排灌沟渠、蓄水池、沉砂池）及田间道路等措施。

坡耕地农路配套：坡改梯设计以机修梯田为主，田坎为土坎，坎上培埂，坎下设沟，梯壁植草护坎（埂）。田间道路坚持路线最短、路渠结合、便于生产的原则，机耕路宽度控制在 3 m 左右，田与田之间又以板车路相连。排灌沟渠与坡改梯、田间道路、沉砂蓄水工程一同规划，以田间道路为骨架，排灌结合，合理布设排灌沟渠。蓄水池按农户意愿和作物需水量设置。沉砂池布设在沟渠交汇处、末端以及蓄水池进水口。

坡耕地水土保持耕作法：坡改梯主要以旱地为主，高处建牛栏，牛粪施梯地，梯地种花生/牧草、蔬菜、西瓜、青玉米等，水塘取水并养鱼。

7.3.2.3　土地利用和综合治理分析

对两期土地利用图的统计（表 7-5）表明，2010 年项目区土地利用以耕地为主，水田、旱耕地（梯田）和园地分别占 50.70%、19.14%和 0.06%。园地和耕地分布在相同的地形部位上。林地和草地分别为 17.65%和 1.15%，分布在局部较高地势或石质丘陵出露部位。居民地散布在平坦的沟谷中，境内有一条高速公路通过，因而研究区道路占地明显比较高，居民地和道路共占 6.05%。水域分布于局部低洼处，占总面积的 4.63%。关于耕地的分布，详见图 7-16 和图 7-17。

表 7-5　土地利用统计

2008 年			2010 年		
土地利用	面积（hm^2）	占比（%）	土地利用	面积（hm^2）	占比（%）
果园	43.70	0.39	果园	6.30	0.06
水田	5674.96	50.18	水田	5733.45	50.70
坡耕地	2198.73	19.44	坡耕地	2054.19	18.16
林地	2005.26	17.73	梯田	110.51	0.98
草地	134.74	1.19	林地	1996.24	17.65
水体	525.86	4.65	草地	130.05	1.15
居民地和道路	658.42	5.82	水体	523.18	4.63
其他	67.98	0.60	居民地和道路	683.85	6.05
			其他	71.89	0.64

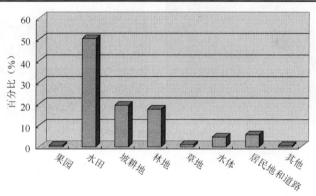

图 7-16　2008 年土地利用结构

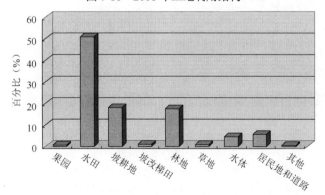

图 7-17　2010 年土地利用结构

　　综合治理措施，包括蓄水保土的坡耕地坡面整治措施、坡耕地坡面水系工程优化配置、坡耕地农路配套和坡耕地水土保持耕作法，在遥感影像上解译有一定难度，因而主要基于野外调查和访谈获得相关信息。主要措施见图 7-18。

农路、水系工程

监测设施以及坡面整治

水保耕作措施

图 7-18　相关措施

7.3.3　植被覆盖度信息提取

7.3.3.1　NDVI 提取

植被指数作为提取植被信息的重要算法，是植被生长状况及植被空间分布密度的最佳指示因子，与植被覆盖分布呈线性相关。目前，有关学者提出的植被指数多达几十种，不同的植被指数有不同的优缺点，适用范围也不尽相同，归一化植被指数（NDVI）为其中应用比较广泛的一种。归一化植被指数 $NDVI = (NIR - R) / (NIR + R)$，其中 NIR 表示近红外波段的反射率，$R$ 表示红波段的反射率。所以具有近红外和红外波段的遥感数据都可以进行该指数的提取。

遥感图像处理软件中都具有植被指数提取功能，在 ERDAS 中有直接生成 NDVI 的模块，也可以用 Model Maker 自己建模进行 NDVI 运算，本专题采用直接运用 Indices 模块提取 NDVI。

2008 年及 2010 年高安地区 NDVI 提取结果如图 7-19 所示（图中红色—橙色—黄色—绿色等颜色表示低值，代表 NDVI 依次升高）。

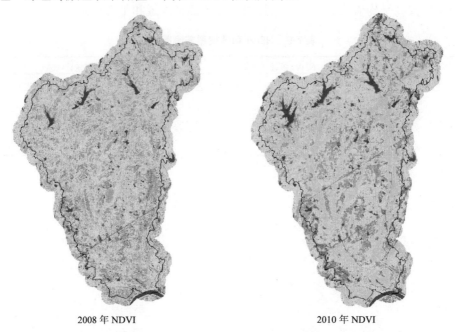

2008 年 NDVI　　　　　　　　　　2010 年 NDVI

图 7-19　两期遥感影像 NDVI 提取对比

7.3.3.2　植被覆盖度计算

NDVI 与植被覆盖度间存在着线性相关关系，通过建立线性模型可以完成从 NDVI 到地表的植被覆盖度的反演过程。在线性像元分解模型中，像元二分模型因其原理和形式都较简单，不受地域的限制，易于推广，所以得到了广泛应用。本专题即选择像元二分模型来求算研究区的植被覆盖度。

像元二分模型即假设每个像元所对应的地表只由两部分构成：植被覆盖地表和无植被覆盖地表（或称裸地）。每个像元的 NDVI 值是植被地和裸地这两种覆盖类型在该像元内的面积百分比的加权和。其计算公式如下：

$$NDVI_{fc} = (NDVI - NDVI_{soil}) / (NDVI_{veg} - NDVI_{soil}) \tag{7-1}$$

式中，$NDVI_{fc}$ 为一个像元内的植被覆盖度；$NDVI$ 为该像元上的归一化植被指数；$NDVI_{soil}$ 为裸地对应的 NDVI 值；$NDVI_{veg}$ 为植被地对应的 NDVI 值。

图像中植被地对应的 NDVI 值 $NDVI_{veg}$ 和裸地对应的 NDVI 值 $NDVI_{soil}$ 分别取 $NDVI_{max}$ 与 $NDVI_{min}$，其中 $NDVI_{max}$、$NDVI_{min}$ 为置信区间内 NDVI 的最大值与最小值。置信度的取值主要是由研究区范围大小和图像的清晰度来决定，一般通过观察 NDVI 累积概率分布，选取像元分布集中区为置信区间。应尽量避免取值过大或者过小，以免影响 $NDVI_{max}$ 与 $NDVI_{min}$ 的选择。

从基本统计特征看，从 2008～2010 年，植被覆盖呈增长趋势（表 7-6，图 7-20）。植被覆盖度平均值增长 32%，增加的部位主要是沟道和平坦地面。

表 7-6 NDVI 和植被覆盖度基本统计

统计特征值	NDVI 统计（无量纲）		植被盖度统计（%）	
	2008 年	2010 年	2008 年	2010 年
最小值	−0.561	−1	0	0
最大值	0.527	0.563	100.575	100
平均值	0.061	0.125	41.723	73.143
标准差	0.136	0.203	22.877	22.848

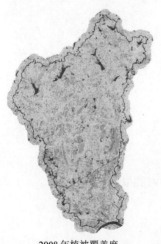 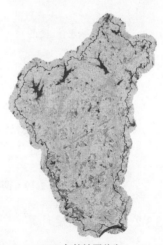

2008 年植被覆盖度　　　　　　　　　2010 年植被覆盖度

图 7-20 两期植被覆盖度对比

7.4　水土流失动态评价分析

7.4.1　土壤侵蚀强度等级评价方法

　　主要采用水利部颁布的《土壤侵蚀分类分级标准》（SL 190—2007，以下简称水利部标准），利用土地利用、坡度和植被覆盖度等指标综合评价土壤侵蚀强度。其评价规则见表7-7。考虑到水利部标准（SL 190—2007）在南方的适用性，本次评价尝试做出了以下两个方面的调整。

表 7-7　水蚀（面侵）评价标准

地类＼地面坡度		≤5°	5°～8°	8°～15°	15°～25°	25°～35°	＞35°
非耕地 林 草 覆盖度 (%)	≥75				微度		
	60～75	微度		轻度			强烈
	45～60				中度		极强烈
	30～45					强烈	
	<30				强烈	极强烈	剧烈
坡耕地			轻度				

　　（1）将临界坡度由5°调整为2.8°

　　这一调整基于三个方面的考虑：一是研究区域地势比较平缓，如果用5°将比较难以表达治理过程中土壤侵蚀强度等级的变化（表7-7）；二是参考了相关研究成果，降低地区土壤侵蚀临界坡度为2.8°；三是本次评价对坡度的提取，利用了1∶5万地形图，虽然经过野外考察认为基本反映了地形的起伏，但相对于1∶1万地形图上表达的地形，仍然有坡度的衰减。

　　（2）梯田坡度降级处理

　　坡度其实有地面坡度和田面坡度的区别。但是实际应用中，由于受到资料的限制或者基础数据比例尺比较小（或DEM分辨率较低），因而大多不做地面坡度和田面坡度的区分（赵存兴，1989）。但实际上考虑到坡度制图结果的实用性，在资料允许的情况下（如具备大比例尺土地利用图或高分辨率遥感影像），应该考虑梯田等人工地形对坡度的影响是必需的（汤国安，1987）。所以本次评价根据土地利用图，对DEM提取的坡度进行了降级处理并得到2010年坡度图（考虑田面和地面两个方面）。将梯田坡度统计修改为1°、土壤侵蚀强度确定为微度。

7.4.2　水土流失强度等级评价的实现

　　水土流失强度等级的评价是在ARC/INFO workstation环境下，通过AML编程实现的。编程基本思路如表7-8以及图7-21所示。

表 7-8 土壤侵蚀评价编程基本思路

土地利用	地面坡度（°）	植被覆盖度（%）	侵蚀强度
耕地	<5	—	微度
耕地	8~15	—	中度
耕地	15~25	—	强烈
耕地	25~35	—	极强烈
耕地	≥35	—	剧烈
林地或草地	<5	—	微度
林地或草地	—	≥75	微度
林地或草地	<15	45~60	轻度
林地或草地	<25	65~75	轻度
林地或草地	≥25	65~75	中度
林地或草地	15~35	45~60	中度
林地或草地	≥35	45~60	强烈

图 7-21 土壤侵蚀强度等级评价 AML

7.4.3 评价结果分析

根据评价结果所得锦江流域水土流失状况图（图 7-22），对本研究区水土流失及其变化状况初步分析如下。

7.4.3.1 基本特征

该区水土流失总体上讲比较微弱。水土流失主要发生在地势较高、坡度较陡

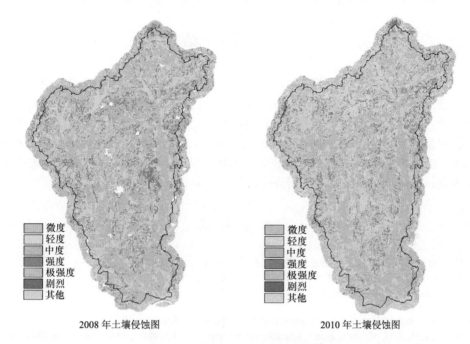

2008 年土壤侵蚀图　　　　　　　　　　　　　2010 年土壤侵蚀图

图 7-22　研究区水土流失强度等级图

和植被覆盖状况不是很好的区域；强度等级以中到强度为主。而比较低平的部位，由于坡度较慢、植被覆盖较好，因而强度多以轻度到中度为主。

7.4.3.2　水土流失变化特征

受植被覆盖度变化（主要由降水量决定）、各种治理措施实施（起作用的主要是梯田）的影响，从 2008 年到 2010 年水土流失状况确实发生了一些变化，但是这种变化主要发生在微域尺度。总的来说，微度侵蚀变化不大、轻度侵蚀有比较明显的增加，中度和强度侵蚀减少（表 7-9）。导致这一变化的原因，可能是 2008 年的植被覆盖度在比较低平的部位大于 2010 年造成的。

表 7-9　研究区水土流失强度变化

等级	2008 年		2010 年	
	面积（hm²）	占比（%）	面积（hm²）	占比（%）
微度	239.26	42.10	206.84	36.11
轻度	94.00	16.54	155.11	27.08
中度	100.38	17.66	91.94	16.05
强度	56.15	9.88	43.41	7.58
极强度	6.61	1.16	6.35	1.11
剧烈	3.80	0.67	3.74	0.65
其他	68.11	11.98	65.40	11.42

7.5　小　　结

　　该章节主要从斑块尺度选取高安锦江流域坡耕地的水土流失治理效益评价进行了探讨和研究工作，建立了江西红壤区、波状起伏的低丘和岗地地形景观的数字流域，并在其基础上派生了 LS 和地形湿度指数等地形因子，完成了基于板块（流域）的土地利用和水土保持措施的动态监测，最后利用目前比较通用的水利部标准（SL 190—2007），完成了对斑块（流域）尺度土壤侵蚀强度等级的评价。结果表明，治理期间土壤侵蚀有所降低，但不明显。

参 考 文 献

陈永宗. 1983. 黄土高原沟道流域产沙过程的初步分析[J]. 地理研究, 2(1):35-47.

刘家宏, 王光谦, 王开. 2006. 数字流域研究综述[J]. 水利学报, 37(2): 240-246.

罗仪宁, 杨勤科, 古云鹤, 吴笛. 2011. 省域中等分辨率水文地貌关系正确的 DEM 建立——以江西省为例[J].水土保持通报, 31(2): 146-149.

汤国安. 1987. 黄土丘陵沟壑区地面坡度分级及其制图的方法研究[D]. 西安:西北大学.

王春梅, 杨勤科, 王琦, 等. 2010. 区域土壤侵蚀强度评价方法研究——以安塞县为例[J]. 中国水土保持科学, 8(3): 1-7.

王光谦, 刘家宏, 李铁键. 2005. 黄河数字流域模型[J]. 应用基础与工程基础学报, 13(1): 1-8.

杨勤科, Mcvicar T R, Van Niel T G,等. 2007. 水文地貌关系正确的DEM 建立方法的初步研究[J]. 中国水土保持科学, 5(4): 1-6.

杨勤科, Mcvicar T R,李领涛, 等. 2006. ANUDEM——专业化数字高程模型插值算法及其特点[J]. 干旱地区农业研究, 24(3): 36-41.

杨勤科, 郭伟玲, 张宏鸣, 等. 2010. 基于 GIS 和 DEM 的流域坡度坡长因子计算方法初报[J]. 水土保持通报, 30(2): 203-206.

杨勤科, 赵牡丹, 刘咏梅, 等. 2009. DEM 与区域土壤侵蚀地形因子研究[J]. 地理信息世界, 7(1): 25-31.

张彩霞, 杨勤科, 段建军. 2006. 高分辨率数字高程模型构建方法[J]. 水利学报, 37(8): 1009-1014.

张彩霞, 杨勤科, 李锐. 2005. 基于 DEM 的地形湿度指数及其应用研究进展[J]. 地理科学进展, 24(6): 116-123.

赵存兴. 1989, 中国黄土高原地面坡度分级数据集[M]. 北京: 海洋出版社.

中华人民共和国水利部. 2008. 土壤侵蚀分类分级标准(SL 190—2007). 中华人民共和国水利行业标准[M]. 北京: 中国水利水电出版社.

朱显谟. 1981. 黄土高原水蚀的主要类型及因素(二)[J]. 水土保持通报, 1(4): 13-18.

朱显谟. 1982. 黄土高原水蚀的主要类型及有关因素(四) [J] . 水土保持通报, 2(3): 40-44.

Gallant J C, Hutchinson M F. 2011.A differential equation for specific catchment area[J]. Water Resources Research, 47(5): W05535.

Hutchinson M. 1989.A new procedure for gridding elevation and stream line data with automatic removal of spurious pits[J]. Journal of Hydrology, 106: 211-232.

Musgrave G W. 1947.The quantitative evaluation of factors in water erosion: A first approximation[J]. J. Soil Water Conserv., (2): 133-138.

Smith D D. 1957.Factors affecting sheet and rill erosion[J]. Transactions, American Geophysical Union, 38(6): 889-896.

Underwood J, Crystal R E. 2002. Hydrologically enhanced, high-resolution DEMs. Geospatial Solutions, 1, 8-14.

Verdin K L, Greenlee S K. 1998. HYDRO1k documentation, US Geological Survey. https://lta.cr.usgs.gov/ HYDRO1KReadMe. Accessed 24 February 2015.

Wischmeier W H, Smith D D. 1978. Predicting rainfall erosion losses - a guide to conservation planning. United States.dept.of Agriculture.agriculture Handbook, 537.

附 图

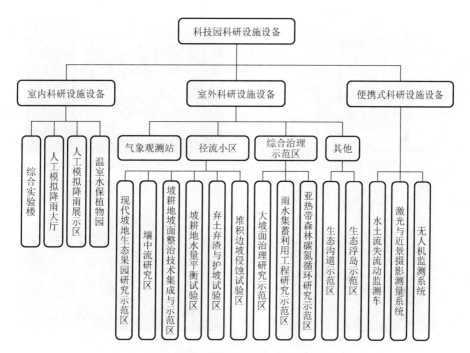

图1 江西省水土保持生态科技园科研设施设备总体概况

综合实验楼

Thermo Fisher DELTAV Advantage
稳定同位素质谱仪

SMARTCHEM 全自动间断化学分析仪

EyeTech 土壤颗粒粒度粒型分析仪

土壤水分特征曲线测量系统

双光束紫外分光光度计

COD 测定仪

图 2　综合实验楼及部分仪器设备

人工模拟降雨大厅大楼　　　　　　　　　　　人工模拟降雨系统设施构成

移动式变坡钢槽　　　　　　　　　　　降雨喷头及遮雨槽

图 3　人工模拟降雨大厅

图 4　现代坡地生态果园研究示范区

图 5　壤中流研究区

图 6　坡耕地坡面整治技术集成与示范区

图 7　坡耕地水量平衡试验区

图 8　大坡面治理研究示范区

图 9　雨水集蓄利用工程研究示范区